大学入学共通テスト

生物

の点数が面白いほどとれる本

駿台予備学校講師
伊藤和修

＊この本には「赤色チェックシート」がついています。

はじめに

▶大学入学共通テスト『生物』はどんな試験？

　大学入学共通テスト『生物』では，知識や技能に加えて思考力や判断力が要求されます！

「思考力って何ですか？どうやったら身に付きますか？」

そういう不安を感じるのはごもっともです。思考力や判断力という言葉は，雰囲気は何となくわかるけど，具体的にどんなものなのかわかりませんよね。

▶思考力や判断力を伸ばせるような書籍を作りました！

　思考力や判断力を確実に伸ばせる参考書や問題集が必要となります。

(1)　思考力や判断力は，質の高い知識の上に成立します。

⇒　理解を伴わない丸暗記，興味や関心を持たずに嫌々詰め込む知識などは，ちょっと切り口を変えられた問題が出題されたら，役に立たないレベルの知識です。

　本書は，生徒キャラとの会話形式の文章を挟みながら，読者の皆さんに興味を持ってもらえるような工夫を随所に施してあります。さらに，「なるほど！そうなんだ，すごいなぁ！」と思ってもらえるように書かれています。

(2)　思考力や判断力は，論理的な作業の繰り返しで伸ばせます。

⇒　「よく考えよう！」「ちゃんと読もう！」というような威勢の良い掛け声や「集中っ！！」というような気合いや根性でどうにかなるものではありません。

　本書は，「こういうときは，●●に注意しよう！」「グラフは，△△に注意して…」というように，具体的なポイントを示しています。思考力，考察力というのは，論理的な作業を素早く進められる力なんですね。本書の後半では，このような力を効率よく鍛えられる問題が掲載されています。

▶受験生へのメッセージ

「知識を詰め込めばよい」という誤ったイメージを持たれがちなのが『生物』です。突然「思考力を要求する」と言われて不安になっている多くの受験生の皆さんを，楽しく，正しく，最短ルートで高得点に導くことのできる書籍になったと自負しています。

文章の雰囲気はユルイ感じで読みやすく，しかし，内容は極めて真面目に書かれています。安心して，この１冊に取り組んでください。そして，皆さんが高得点をゲットし，第一志望の大学に合格されることを願っています！

最後になりますが，本書を作成する上で大変お世話になりました㈱KADOKAWAの原 賢太郎様，いつも原稿を美しく仕上げて下さる田辺律子様に，この場を借りて御礼申し上げます。

伊藤　和修

もくじ

第2章　代　　謝

第3章　遺伝情報の発現

第4章　生殖と発生

第5章　植物の環境応答

第６章　動物の環境応答

第７章　生態と環境

第8章　生物の進化

第9章　生物の系統

第10章　「考察力」をアップする20問

本文デザイン
長谷川有香（ムシカゴグラフィクス）
イラスト
たはら ひとえ

この本の特長と使い方

第8章　生物の進化

先カンブリア時代

対話形式により，多くの人が疑問に思うことや，知識のインプットを助けるTipsを徹底的にフォローしています。

「進化」はどんな分野っていうイメージ？

メッチャ暗記のイメージです……

もちろん暗記することもありますが，
結構アタマを使う分野です。

「暗記，暗記，暗記！」じゃないと聞いて，少し安心しました♪

(1)　地球は約46億年前に誕生しました。そこから5.4億年前までの時代を**先カンブリア時代**といいます。地球上に生物が誕生したのは約40億年前だろうと考えられています。

最初の生物はどんな生物なんですか？

さすがに原核生物です！　しかし，独立栄養生物なのか
従属栄養生物なのかについては，ハッキリとしていません。

❶ 化学進化

教科書でも見る重要図版の中でも特に重要な図版をたくさん掲載しています。

(2)　生物が誕生するためには有機物が必要です。原始地球で生物を構成する有機物がつくられる過程を**化学進化**といいます。まずは簡単な有機物が生じ，さらにタンパク質や核酸のような複雑な有機物が生じたと考えられます。

アメリカのミラーが化学進化についての重要な実験を行っています。1950年代当時に原始大気の成分と考えられていたCH_4，NH_3，H_2O，H_2を右の図のようなガラス容器に封入し，高電圧の放電を行った

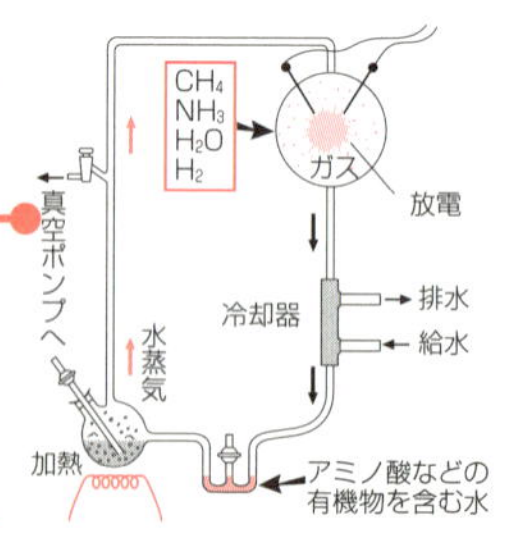

236　第8章　生物の進化

共通テスト「生物」の中で必要な知識を，その背景を整理しながらまとめています。単に暗記するのではなく，理解しながら覚えられるように構成しています。また，解説を読んだうえで問題に取り組み，実際の共通テストの形式での知識の使い方に慣れていきましょう。これで本番でもしっかり得点が取れます！

第８章　生物の進化

知識を定着させるための徹底演習

学習内容の理解度を，確認するための練習問題です。確信をもって全問正解できるまで，くり返し解きましょう。

演習１　p.236～p.240の復習

問　先カンブリア時代の生物進化についての記述として最も適当ものを，一つ選べ。

① 好気性細菌が群生することで，ストロマトライトが形成された。
② ミトコンドリアは好気性細菌が共生して生じたと考えられている。
③ エディアカラ生物群の生物は全球凍結によって絶滅した。
④ 先カンブリア時代の末期の地層から魚類の化石が発見された。

演習２　p.241～p.244の復習

問　次のできごとを古いものから並べた場合，4番目になるものを選べ。

① 鳥類の誕生　② 無顎類の誕生　③ シダ植物の出現
④ は虫類の誕生　⑤ 被子植物の出現　⑥ 哺乳類の誕生

演習３　p.245～p.249の復習

問　類人猿とは異なるヒトの特徴として最も適当なものを，一つ選べ。

① 眼窩上隆起が発達している。　② 平爪をもつ。
③ 眼が顔の側面についている。　④ おとがいが存在する。

解けない問題や，間違えた問題については，該当する本文を読み返してみましょう。

解答

演習１　②
➡ 魚類の出現は古生代のカンブリア紀です。エディアカラ生物群は全球凍結のあとに繁栄しています。

演習2　⑥
➡ 古い順から並び替えると「②→③→④→⑥→①→⑤」となります。

演習3　④
➡ ②は類人猿と共通の特徴，①，③はヒトの特徴ではありません。

演習4　③
➡ ①の「収束進化」は異なる生物が同じような環境に適応進化した結果として，似た特徴をもつようになることです。

第1章　生体を構成する物質と細胞

生体を構成する物質

好きな食べ物は何ですか？

焼肉ですっ！

動物の細胞を食べるんだね！
ということは，主にタンパク質を摂取しているってことだ！

焼肉の魅力が全く伝わらない言い方ですね……

(1)　細胞にはどんな物質が含まれているかな？　さすがに，一番多く含まれている物質が水ということは，直感的にもわかるかと思います。では，水の次に多い物質は？

下のグラフからわかる通り，一般に，水の次に多い物質は動物細胞では**タンパク質**，植物細胞では**炭水化物**です。お肉や魚は「タンパク質」っていうイメージがありますよね。植物細胞は炭水化物である**セルロース**を主成分とした**細胞壁**があったり，細胞内にデンプンなどを蓄えたり……，炭水化物が多いイメージですね！

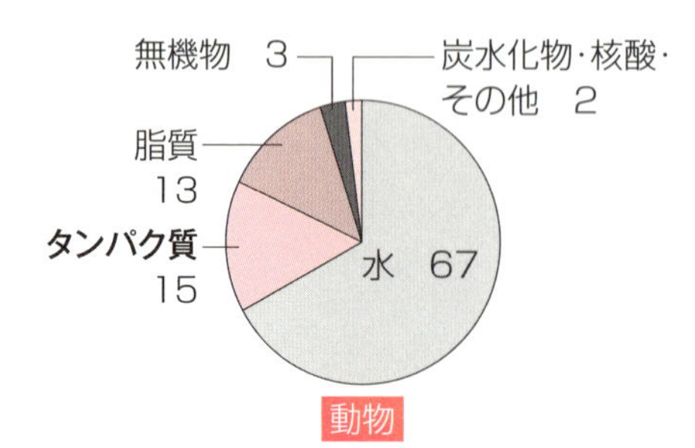

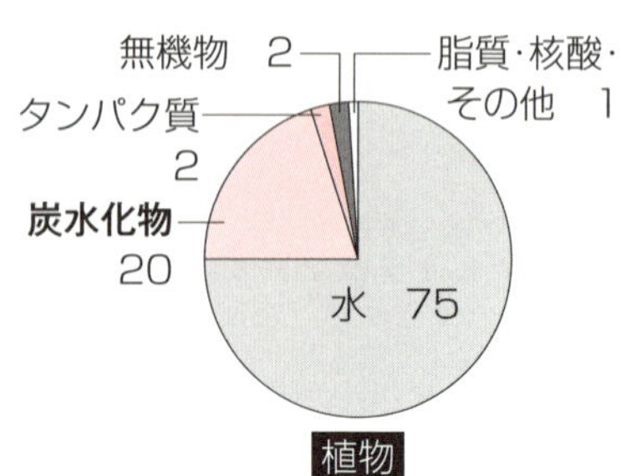

数字は平均的な質量比(%)

生物体を構成する物質

❶ 水

(2)　**水**は様々な物質を溶かすことができます。水に溶けた物質どうしや物質と酵素が出会うことで化学反応が起こるので，「水は化学反応の場としてはたらく」といわれます。また，水は比熱（ひねつ）が大きい（←温度が変わりにくい）ので，細胞の温度を一定に保つ役割も担っています。

❷ タンパク質

(3)　**タンパク質**は多数の**アミノ酸**が鎖状に繋（つな）がって複雑な立体構造をとっている物質です。酵素，抗体，ホルモンなどの主成分となり，非常に重要なはたらきをしています。タンパク質の構造や性質については，次の項で学びます。

❸ 炭水化物

(4)　**炭水化物**は細胞においてエネルギー源としてつかわれます。また，炭水化物の一種である**セルロース**は植物細胞の細胞壁の主成分（⇒ p.29）です。だから，植物細胞では多く存在するんですね！　最も単純な炭水化物は**単糖**で，グルコースやフルクトースなどがあります。単糖が2つ繋がったものが**二糖**で，スクロースやマルトース，ラクトースなどがあります。単糖が多数繋がったものが**多糖**で，セルロースやデンプン，**グリコーゲン**などがあります。

「-ose」は炭水化物（＝糖）という意味だよ！
グルコース，セルロース，リボース，フルクトース……

第1章　生体を構成する物質と細胞

❹ 脂　質

(5)　**脂質**には脂肪，**リン脂質**（⇒ p.29），**ステロイド**などがあります。脂肪は1分子のグリセリンに3分子の脂肪酸が結合した物質です（下の図）。脂肪はエネルギーを貯蔵する物質としてはたらくことが多いですね。

リン脂質は，1分子のグリセリンに2分子の脂肪酸と1分子のリン酸が結合した物質です。リン脂質は分子内に水となじみやすい親水性の部分と，水となじみにくい疎水性の部分とが存在しており，**細胞膜**などの生体膜の主成分となります。ステロイドは一部の**ホルモン**の構成成分になります。テレビなどでよく耳にする「コレステロール」もステロイドの一種です！

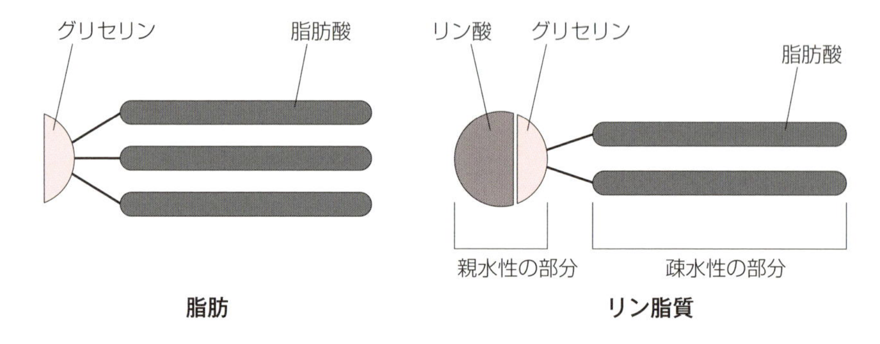

コレステロールは動物細胞の細胞膜の成分です。
本来，決して悪者ではないんですよ！

❺ 核　酸

(6)　**核酸**には**DNA**と**RNA**があり，いずれも**ヌクレオチド**という基本単位が繋がった物質です。これは……，「第3章　遺伝情報の発現」（⇒ p.68）で詳しく学ぶことにしましょう！

第1章　生体を構成する物質と細胞

2 タンパク質の構造と性質

好きな食べ物は？

卵白ですっ！

マジっすか？　日本語のタンパク質の語源は卵白（らんぱく）。卵白の主成分は**アルブミン**！　アルブミンの語源は卵白（= albumen）……ブツブツ……

先生，独り言が多いですね。

(1)　タンパク質はアミノ酸という物質が鎖状に繋（つな）がった物質です。まず，アミノ酸とは何かを学びましょう！

アミノ酸（右の図）は炭素原子に**アミノ基**（き）（$-NH_2$）と**カルボキシ基**（$-COOH$），水素原子（H）が結合し，残りの１か所に**側鎖**（そくさ）という原子団が結合しています（側鎖は−Rと表記します）。自然界にはものすごく多くの種類のアミノ酸がありますが，タンパク質の合成につかわれるアミノ酸は20種類だけなんです！

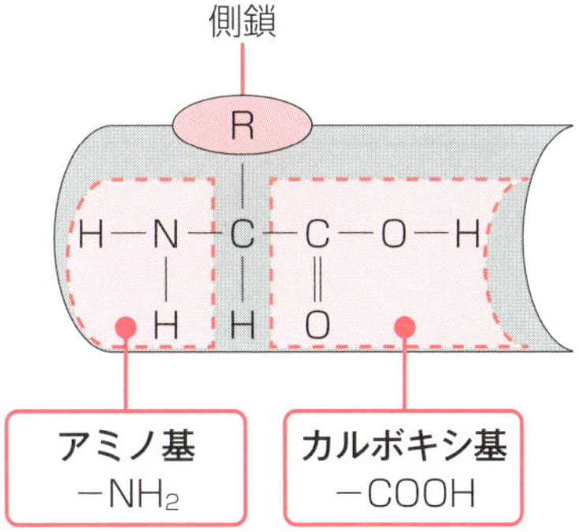

メチオニンとシステインというアミノ酸は側鎖に硫黄原子（S）が含まれます！

❶ タンパク質の一次構造

(2)　アミノ酸どうしは，一方のアミノ酸のカルボキシ基と他方のアミノ酸のアミノ基から水分子が取れて結合します。この結合を**ペプチド結合**といいます（右の図）。

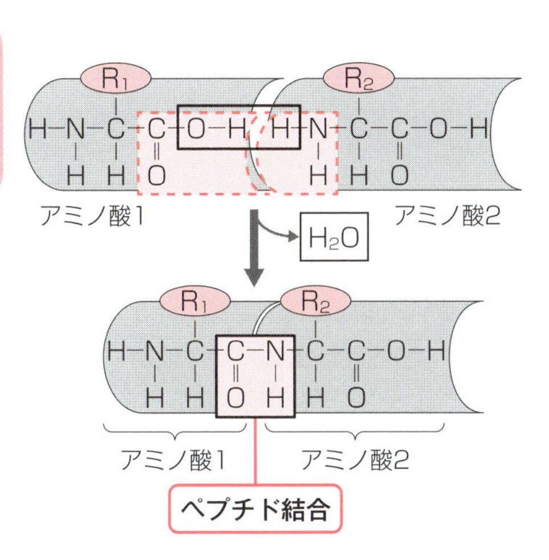

多数のアミノ酸がペプチド結合で結合したものを**ポリペプチド**といいます(下の図)。ポリペプチドにおいて，アミノ酸の繋がっている順番のことを**一次構造**といいます。

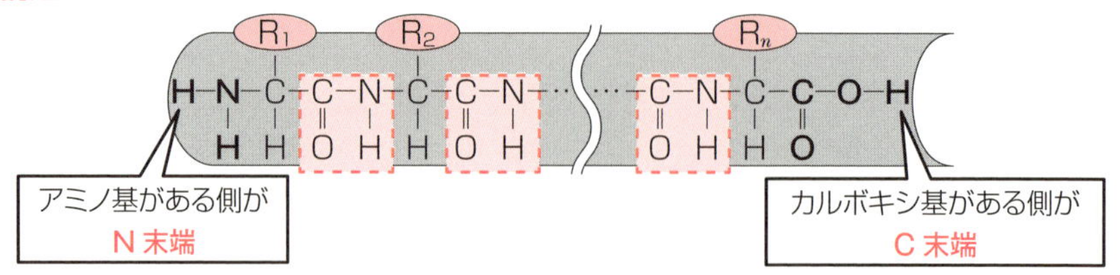

❷ タンパク質の立体構造

(3) タンパク質をよ～く見ると，ポリペプチドが部分的に規則的な立体構造をとっています。このような部分的に規則的な立体構造を**二次構造**といいます。主な二次構造にはらせん状の**αヘリックス構造**，ジグザグシート状の**βシート構造**があります。

二次構造をもつポリペプチドがさらに折りたたまれて，複雑な立体構造をとります。この分子全体の立体構造を**三次構造**といいます(右の図)。

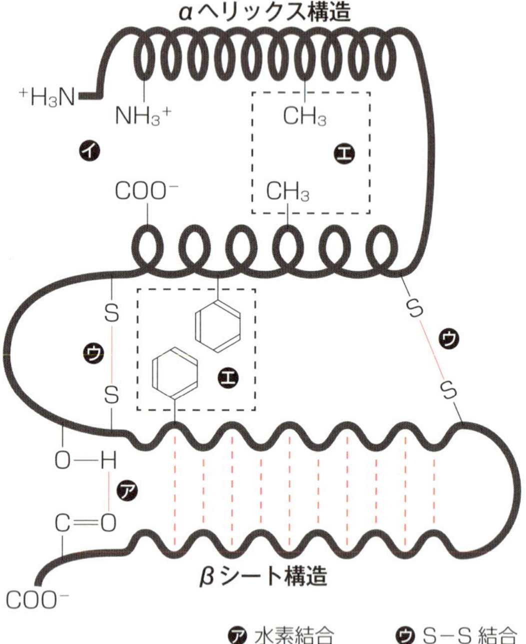

そして……，タンパク質には複数本のポリペプチドが組み合わさったものがあり，このような構造を**四次構造**といいます。

四次構造をとるタンパク質としては，ヘモグロビン，コラーゲン，抗体などがあります。

❸ タンパク質の変性と失活

(4)　タンパク質は分子全体として非常に複雑な立体構造をとります。そして，立体構造が正しくつくれなかったり，立体構造が壊れてしまったりすると，タンパク質ははたらけなくなります（涙）。

通常，60℃を超える温度になるとタンパク質は立体構造が変化して（←これを**変性**という），はたらきを失います（←これを**失活**という）。

卵白を加熱すると白く固まるのも，タンパク質の変性だよ！

また，pH が変化した場合にもタンパク質は変性してしまいます。

❹ シャペロン

(5)　タンパク質の立体構造をつくるのは大変！　放っておいてもなかなかうまくはつくれません。実は，**シャペロン**というタンパク質が立体構造をつくるのを補助していて，このお陰でちゃんとした立体構造をつくれるんです。シャペロンは補助以外にも変性したタンパク質を元の正しい立体構造に戻すはたらきもしていて，とっても大事なタンパク質なんです！

➡演習1にチャレンジ！

3 酵素のはたらき

酵素の主成分はタンパク質です。

酵素って，食べられますか？

酵素はタンパク質なので，基本的には分解されてアミノ酸として吸収されますよ。

確かに，植物の酵素なんかがそのまま取り込まれて体内ではたらいたら怖いですもんね（笑）

❶ 酵素の基質特異性

(1)　酵素はタンパク質でできた触媒(しょくばい)で，化学反応をスピードアップしてくれます。酵素が作用する物質は**基質(きしつ)**といいます。酵素には**活性部位(かっせいぶい)**という部分があり，ここに基質を特異的に結合させて**酵素 - 基質複合体(ふくごうたい)**となり，基質に作用します。活性部位の構造は非常に複雑で，酵素ごとに特定の基質としか結合できません。よって，酵素が作用する物質は決まっており，この性質を**基質特異性(とくいせい)**といいます。

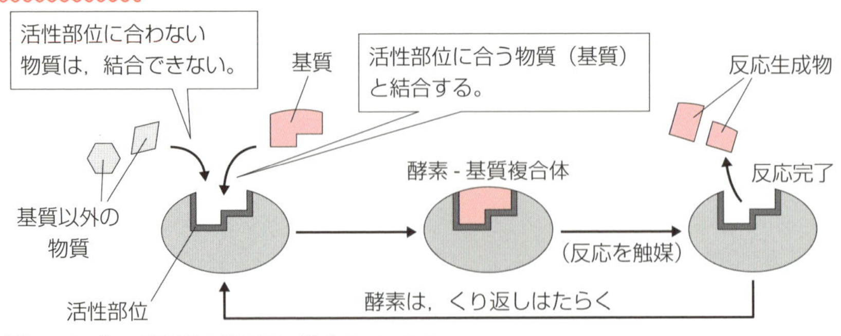

(2)　まず，4種類の酵素を紹介します！

① **カタラーゼ**：「$2H_2O_2 \rightarrow 2H_2O + O_2$」の反応を触媒する。

② **アミラーゼ**：「デンプンの加水分解」を触媒する。

③ **ペプシン**　：「タンパク質の加水分解」を触媒する。

④ **トリプシン**：「タンパク質の加水分解」を触媒する。

どれも私たちヒトがもっている酵素で，37℃の体温程度の温度で最もよくはたらきます。また，酵素には最もよくはたらく pH があります。カタラーゼやだ液に含まれるアミラーゼは中性の pH7，**胃液**（←塩酸が含まれる）に含まれるペプシンは強酸性の pH2，**すい液**（←炭酸水素イオンが含まれる）に含まれるトリプシンは弱塩基性の pH8が最適 pH です。

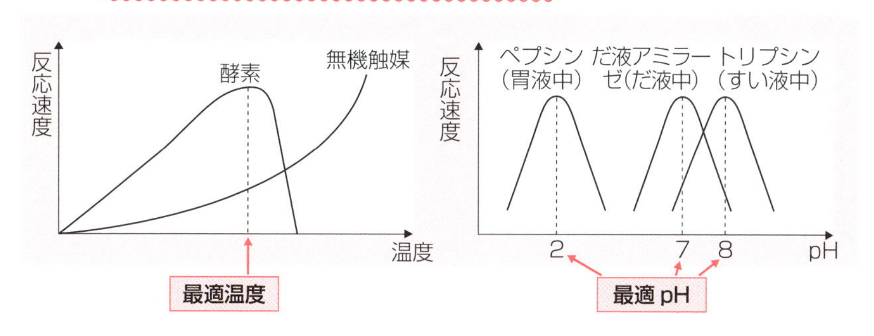

❷ 反応速度と基質濃度

(3)　反応速度と基質濃度との間には下の図のような関係があります。基質濃度が低いときには，基質濃度を高めていくにつれて酵素と基質が出会いやすくなり反応速度が上昇します。しかし，基質濃度が十分に高くなり，すべての酵素が基質と結合した飽和状態になると，基質濃度をそれ以上に高めても反応速度は上昇しなくなります。なお，用いる酵素の量を半分にして反応速度を測定すると，破線のように反応速度は基質濃度によらず半分になります。

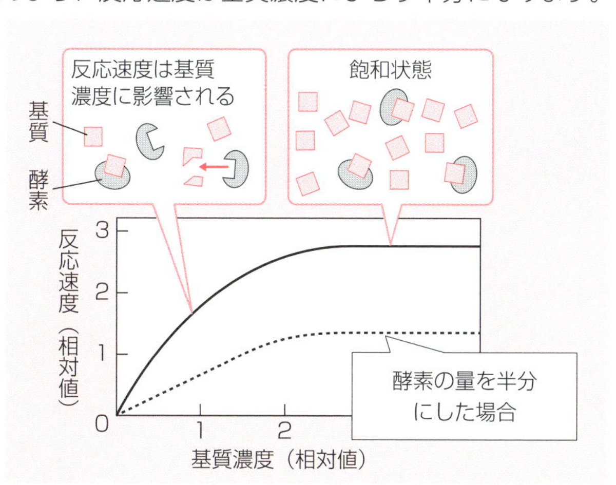

❸ 補助因子

(4)　酵素の中には「自分一人でははたらけないヤツ」がいます。こういう酵素には，**補助因子**(ほじょいんし)という酵素のはたらきを助けてくれる物質が必要です。補助因子には金属イオンや**補酵素**(ほこうそ)があります。

補酵素は低分子の有機物で，酵素本体のタンパク質と弱く結合しています。補助因子が必要な酵素は，アポ酵素とよばれます。また，補酵素は比較的熱に強い性質をもっています。補酵素は右の図のように活性部位に結合し，基質が活性部位にうまく結合できるようにしてくれるイメージです！

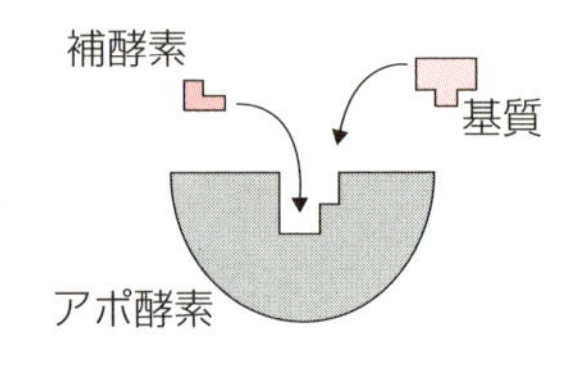

酵素は英語で enzyme，補酵素は coenzyme ！
「co-」は一緒にいるイメージだね。

第1章　生体を構成する物質と細胞

酵素活性の調節

「-ase」は酵素という意味。
デンプンにはアミロースやアミロペクチンがあって
これを分解する酵素がアミラーゼ！

へぇ～！　語源は楽しいですね！

❶ 競争的阻害

(1)　酵素反応において，基質とよく似た立体構造をもつ物質が存在すると酵素反応が妨げられてしまう場合があります。基質とよく似た物質が活性部位にハマっちゃうんだね。基質と活性部位を奪い合っている関係なので，このような酵素活性の阻害を**競争的阻害**，競争的阻害を引き起こす物質を**競争的阻害剤**（**競争的阻害物質**）といいます。

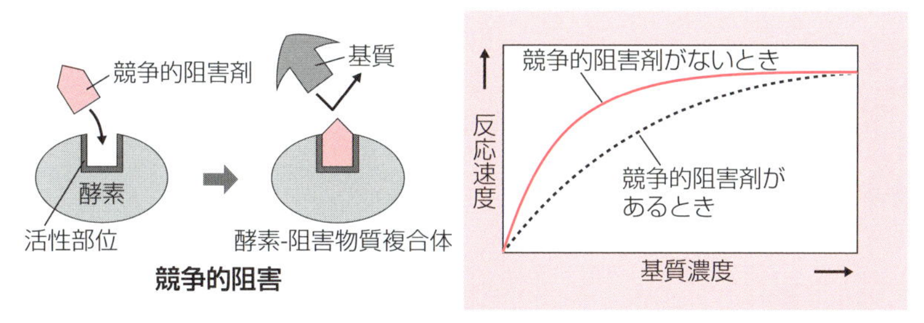

競争的阻害剤があるときと競争的阻害剤がないときの反応速度を比べたグラフが右上の図です。基質濃度をメッチャ高くすると，競争的阻害剤の影響がなくなっているところがポイント！　基質の方が圧倒的に多くなれば，競争的阻害剤が活性部位にほとんど結合できなくなりますからね♪

❷ アロステリック酵素

(2)　酵素には，活性部位とは別の部位に特定の調節物質が結合することで活性が変化するものがあり，**アロステリック酵素**といいます。アロステリック酵素の調節物質が結合する部位は**アロステリック部位**といいます。アロステリック酵素の調節物質には酵素活性を高めるものと低下させるものとがあります。

アロステリック酵素について基質濃度と反応速度との関係は右の図のようにS字形のグラフになることが多いです。

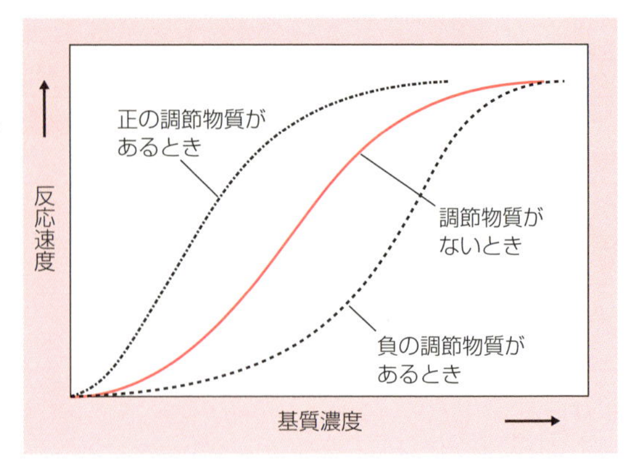

❸ フィードバック調節

(3)　酵素による反応は「物質 A→物質 B」のような単発の反応ではなく，下の図のように，酵素 A による生成物が次の酵素 B の基質になり……，というように連鎖的な反応を複数の酵素が協力して進めていることが多いんです！

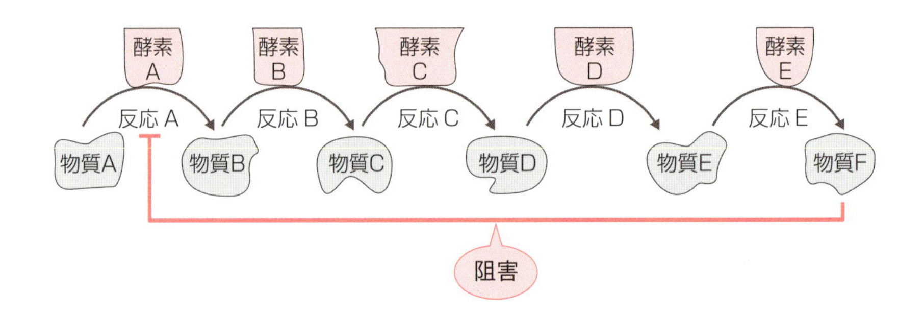

この図で考えてみましょう！　物質 F はこの一連の反応の最終産物です。この物質 F がドンドンとつくられ，蓄積していくと……，物質 F が酵素 A などの前半の反応の酵素のはたらきを阻害します。このような調節を**フィードバック調節**といいます。フィードバック調節で，活性を調節される酵素はアロステリック酵素であることが多いんですよ。

❹ 重要な酵素の実験

(4)　重要な「酵素の実験」を考えてみましょう！

〔実験〕

主な材料：ウシのレバー（←カタラーゼを含みます）と過酸化水素水

➡ 両者を様々な条件で混合し，酸素の発生を調べる。

pH	温度	酸素発生の有無
7	0℃	無
7	37℃	有
2	37℃	無
11	37℃	無

酵素には最適温度や最適 pH がありましたね。よって，0℃では反応が進みません。カタラーゼは最適 pH が7なので pH が2や11では反応が進みません。

酸素が発生した試験管も，やがて酸素の発生は止まります。酵素は反応前後で変化しないので，基質である過酸化水素がなくなってしまったと考えられます。このことは，酸素の発生が止まった試験管に過酸化水素水を追加すると，再び酸素が発生することで確かめることができます！

➡演習2にチャレンジ！

細胞の構造

細胞の構造について，『生物基礎』では光学顕微鏡で観察できるレベルで学んだよね？

核，葉緑体，ミトコンドリア，液胞……
あっ，**共生説**も学びましたね！

すばらしい♪
『生物』では細胞の構造を分子レベルで見ていくよ !!

(1)　まずは細胞の構造の図を見てみよう！

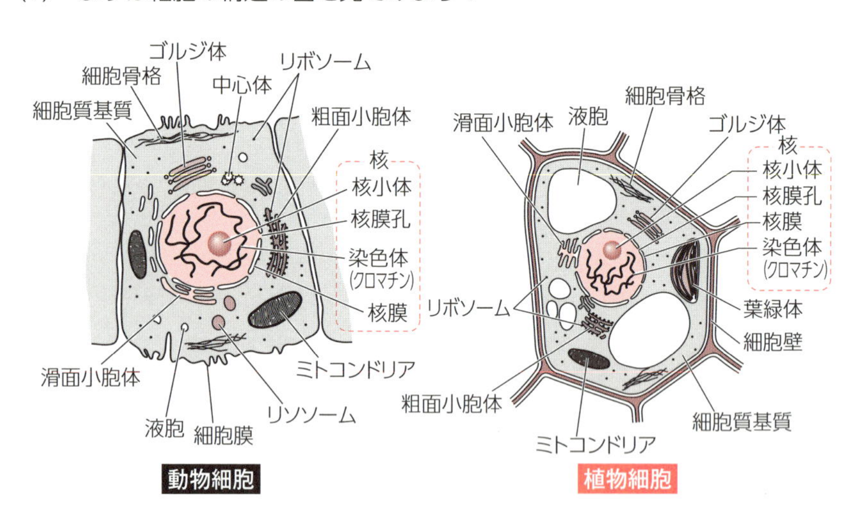

❶　細胞膜

(2)　真核細胞も原核細胞も**細胞膜**で包まれています。**リン脂質**とタンパク質が主成分で，ミトコンドリアやゴルジ体などを構成する膜も細胞膜と同じような構造をしており，これらは**生体膜**とよばれます。細胞膜については次の「6　生体膜」(⇒ p.29)で詳しく扱います！

❷ 核とリボソーム

(3)　**核**と**リボソーム**は，タンパク質の合成に関わる構造です。核は二重膜からなる核膜に包まれており，内部に**クロマチン**（⇒ p.89）と1〜数個の**核小体**があります（下の左図）。mRNA（⇒ p.76）は核膜孔を通ってリボソームに移動し，ここで mRNA に転写された遺伝情報をもとにタンパク質がつくられます（⇒ p.77）。リボソームはポリペプチドと**リボソーム RNA**（rRNA）からなる構造です（下の右図）。

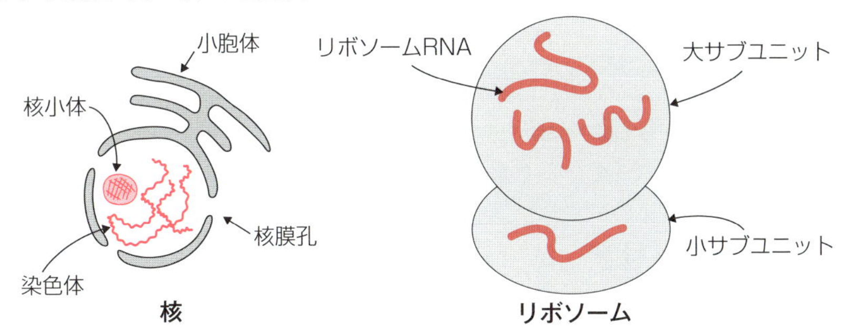

核　　　　リボソーム

「ribo-」はリボース，つまり RNA を意味します
RNA が含まれる構造なのでリボソームです！

❸ 小胞体，ゴルジ体

(4)　核膜の外側の膜をよ〜く見てみると……，**小胞体**という膜状の構造体と繋がっています！　小胞体にはリボソームが付着している**粗面小胞体**とリボソームが付着していない**滑面小胞体**があります。粗面小胞体のリボソームで合成されたタンパク質は小胞体内に入り，小胞体内部を移動し，**ゴルジ体**へと送られます。

ゴルジ体に送られたタンパク質は糖の付加などの処理を受け，小胞に包まれて送り出されます。この小胞が細胞膜に送られるとタンパク質が細胞外に分泌されます（次ページの図）。また，この小胞が**リソソーム**に送られるとタンパク質がリソソーム内に供給されます。

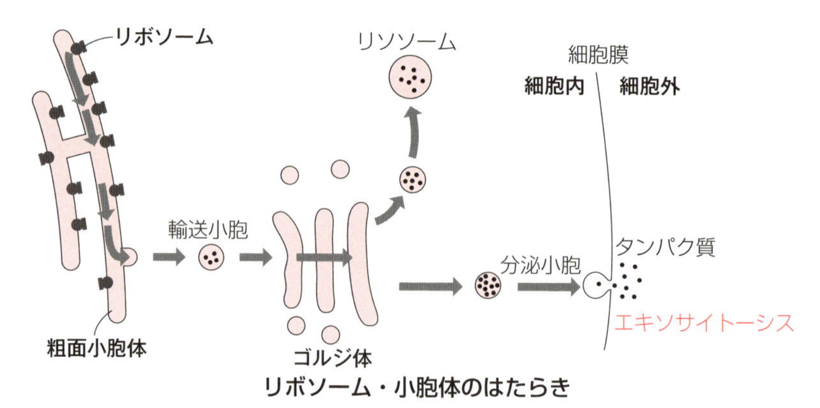

リボソーム・小胞体のはたらき

「lyso-」は加水分解という意味。
加水分解酵素を多く含んでいる構造なのでリソソーム！

❹ ミトコンドリア

(5)　**ミトコンドリア**は真核細胞に存在し，**呼吸**（⇒ p.44）に関わる細胞小器官です。独立した二重膜に包まれており，マトリックスにはDNAが存在しています。『生物基礎』で学んだ「共生説」を覚えているかな？　そこで学びましたね！

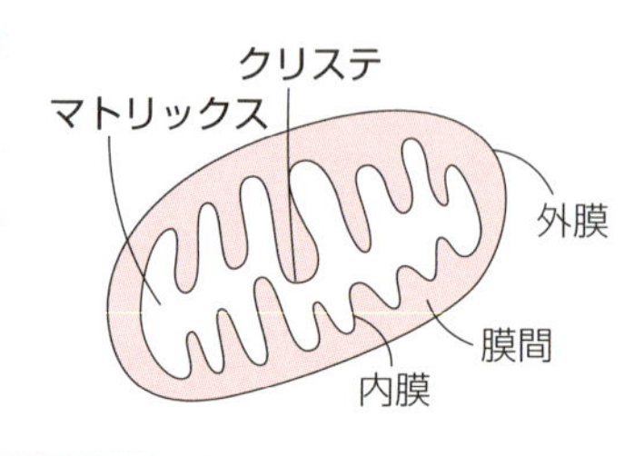

ミトコンドリアを電子顕微鏡で観察すると，糸状または粒状に見えます。「mitos-」は糸状という意味，「khondros」は粒状という意味です。

❺ 葉緑体

(6)　**葉緑体**は植物や藻類がもち，**光合成**（⇒ p.53）を行い，光エネルギーを用いて二酸化炭素から有機物を合成します。ミトコンドリアと同様に独立した二重膜に包まれており，DNAをもっているので，シアノバクテリアの共生によって生じたと考えられています（共生説）。

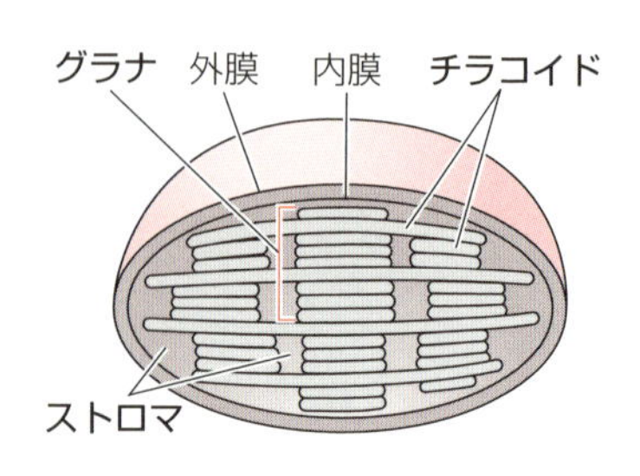

❻ 細胞骨格

(7)　細胞質基質にはタンパク質からなる繊維状の構造が存在しており，細胞の形の保持や運動などに関与しています。このようなタンパク質の繊維を**細胞骨格**(さいぼうこっかく)といいます。細胞骨格には**微小管**(びしょうかん)，**中間径フィラメント**(ちゅうかんけい)，**アクチンフィラメント**の3種類があります。

細胞骨格は英語では cytoskeleton，「cyto-」は細胞という意味なので，直訳したんだね！

アクチンフィラメントは**アクチン**という球状のタンパク質が繋(つな)がってできた最も細い（←直径は約7nm）細胞骨格です。アメーバ運動や筋収縮（⇒ p.192），**原形質流動**などに関わっています。

中間径フィラメントは，その名のとおり3種類の細胞骨格の中で中間の太さ（←直径は約8～12nm）の細胞骨格です！　覚えやすいでしょ？　かなり丈夫な細胞骨格で，細胞膜や核膜の内側に網目状に分布して，細胞や核の形を支えています。中間径フィラメントは細胞の運動には関わらないので注意しようね。

微小管は**チューブリン**というタンパク質が繋がってできた最も太い（←直径は約25nm）筒状の細胞骨格です。べん毛運動や繊毛運動の他，細胞内での細胞小器官などの輸送にも関わっています。例えば……，細胞分裂のときに生じる**紡錘糸**は微小管です！　動物細胞に見られる中心体という細胞小器官も微小管からできています。

「tube」はもちろん管（＝チューブ）だね。
「-in」はタンパク質という意味なので……チューブリン！

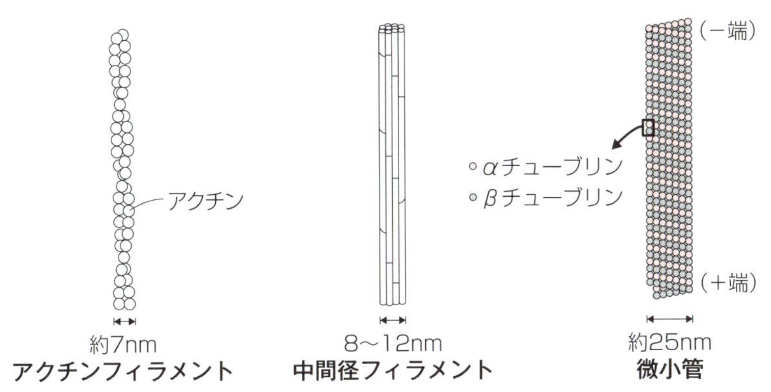

❼ モータータンパク質

(8)　ATP のエネルギーを用いて細胞骨格の上を動くタンパク質は**モータータンパク質**といいます。**ミオシン**というモータータンパク質はアクチンフィラメントの上を動きます。**ダイニン**と**キネシン**というモータータンパク質は微小管の上を動きます。微小管には＋端と－端があり，ダイニンは－端に向かって，キネシンは＋端に向かって動きます。

『**真鯛にタスキ**』と覚えよう！
マイナスに**ダイ**ニン，
足す（プラス）に**キネシン**だ。

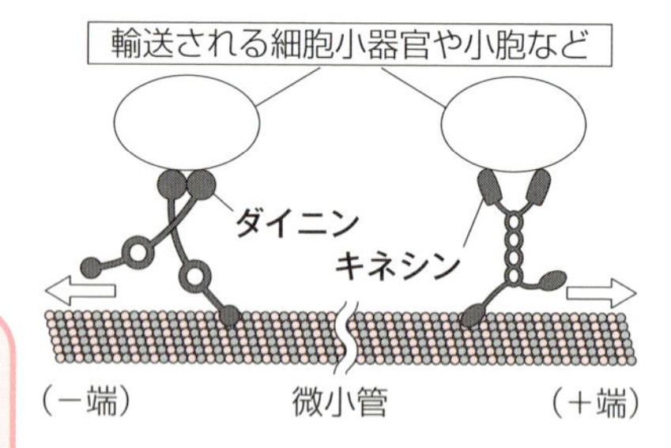

❽ 液　胞

(9)　さあ，ゴールまであと一歩！　次は**液胞**だよ。動物細胞にもありますが発達せず，特に植物細胞で発達します。液胞内の液体は**細胞液**とよばれ，水，老廃物，イオン，有機物の他，**アントシアン**という色素を含むこともあります。

❾ 細 胞 壁

(10)　すべての細胞は**細胞膜**（⇒ p.29）で包まれています。植物細胞などでは細胞膜の外側に**細胞壁**をもっています。植物の細胞壁は**セルロース**と**ペクチン**が主成分です！　細胞壁は細胞を保護したり，細胞の形を保持したりしています。

➡演習3にチャレンジ！

第1章　生体を構成する物質と細胞

生体膜

ところで，細胞膜って何からできていると思う？

えっ？　膜だから……，え〜っと……，
何でできているんだろう？

細胞膜の主成分は脂質なんだよ。
食事で摂取した脂質は細胞膜の材料になるんだね！

❶ 流動モザイクモデル

(1)　細胞膜の他に，葉緑体やリボソームの膜なども合わせて**生体膜**といいます。生体膜は基本的に同じ構造をしていて，主成分は**リン脂質**という物質です。

リン脂質は親水性（←水になじむ）の部分と疎水性（←水になじまない）の部分をもつ物質で，右の図のように疎水性の部分を向かい合わせた二重層構造をとっています。

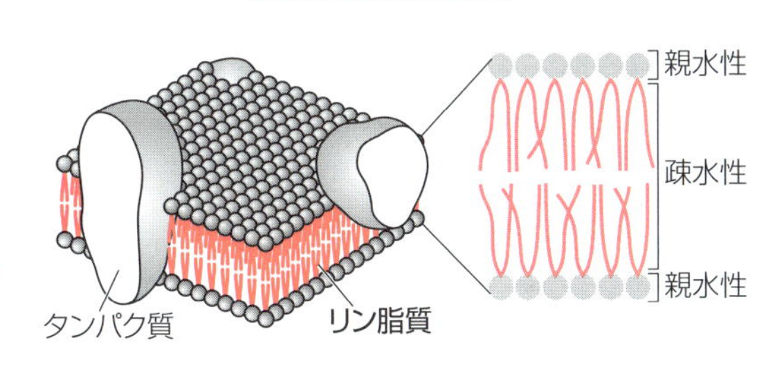

親水性の部分の「水と接したい」気持ちと，疎水性の部分の「水と接したくない」気持ちの両方を満たす理に適った構造だね。

(2)　実際の生体膜はリン脂質100％ではありません。リン脂質の二重層にタンパク質が含まれており，これが細胞膜の中を比較的自由に動き回っています（上の図）。このような生体膜の構造を**流動モザイクモデル**といいます。

❷ 細胞膜における輸送

(3)　細胞膜には通しやすい物質と通しにくい物質があり，この性質を**選択的透過性**といいます。リン脂質二重層の通りやすさについては，小さい物質ほど通りやすく，水に溶けにくい（←脂質に溶けやすい）物質ほど通りやすいという特徴があります。

イオンとか親水性の物質（グルコース，スクロースなど）はリン脂質二重層を通りにくいんだよ。

(4)　イオンや親水性の物質を通したい場合には，輸送タンパク質が必要になります。輸送タンパク質には**チャネル**と**輸送体**があります。チャネルは特定のイオンなどを通す管状のタンパク質で，条件によって開閉するものもあります。Na^+を**受動輸送**（←濃い側から薄い側への移動）させる**ナトリウムチャネル**，水を通すチャネルである**アクアポリン**などが有名ですね。

「aqua」は水っていう意味だね！

グルコースやアミノ酸などは輸送体によって膜を通ります。グルコースはグルコース輸送体によって受動輸送で細胞膜を通ります。

輸送体にはエネルギーを消費して**能動輸送**（←濃度差に逆らった輸送）ができるものがあり，**ポンプ**といいます。**ナトリウムポンプ**が代表例ですね。細胞内の ATP を分解して得られるエネルギーでNa^+を細胞外へ，K^+を細胞内へと能動輸送するポンプです！

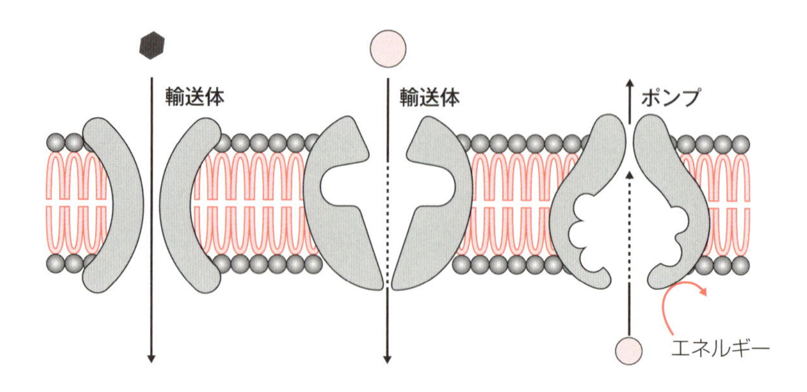

❸ エキソサイトーシスとエンドサイトーシス

(5)　タンパク質のような大きなものを通したければ……細胞膜をダイナミックに動かして下の図のように出し入れします。分泌する場合を**エキソサイトーシス**，取り込む場合を**エンドサイトーシス**といいます。

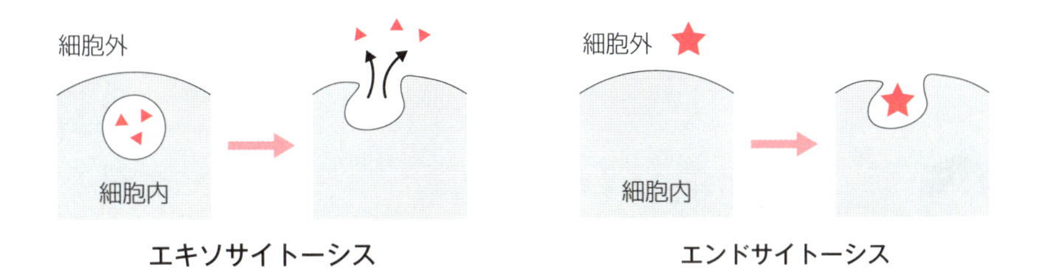

➡演習4にチャレンジ！

免疫に関わるタンパク質

『生物基礎』で免疫はやったよね！
免疫に関わるタンパク質といえば？

抗体！　あの「Y」みたいな形のやつ！

ここではそれ以外にも免疫に関わる
重要なタンパク質を紹介していきますよ！

❶ 病原体を認識するタンパク質

(1)　免疫に関わる細胞……覚えているかな？

樹状細胞(じゅじょうさいぼう)，**マクロファージ**，**好中球**(こうちゅうきゅう)といった**食細胞**（←**食作用**をする細胞）は，病原体を認識するための受容体をもっているんですよ。だって，手あたりしだいに出会ったものを食べていたら，自分の正常な細胞とかタンパク質とかも食べちゃうでしょ？　代表的な受容体が **TLR**（トル様受容体(ようじゅようたい)，Toll-like receptor）です。

TLR で病原体を認識した細胞は**サイトカイン**と総称される物質を分泌して，免疫応答をパワーアップさせます！

❷ 抗原の情報を伝達するタンパク質

(2)　僕たちの細胞は，**MHC 分子**というタンパク質を細胞膜にもっています。あっ，MHC 分子の遺伝子のことを **MHC**（主要組織適合遺伝子複合体(しゅようそしきてきごういでんしふくごうたい)）というんです！

MHC 分子には**クラスⅠ MHC 分子**と**クラスⅡ MHC 分子**があり，クラスⅠ MHC 分子はほぼすべての細胞がもち，これをキラー T 細胞が認識します。一方，クラスⅡ MHC 分子は樹状細胞などの一部の細胞のみがもち，これをヘルパー T 細胞が認識します。

(3)　下の図がイメージしやすいかな？　病原体を食べた樹状細胞が，抗原断片を MHC 分子に乗せてヘルパー T 細胞とキラー T 細胞に**抗原提示**をしている様子です！

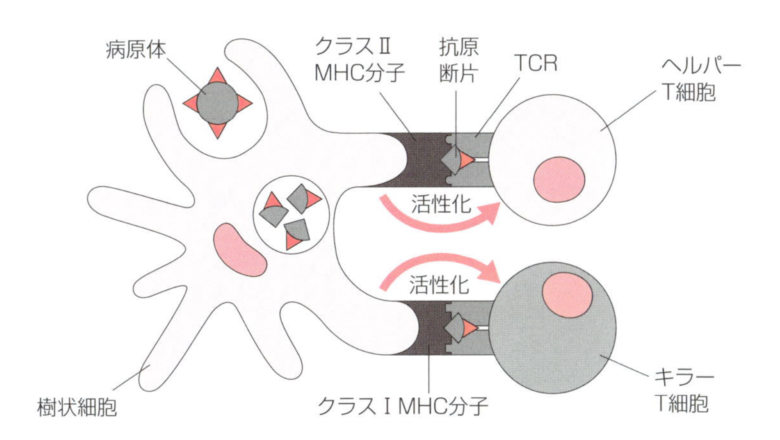

ヒトの MHC 分子は特別に **HLA** というんだ！
Human **L**eukocyte **A**ntigen の略だよ！

(4)　上の図にも描かれているけど，MHC 分子と抗原断片のカタマリを T 細胞は **TCR** という受容体で認識しているんだね。T 細胞ごとに TCR の構造が異なっていて，ものすごく多くの種類があるんだよ！

TCR は **T c**ell **r**eceptor，日本語では T 細胞受容体。
そのまんまやね♪

(5)　B 細胞は**免疫グロブリン**っていうタンパク質をつくることは『生物基礎』で学びましたね？　免疫グロブリンのうちB 細胞の細胞膜にあるものを**BCR**（B 細胞受容体），B 細胞が分泌するものを**抗体**といいます。

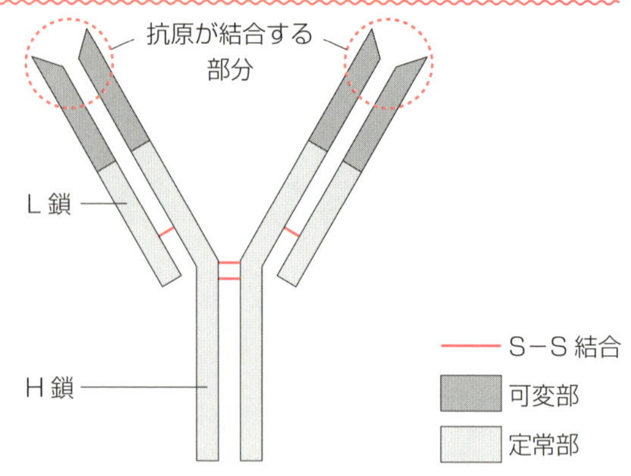

　免疫グロブリンは**H 鎖**と**L 鎖**という2種類のポリペプチドが2本ずつ合わさった構造（右の図）をしています。**可変部**はB 細胞ごとにアミノ酸配列が変わる領域です！

(6)　免疫グロブリンも，ものすごく多くの種類がありますよ！　B 細胞のもとになる造血幹細胞の段階ではH 鎖の可変部の遺伝子が3つの集団に分かれていて，各集団に多くの遺伝子断片があります。そして，B 細胞になるとき，各集団の遺伝子断片から1つずつ選んで連結して，可変部の遺伝子をつくるので，ものすごく多くの種類になりますよ！　L 鎖の可変部では遺伝子断片が2つの集団に分かれていて，同じような仕組みで可変部遺伝子つくっているから……そりゃあ，ものすご〜〜い多くの種類になる！　このしくみを解明した学者が**利根川進**（とねがわすすむ）だね！

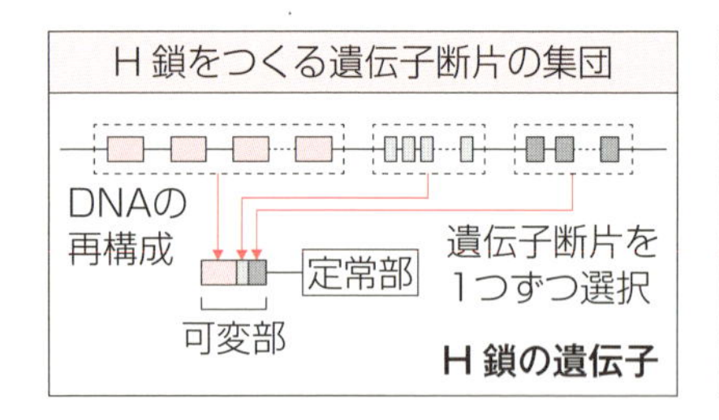

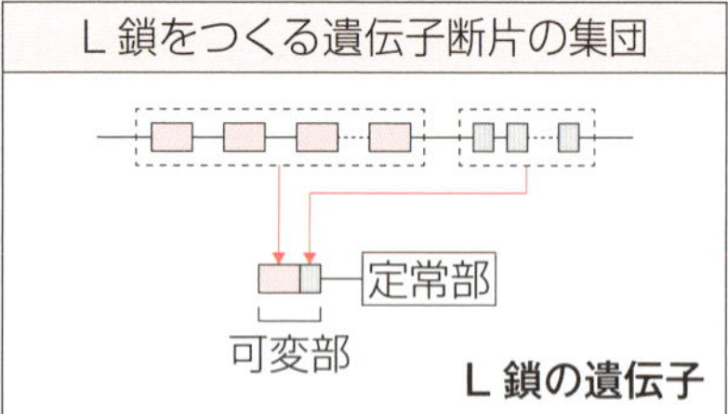

ハンバーガーが10種類，サイドメニューが5種類，ドリンク7種類……　各集団から1つずつ選んでセットをつくると，10 × 5 × 7 = 350種類にもなる。そういうイメージだね！

➡演習5にチャレンジ！

知識を定着させるための徹底演習

演習1　p.12～p.17の復習

問　生体を構成する物質に関する記述として最も適当なものを，一つ選べ。

① 植物細胞を構成する物質で，水の次に多いものはタンパク質である。

② 動物細胞に含まれるタンパク質として，コラーゲン，グリコーゲンなどがある。

③ 1本のポリペプチドが分子全体としてとる複雑な立体構造のことを三次構造という。

④ シャペロンという炭水化物は，タンパク質が立体構造をつくる補助をしている。

演習2　p.18～p.23の復習

問　酵素に関する記述として**誤っているもの**を，一つ選べ。

① ペプシンの最適pHは約2，最適温度は約10℃である。

② 酵素のなかには，低分子有機物の補助を必要とするものがある。

③ 立体構造が基質と類似した物質による酵素反応の阻害を，競争的阻害という。

④ アロステリック酵素は活性部位とは別の場所に調節物質が結合することで活性が変化する。

演習3　p.24～p.28の復習

問　細胞の構造に関する記述として最も適当なものを，一つ選べ。

① リソソームでタンパク質がつくられる。

② リソソームは細胞外へのタンパク質の分泌に関わる。

③ ミトコンドリア，葉緑体，リボソームはDNAを含む。

④ 中間径フィラメントはアクチンフィラメントよりも太い細胞骨格で，細胞の形を支えるはたらきをもっている。

⑤ 液胞の中には微小管が張り巡らされ，ダイニンとキネシンが微小管の上を動いている。

演習 4　p.29～ p.31の復習

問　リン脂質を ●< とし，●の部分が親水性の部分 < の部分が疎水性の部分とする。細胞膜の構造として最も適当な図を，一つ選べ。ただし，各図の上側が細胞外，下側が細胞内とする。

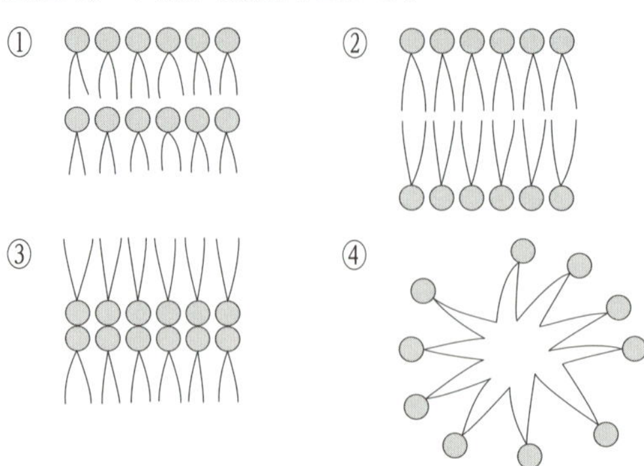

演習 5　p.32～ p.34の復習

問　免疫，および免疫に関わるタンパク質についての記述として最も適当なものを，一つ選べ。

①　樹状細胞などの食細胞は TCR をもっている。
②　HLA という遺伝子から MHC というタンパク質がつくられる。
③　免疫グロブリンは H 鎖と L 鎖が1本ずつ結合した物質である。
④　B 細胞が多様な抗体をつくるしくみは利根川進が解明した。

解答

演習 1　③

➡ 植物細胞において，水の次に多く含まれる物質は炭水化物だね。グリコーゲンは炭水化物，シャペロンはタンパク質だよ！

演習 2　①

➡ ペプシンの最適温度は体温付近（約37℃）だよ！

演習 3　④

➡ リソソームは加水分解酵素を含む細胞小器官。リボソームはタンパク質合成の場，RNA を含んでいるね。

演習 4　②

➡ 疎水性の部分を向かい合わせた二層構造だったね！

演習 5　④

➡ 食細胞は TLR をもっています。MHC という遺伝子から MHC 分子がつくられますね。また，免疫グロブリンは H 鎖と L 鎖が2本ずつ結合しています。

1 代謝とエネルギー

(1)　まずは『生物基礎』を学んだ内容の確認をしましょう。

生体内で行われる化学反応を**代謝**（たいしゃ），代謝は**同化**（どうか）と**異化**（いか）に分けられましたね。同化では，簡単な物質から複雑な物質がつくられ，エネルギーの吸収が起こります。異化はこれと逆で，複雑な物質を分解して簡単な物質が生じ，エネルギーが放出されます。光合成は同化の代表例，呼吸は異化の代表例でしたね。

代謝は酵素（⇒ p.18）によって効率的に進められています。

❶　ATP

(2)　細胞におけるエネルギーのやりとりは **ATP**（アデノシン三リン酸）を仲立ちとして行われます。例えば，呼吸で出てきたエネルギーで ATP をつくり，その ATP のエネルギーをつかって様々な生命活動を行います。

ATP は下の図のような物質で，**高エネルギーリン酸結合**が切れる際にエネルギーが「ぶわっ！」と出るんでしたね。

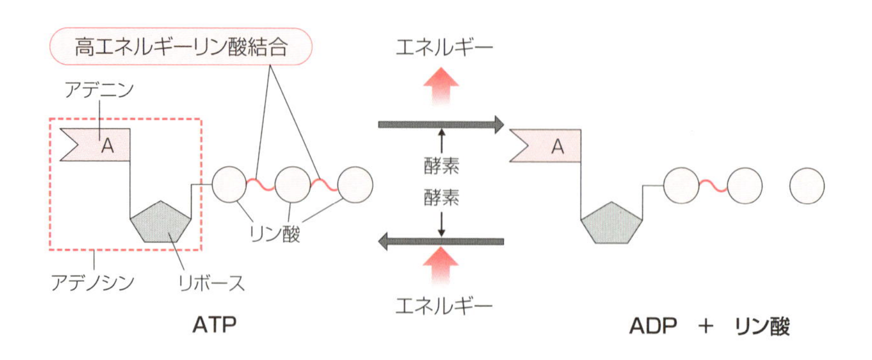

2 呼吸と発酵

発酵は人類に欠かせないね！

チーズ，納豆！

醤油，ヨーグルト……，そして，何よりお酒だ♥

そのしくみを学ぶんですね♪

❶ 呼　　吸

(1)　**呼吸**には酸素が必要です。酸素をつかってグルコースなどの有機物を二酸化炭素と水に分解する過程で ATP をつくります。酸素をつかって……，というと燃焼の反応と似ていますね。

燃焼では反応が一度に起こるため，出てくるエネルギーの大部分が熱と光になってしまします。一方，呼吸では何段階もの反応によって少しずつ分解されることで，放出されるエネルギーの一部を ATP の合成につかうことができるんです！

呼吸の反応は大きく分けると**解糖系**，**クエン酸回路**，**電子伝達系**という3つの過程からなります。解糖系は細胞質基質で，クエン酸回路と電子伝達系はミトコンドリアで行われます。

❷ 発　　酵

(2)　**発酵**は酸素をつかいません。発酵では，酸素をつかわずに有機物を分解して ATP を合成するんです！　反応はすべて細胞質基質で行われます！

(3)　**乳酸菌**は**グルコース**（$C_6H_{12}O_6$）を**乳酸**（$C_3H_6O_3$）に分解する過程で ATP を合成します。この反応を**乳酸発酵**といいます。この発酵を利用してヨーグルトをつくったり，漬物をつくったりしていますね。

乳酸発酵の反応式

$$\underset{\text{グルコース}}{C_6H_{12}O_6} \longrightarrow \underset{\text{乳酸}}{2C_3H_6O_3} \quad (+ \underset{\text{エネルギー}}{2ATP})$$

酵母(こうぼ)は，グルコースを**エタノール**（C_2H_5OH）と二酸化炭素に分解する過程で ATP を合成します。この反応を**アルコール発酵**といいます。この発酵を利用してお酒をつくったり，発生する二酸化炭素によってパンを膨らませたりしています！

アルコール発酵の反応式

$$C_6H_{12}O_6 \longrightarrow 2CO_2 + 2C_2H_5OH \quad (+ \quad 2ATP)$$

グルコース　二酸化炭素　エタノール　エネルギー

3 発酵のしくみ

酵素には低分子物質に助けてもらわないとはたらけないヤツがいましたよね？

補酵素が必要な酵素ですね。

そのとおり！　呼吸や発酵では補酵素のはたらきを理解することがすごく大事だよ。

(1)　呼吸と発酵では，圧倒的に発酵の方がシンプルです。代謝に苦手意識がある人も多いと思いますので，シンプルな発酵から始めましょう！

❶ 乳酸発酵

(2)　まず，乳酸発酵から。乳酸発酵の流れを模式図にするとこんな感じです！

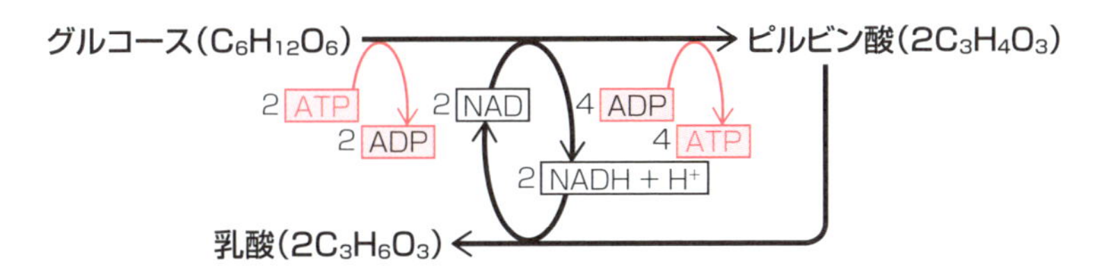

(3)　乳酸菌はグルコースを取り込むと，これを何段階もの反応を経て**ピルビン酸**（$C_3H_4O_3$）にします。この反応系を**解糖系**（かいとうけい）といいます。解糖系で，1分子のグルコース（$C_6H_{12}O_6$）が解糖系を進み2分子のピルビン酸になると……，その過程で水素原子（H）が4つ減っていますね？

解糖系では脱水素酵素がはたらくんです。そして，解糖系ではたらく脱水素酵素には**NAD^+**という**補酵素**が必要です。このNAD^+は，脱水素酵素の反応で生じるH^+と電子（e^-）を受け取り，NADHになります（下の図）。

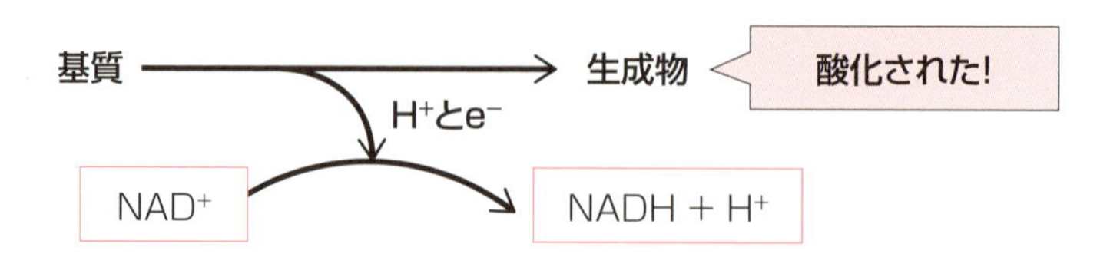

(4)　水素や電子を失うことを**酸化**，水素や電子を受け取ることを**還元**といいます。ですから，この反応は「NAD^+が還元されてNADHになる」ということもできます！
(5)　解糖系では最初にグルコース1分子あたり2分子のATPを消費していますが，後半で4分子のATPが生じていますね。よって，差し引きで2分子のATPをゲットしたことになります！
　しかし，ピルビン酸で反応をやめるわけにはいかないんです！　補酵素のNAD^+がNADHになっていますね？　このままでは，解糖系で必要なNAD^+が不足して，解糖系が止まってしまいます。NADHを酸化してNAD^+に戻してあげなければっ!!　そこで，乳酸菌はピルビン酸から乳酸（$C_3H_6O_3$）をつくる過程でNADHをNAD^+に戻しているんです。
　なお，激しい運動をしている筋肉などは，乳酸発酵と同じ反応でATPをつくることができます。動物がこの反応を行う場合には乳酸発酵ではなく，**解糖**といいます。
　念のため，乳酸発酵（および解糖）の反応式を再掲載！

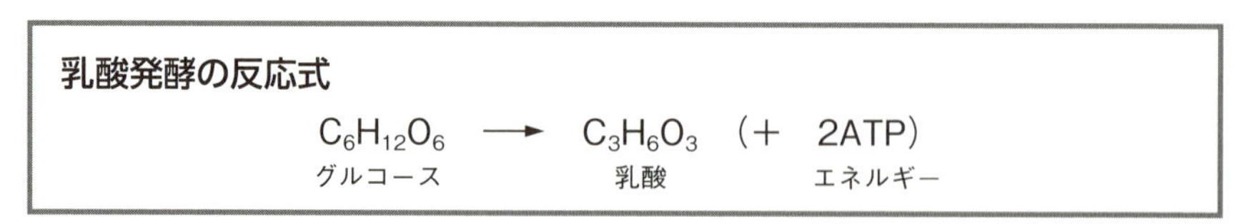

❷ アルコール発酵

(6)　続いて，アルコール発酵です！　アルコール発酵の流れを模式図にするとこんな感じです！

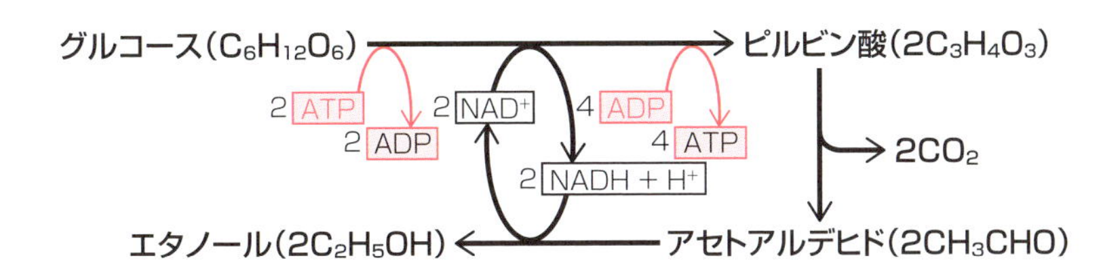

第2章 代謝

(7)　**解糖系**は乳酸発酵と共通です。酵母はピルビン酸を**アセトアルデヒド**(CH_3CHO) に変え，さらにアセトアルデヒドをエタノール (C_2H_5OH) にする際にNADHをNAD^+に戻しているんですね！

ピルビン酸からアセトアルデヒドを生じる過程では二酸化炭素が発生します(パン屋さんはこの二酸化炭素でパンを膨らませています！)。そして，二酸化炭素を発生する反応を**脱炭酸反応**(だつたんさんはんのう)といいます。覚えておこう。

アルコール発酵の反応式も再掲載！

アルコール発酵の反応式

$$C_6H_{12}O_6 \longrightarrow 2CO_2 + 2C_2H_5OH \quad (+ \quad 2ATP)$$

グルコース　　二酸化炭素　　エタノール　　エネルギー

第2章　代　　謝

呼吸のしくみ

さぁ，いよいよ呼吸のしくみを学ぼう！

教科書の図を見るだけで「面倒くさい」感じがします。

「楽勝♪」とは言わないけど，大枠を押さえて，重要なポイントをシッカリ納得していけば，必ず「ナルホド！」ってなるはずだよ。

(1)　グルコースを呼吸基質（←呼吸で分解する有機物）としてつかう呼吸のしくみを学びましょう。まず，グルコースは解糖系でピルビン酸になります。発酵と一緒だね！

❶　クエン酸回路

(2)　呼吸において，解糖系で生じたピルビン酸がミトコンドリアの**マトリックス**に取り込まれ，**クエン酸回路**に入ります。次のページの図を見ながら読み進めてください。マトリックスに入ったピルビン酸は**脱炭酸反応**（←炭素原子を二酸化炭素（CO_2）として取り除く反応）と**脱水素反応**（← H^+と電子（e^-）を失う反応）により**アセチル CoA** となります。ピルビン酸から炭素原子が1個取り除かれているので，アセチル CoA の炭素数は2です！

(3)　アセチル CoA は炭素数が4の**オキサロ酢酸**と結合して，**クエン酸**を生じます。4＋2……だから，クエン酸の炭素数は6ですね。生じたクエン酸は，さらに複数回の脱炭酸反応と脱水素反応をしてオキサロ酢酸に戻ります。

呼吸は酸素を吸って二酸化炭素を出すでしょ？
その二酸化炭素はクエン酸回路で出てきたものなんだね!!

(4)　クエン酸回路ではたらく脱水素酵素も，やはり補酵素が必要です。コハク酸脱水素酵素という酵素だけは補酵素が **FAD** ですが，それ以外の脱水素酵素の補酵素は NAD^+です。これらは H^+と電子を受け取って $FADH_2$や NADH なります。さらに，クエン酸回路では，ピルビン酸1分子につき1分子の ATP がつくられます！　……ということは，クエン酸回路ではグルコース1分子あたり2分子の ATP がつくられるということですね。

(5)　クエン酸回路の概略図は下の図です！　脱水素反応が5か所，脱炭酸反応が3か所あるから数えてみてね！

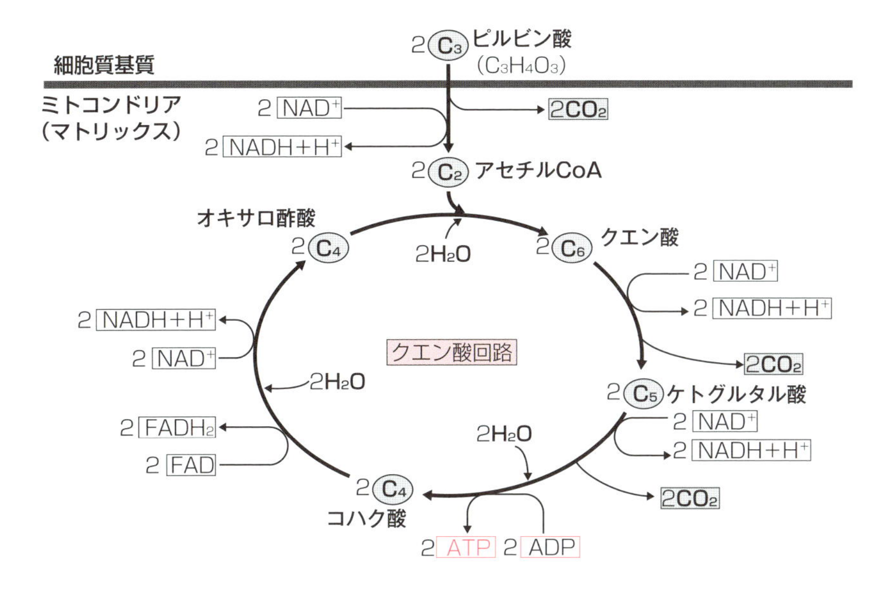

一応，1分子のグルコースを呼吸で消費する場合のクエン酸回路の反応式を書いておきますね。

クエン酸回路の反応式

$2C_3H_4O_3 + 6H_2O + 8NAD^+ + 2FAD$
ピルビン酸
$\longrightarrow 6CO_2 + 8NADH + 8H^+ + 2FADH_2$ (+ 2ATP)

水素原子と結合している補酵素（NADH と $FADH_2$）は，手ぶらの状態（NAD^+と FAD）に戻さないといけないね！

❷　電子伝達系

(6)　解糖系とクエン酸回路でつくられた NADH や $FADH_2$は，ミトコンドリアの内膜にある**電子伝達系**(でんしでんたつけい)に運ばれます。電子伝達系については，次のページの図を見ながら読み進めてくださいね。これらの補酵素から電子が電子伝達系にわたされ，その電子が内膜に埋(う)め込まれたタンパク質などの間を次々に伝達されていきます。電子が伝達されていくときにエネルギーが放出されます！このエネルギーをつかって……，何をしましょう ??

(7)　電子の伝達で生じたエネルギーをつかって，H^+がマトリックス側から**膜間**（←外膜と内膜の間）の側へと輸送されます。そうすると……，内膜をはさんでH^+の濃度勾配が形成されます

H^+の濃度について「膜間＞マトリックス」という濃度勾配が形成されているね！

内膜には，**ATP合成酵素**が埋め込まれています。このATP合成酵素はH^+を受動輸送させるチャネルとしてはたらきます。よって，H^+が濃度勾配に従って膜間からマトリックスへと流れ込みます。このときATP合成酵素はATPをつくるんですよ！

これがまぁ，すごいんです！　1分子のグルコースを消費したとすると，電子伝達系では最大で34分子ものATPをつくれるんです!!

(8)　電子伝達系では，NADHや$FADH_2$の酸化にともないATPが合成されており，このようなATP合成反応は**酸化的リン酸化**といいます。なお，内膜のタンパク質などの間を伝達された電子は最終的にH^+とともに酸素（O_2）に受け取られ，水になります。

1分子のグルコースが呼吸で消費される場合の電子伝達系の反応式は次のようになります。下の電子伝達系の図もよ～く見ておきましょう!!

電子伝達系の反応式

$$10NADH + 10H^+ + 2FADH_2 + 6O_2$$
$$\longrightarrow 10NAD^+ + 2FAD + 12H_2O\ (+ (最大)\ 34ATP)$$

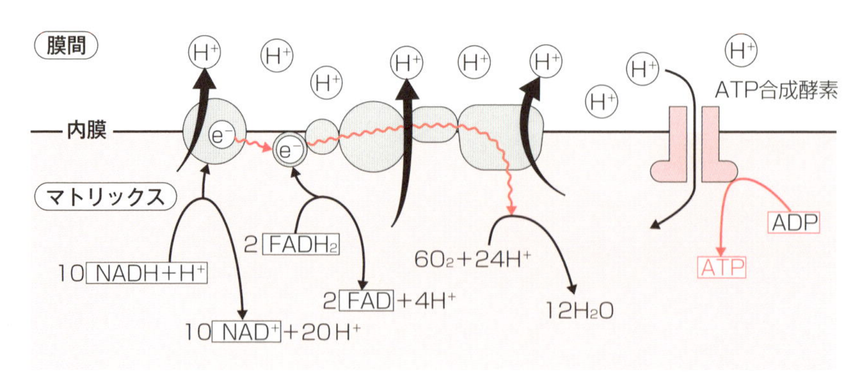

➡演習1にチャレンジ！

❸ 呼吸全体の反応

(9)　それでは，解糖系，クエン酸回路，電子伝達系を合わせて，グルコースをつかった呼吸全体の反応式をつくってみましょう。

グルコースをつかった呼吸の反応式

$$C_6H_{12}O_6 + 6O_2 + 6H_2O \longrightarrow 6CO_2 + 12H_2O\ (+\ (最大)\ 38ATP)$$

グルコース　酸素　水　二酸化炭素　水　エネルギー

グルコース以外の有機物も呼吸でつかえるんですよね？

もちろん！　大雑把(おおざっぱ)でいいので，脂肪(しぼう)やタンパク質がどのように呼吸でつかわれるかをマスターしよう！

❹ 脂肪やタンパク質をつかった呼吸

(10)　**脂肪**（←**グリセリン**と**脂肪酸**が結合した物質）を呼吸でつかう場合，まずはグリセリンと脂肪酸に分解されます。グリセリンは解糖系の途中に入り，脂肪酸はさらに分解されて多数のアセチル CoA となってクエン酸回路に入り，それぞれ消費されます。脂肪酸からアセチル CoA をつくる反応を **β(ベータ) 酸化**といいます。

(11)　タンパク質を呼吸でつかう場合，まずアミノ酸に分解されます。さらに，アミノ酸はアミノ基を取り除き，**有機酸**（＝カルボン酸）とアンモニア（NH_3）となります。この反応は**脱アミノ反応**といいます。生じた様々な有機酸はそのまま，または化学変化をしてからクエン酸回路に入って消費されます。脂肪とタンパク質をつかった呼吸の経路の概略は下の図の通りです！

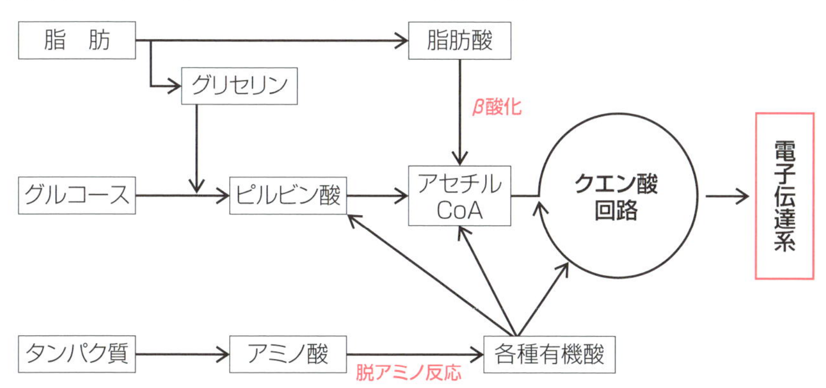

呼吸についての重要な実験

共通テストでは『実験』がすごく大事なの！

実験が大事って，どういうことですか？

単に結果などを丸暗記してもダメ！　何のために行った実験か？　実験からどんな合理的な仮説がつくれるか？　などを**考えながら学ぶ**ことが重要になります。

❶　脱水素酵素による酸化還元反応

(1)　まずは，「脱水素酵素による酸化還元反応を調べる実験」です。

この実験では，ツンベルク管（右の図）をつかいます。ツンベルク管は空気を抜いて実験することができる優れものです！

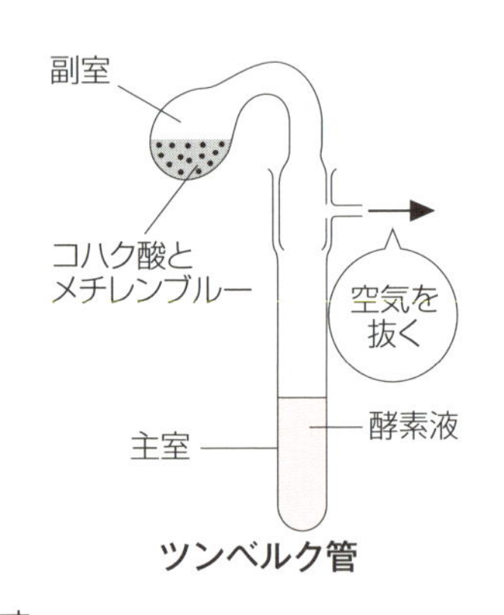

ツンベルク管

(2)　基質としてコハク酸を使います。コハク酸を脱水素する酵素……，コハク酸脱水素酵素はクエン酸回路の酵素です。ですから，ミトコンドリアを多く含むニワトリのササミなどをすりつぶした液体を酵素液として使います。

(3)　酵素液を主室に，コハク酸と**メチレンブルー**を副室に入れます。メチレンブルーは指示薬です！　メチレンブルーは，コハク酸脱水素酵素の補酵素である $FADH_2$ を FAD に戻すとともに，自身は無色に変化します。よって，空気を抜いてから主室の液と副室の液を混合し，脱水素反応が進んでいくと次のページのような反応でメチレンブルーの青色が消えていきます。

(4)　空気を抜いておかないと，還元された無色のメチレンブルーが青色のメチレンブルーに戻ってしまい，青色が消えず，反応を観察できなくなってしまいます。

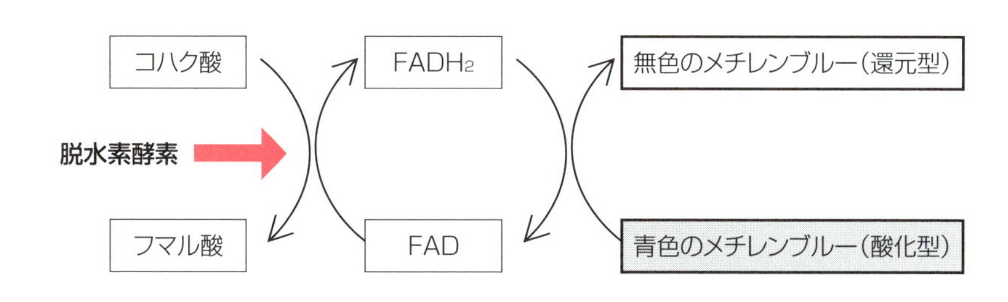

❷ 呼吸商の測定

(5)　続いては，「**呼吸商**の測定実験」です！　呼吸商は呼吸を行っている状況での放出する二酸化炭素（CO_2）と吸収する酸素（O_2）の体積比で，次の式で求められます。

$$\text{呼吸量（RQ）} = \frac{\text{放出する } CO_2 \text{の体積}}{\text{吸収する } O_2 \text{の体積}}$$

呼吸商の値は呼吸基質によって異なり，炭水化物，タンパク質，脂肪をつかった場合の呼吸商は，それぞれ約1.0，約0.8，約0.7となります。

呼吸商を調べれば，どんな有機物を呼吸でつかっているかを推測することができます！

(6)　呼吸商は下のような2つの装置を用いて測定できます。

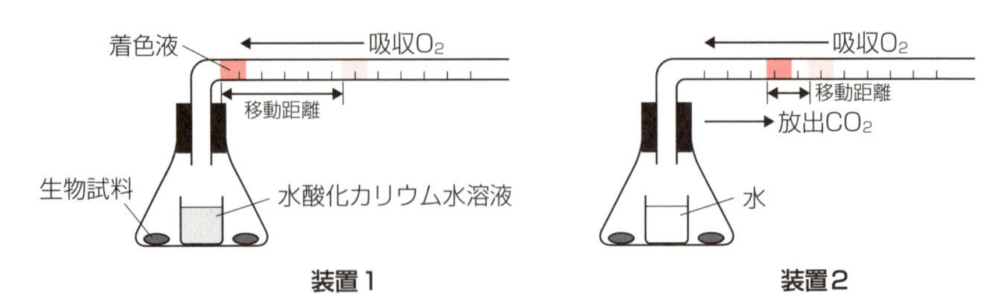

(7)　どちらの装置も密閉状態になっており，装置内の気体の増減にともない着色液が動きます。**装置1**の中の小ビンに入った水酸化カリウム（KOH）水溶液は，装置内の CO_2をすべて吸収します。よって，**装置1**では呼吸で放出する CO_2はすべて KOH 溶液に吸収されてしまうので，吸った O_2の分だけ容器内の気体が減少し，着色液が左に移動します。

(8)　**装置2**の中の小ビンに入った水は CO_2の吸収などのはたらきをもたず，容器内の気体の体積は吸収した O_2と放出した CO_2の差に相当する分だけ変化し，それに応じて着色液が移動します。

着色液が**装置 1** では左に 10 目盛り，
装置 2 では左に 3 目盛り動いたとします！

吸収した O_2 が 10 目盛り，吸収した O_2 と放出した CO_2 の差が 3 目盛りなので，放出した CO_2 は 7 目盛りに相当します！

そうそう！　だから，呼吸商は 0.7 です！　この生物は……，呼吸基質として脂肪をつかっていると考えられますね！

➡演習2にチャレンジ！

6 光合成色素

クロロフィルって「クロロ」っていうくらいですから，塩化物なんですか？

化学っぽく攻めてきたね(笑)。「クロロ（chloros)」は緑色っていう意味なんだ。だから，クロロフィルは塩化物ではないんだよ。

あ，そうそう！
ついでに，「フィル（phyllon)」は葉っていう意味だよ。

(1)　光合成では，**光合成色素**が吸収した光エネルギーがつかわれます。光合成色素には**クロロフィル**，**カロテノイド**などがあり，葉緑体のチラコイド膜に存在しています。

植物がもつ光合成色素は**クロロフィル a**，**クロロフィル b**，**カロテン**，**キサントフィル**などです。「**柿食えば**（カ・キ・ク-a・ク-b)」と覚えちゃってください！

(2)　光合成色素ごとに吸収しやすい光の波長（＝光の色）が違います。光合成色素ごとの光の波長と吸収の関係のグラフを**吸収スペクトル**といいます。

また，光の波長と光合成速度との関係のグラフを**作用スペクトル**といいます。

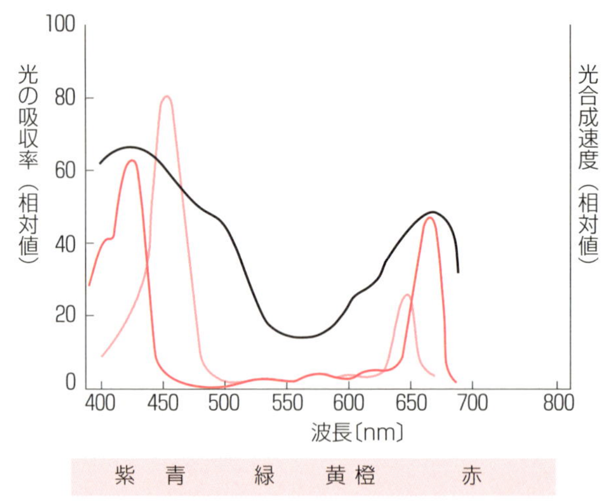

—— クロロフィルaの吸収スペクトル　—— クロロフィルbの吸収スペクトル
—— 光合成の作用スペクトル

吸収スペクトルと作用スペクトル

クロロフィルａもクロロフィルｂも緑色光をあまり吸収しないね。だから，通常，葉は緑色光の多くを反射させるので，緑色に見えるんですよ。

(3)　光合成色素は，クロマトグラフィーなどによって分離することができます。葉をすりつぶしてからエタノールなどを加えると，光合成色素を抽出（＝液体中に溶け出させる）できます。

この抽出液を薄層などに付着させ，展開液に対する溶けやすさの違いなどを利用し，分離させることができます。

第2章　代　　謝

光合成のしくみ

❶ チラコイド膜での反応

(1)　チラコイド膜には，光合成色素とタンパク質の複合体からなる**光化学系Ⅰ**(こうかがくけい)と**光化学系Ⅱ**という反応系があります。光合成色素が吸収した光エネルギーは，これらの反応系の中心（**反応中心**）にあるクロロフィルに集められると……，クロロフィルから「ポンっ！」と電子（e^-）が飛び出します。この反応は**光化学反応**といいます。

(2)　電子を失った光化学系Ⅱのクロロフィルは「H_2O 君，僕に電子をくださいな♪」と，水を分解して電子をもらいます。このときに，酸素が発生するんです！

一方，電子を失った光化学系Ⅰのクロロフィルは，光化学系Ⅱから飛び出して，チラコイド膜にある電子伝達物質を通ってきた電子を受け取ります。

(3)　光化学系Ⅰから飛び出した電子は **$NADP^+$** に受け取られます。このとき，$NADP^+$ は電子と水素イオン（H^+）を受け取り，**NADPH** となります。

まとめてみましょう！

水の分解で生じた電子は，光化学系Ⅱ，電子伝達物質，光化学系Ⅰを通って，$NADP^+$ に渡されるんですね。この電子が流れる反応系の全体を**電子伝達系**(でんしでんたつけい)といいます（次のページの図）。

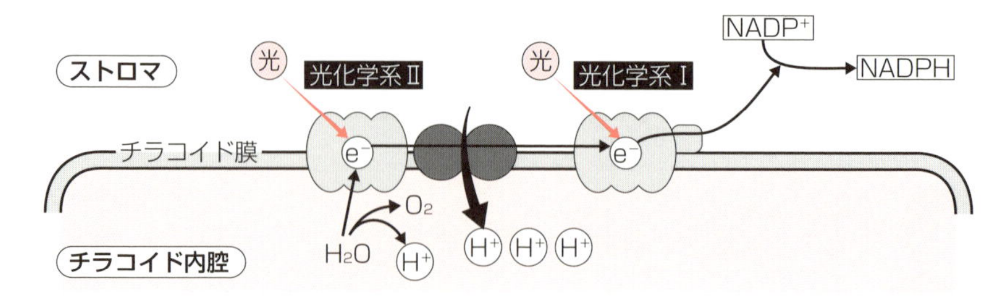

(4)　電子が電子伝達系を流れると，H^+がストロマからチラコイド内に輸送され，チラコイド内外でH^+の濃度勾配が生じます。チラコイド膜には**ATP合成酵素**があり，H^+が濃度勾配に従ってATP合成酵素を通ってストロマへ拡散する際に，ATPが合成されます。

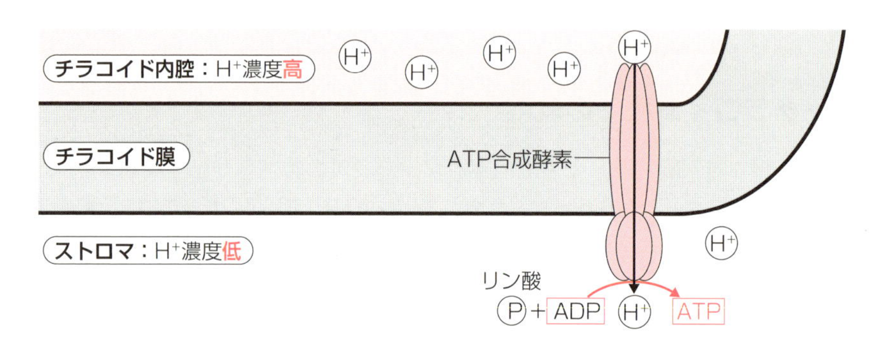

ミトコンドリアの電子伝達系と似てますね！

すばらしい指摘ですっ！
おっしゃる通り，「H^+の濃度勾配を利用してATPをつくる」点など，基本的なイメージは同じだね！

ミトコンドリアの電子伝達系でのATP合成は酸化的リン酸化でしたね。一方，葉緑体でのこのようなATP合成は光エネルギーに依存していることから，**光リン酸化**といいます。

(5)　さあ，チラコイドでの反応は完了だよ！　要するに，「光エネルギーを吸収」「水を分解して酸素発生」「NADPHができる」「ATPができる」のがチラコイドでの反応ってことだ。そして，チラコイドでつくられたNADPHとATPはストロマで行われる**カルビン・ベンソン回路**という反応系でつかわれます。

❷ カルビン・ベンソン回路

カルビン・ベンソン回路は二酸化炭素（CO_2）を還元して有機物（$C_6H_{12}O_6$）をつくる反応系です。それでは，カルビン・ベンソン回路を学びましょう♪

(6)　カルビン・ベンソン回路の概略は下の図の通りです。

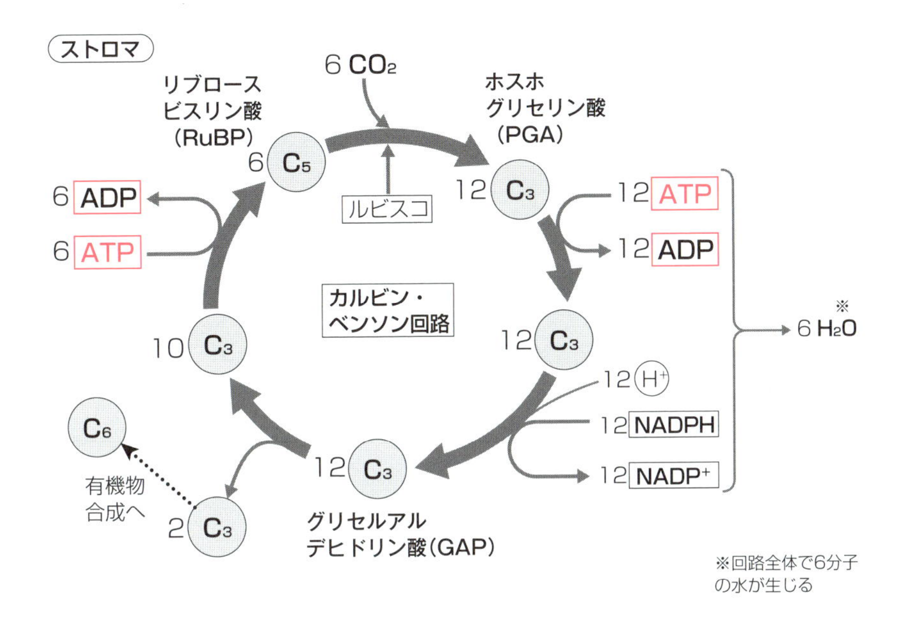

1分子のCO_2は**ルビスコ**（Rubisco）という酵素のはたらきにより，**RuBP**というC_5化合物（←炭素原子を5つもつ化合物）1分子と結合し，**PGA**というC_3化合物（←炭素原子を3つもつ化合物）を2分子生じます。

生じたPGAはチラコイドの反応でつくられたATPを消費し，さらにNADPHにより還元されてGAPというC_3化合物になります。このGAPの一部が有機物の合成につかわれ，残りのGAPはさらにATPを消費してRuBPに戻ります。

なんとか最後までたどり着けました！

(7)　有機物（$C_6H_{12}O_6$）を1分子つくるとして，カルビン・ベンソン回路をいっしょに回ってみましょう♪　この場合，6分子のCO_2が回路に取り込まれ……，12分子の ATP と12分子の NADPH をつかいます。6分子の水を生じ，12分子の GAP のうち2分子が回路から抜けて有機物の合成につかわれる……，そして，残りが6分子の ATP をつかって RuBP に戻るんだね。
(8)　最後に光合成の反応全体について，まとめてみましょう！

光合成の反応式

$$6CO_2 + 12H_2O \longrightarrow C_6H_{12}O_6 + 6O_2 + 6H_2O$$

二酸化炭素　水　グルコース　酸素　水

➡演習3にチャレンジ！

8 C_4植物とCAM植物

日本で主食といえば何だろう？

私の場合は，お米です。

世界にはトウモロコシが主食の地域もあるよね。
どんな地域かな？

なんとなく……，乾燥している地域のような気が……，

❶ C_4植物

(1)　上の会話にもありますが，トウモロコシは乾燥に強いんです。その理由を納得してもらえるように，話を進めますね。

熱帯原産のトウモロコシやサトウキビなどはカルビン・ベンソン回路の他に二酸化炭素（CO_2）を効率よく固定する**C_4回路**という反応系をもっています。C_4回路では，CO_2を固定して最初にできる物質がオキサロ酢酸などのC_4化合物です。トウモロコシなどでは，C_4回路は**葉肉細胞**（ようにくさいぼう）で，カルビン・ベンソン回路は**維管束鞘細胞**（いかんそくしょうさいぼう）という維管束のまわりにある細胞で行われます（下の図）。このような光合成を行う植物を**C_4植物**といいます。

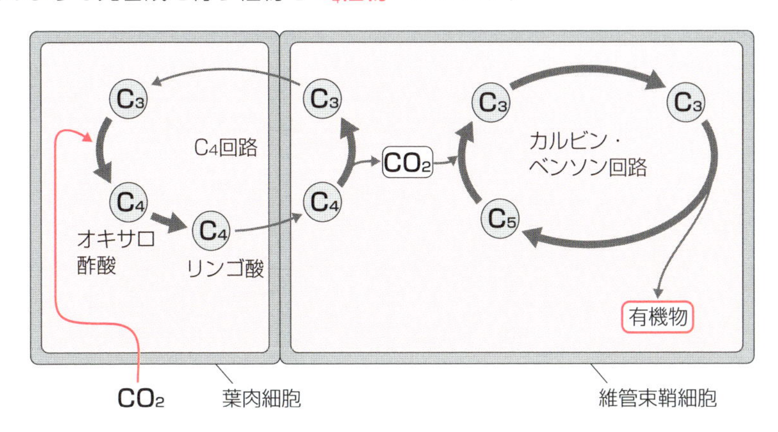

(2)　C_4回路でCO_2を固定する酵素はルビスコと比べて圧倒的に活性が高い酵素なんです。よって，C_4回路をもたない普通の植物（← **C_3植物**）よりもCO_2を取り込む効率が非常に高く，高温・強光条件で光合成を活発に行えるし，気孔を大きく開かずに十分なCO_2を取り込めるので，蒸散を抑制しつつ活発な光合成ができます！

だから，乾燥に強いんですね！

❷ CAM植物

(3)　乾燥した砂漠地域などに生育する**ベンケイソウ**や**サボテン**などの多肉植物を**CAM植物**といいます。

ベンケイソウ……ベンケイソウ……，≪ネット検索中≫
……あっ，見たことあります！

気になるものは，写真や動画をネットで検索する！
いい習慣ですね。

CAM植物の光合成の反応経路はC_4植物とほぼ同様です。でも，ちょっとだけ違います。まず，CAM植物は，CO_2を固定する反応を夜間に行うんです。夜間にCO_2を固定して合成した**リンゴ酸**は液胞にためられ，昼間に分解されてCO_2を生じ，生じたCO_2を用いてカルビン・ベンソン回路の反応を行います（下の図）。

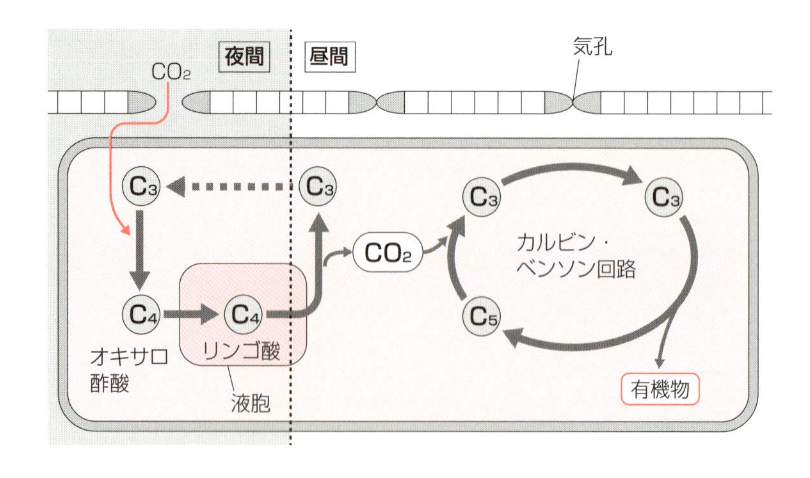

(4)　CAM 植物が昼間につかう CO_2は夜間に固定しておいたものですね。ですから，CAM 植物は，夜間に気孔を開いて CO_2を取り込み，昼間は気孔を閉じているんです。乾燥地域で昼間に気孔を開いたら，蒸散によって枯れちゃうでしょ？　うまいしくみですね！

なお，CAM 植物は CO_2の固定からリンゴ酸の合成，さらにカルビン・ベンソン回路までのすべての反応を葉肉細胞で行っています。C_4植物とゴッチャにしないようにね。

CAM 植物の CAM は「crassulacean acid metabolism」の略で，crassulacean はベンケイソウのことだよ！　CAM 植物は日本語では「ベンケイソウ型有機酸代謝植物」っていう長〜い名前になります。

原核生物の炭酸同化

細菌にも光合成できるものがいるよ！

葉緑体がないのに……

もちろん，原核生物だから葉緑体はもっていないよ。でも，一部の細菌は光合成できるんだ！

あっ！　シアノバクテリアとかですね。

❶ シアノバクテリアの光合成

(1)　シアノバクテリアは光合成をする細菌だったね。シアノバクテリアはクロロフィル a をもち，光化学系Ⅰと光化学系Ⅱをもち，酸素を発生するなど，植物とよく似た光合成を行います。シアノバクテリアの光合成の反応式は植物と同じですけど，念のために掲載しておきます。

シアノバクテリアの光合成の反応式

$$6CO_2 + 12H_2O \longrightarrow C_6H_{12}O_6 + 6O_2 + 6H_2O$$

二酸化炭素　水　グルコース　酸素　水

❷ 光合成細菌の炭酸同化

(2)　植物やシアノバクテリアと異なり，硫化水素をつかう光合成を行う細菌がおり，**光合成細菌**とよばれています。**緑色硫黄細菌**(りょくしょくいおうさいきん)や**紅色硫黄細菌**(こうしょくいおうさいきん)が光合成細菌の代表例です。光合成細菌の光合成色素は植物のクロロフィルとはちょっと構造が違い，**バクテリオクロロフィル**といいます。

植物の場合，電子伝達系を流れる電子は水から出発していますが，これらの光合成細菌の場合，電子が**硫化水素**(りゅうかすいそ)（H_2S）から出発します。

ということは，酸素が発生しない??

その通りです！　硫化水素を分解するので，酸素ではなく硫黄の単体が析出するんです。緑色硫黄細菌や紅色硫黄細菌の反応式は次の通りです。

緑色硫黄細菌や紅色硫黄細菌の光合成の反応式

$$6CO_2 + 12H_2S \longrightarrow C_6H_{12}O_6 + 12S + 6H_2O$$

二酸化炭素　硫化水素　グルコース　硫黄　水

「水の代わりに硫化水素」,「酸素の代わりに硫黄ができる」という感じで，植物の光合成と対比しながら覚えると忘れにくいよ！

第2章　代謝

❸ 化学合成細菌の炭酸同化

(3)　光が届かない深海や土の中にも生物がいますよね。そういった生物の有機物はどうやってつくられるんだろう？

光がなくても有機物を合成する反応があるんですよ。それが**化学合成**！　化学合成は，無機物を酸化した際に放出される化学エネルギーを用いてカルビン・ベンソン回路などで炭酸同化をします。

代表的な**化学合成細菌**と，化学エネルギーを取り出す反応を紹介します。

① **亜硝酸菌**（あしょうさんきん）

$$2NH_4^+ + 3O_2 \longrightarrow 2NO_2^- + 2H_2O + 4H^+ + \text{化学エネルギー}$$

② **硝酸菌**（しょうさんきん）

$$2NO_2^- + O_2 \longrightarrow 2NO_3^- + \text{化学エネルギー}$$

亜硝酸菌と硝酸菌は『生物基礎』の「窒素循環」で習ったね。両者をまとめて**硝化菌**（しょうかきん）（硝化細菌）といいます。

③ **硫黄細菌**

$$2H_2S + O_2 \longrightarrow 2H_2O + 2S + \text{化学エネルギー}$$

緑色硫黄細菌と紅色硫黄細菌は光合成細菌，硫黄細菌は化学合成細菌です。間違えないようにね！

細菌の名前は「つくる物質」からつけられることが多いよ！硫黄をつくる硫黄細菌，硝酸をつくる硝酸菌，亜硝酸をつくる亜硝酸菌……。炭酸同化はしないけど，乳酸をつくる乳酸菌もこのパターンだね！

パンをつくるパン屋さん，ケーキをつくるケーキ屋さん……，なんかお腹が空いてきました。

➡演習4にチャレンジ！

窒素同化と窒素固定

好きな食べ物はアルブミンだったよね？

……もう，認めます（笑）

アルブミンには窒素原子が含まれているかな？

アミノ酸のアミノ基に「N」が含まれますから，タンパク質であるアルブミンは「N」を含みます！

❶ 窒素同化

(1)　生物のからだに含まれる有機窒素化合物として，タンパク質，核酸，ATP などがありますね。植物が体外から取り入れた窒素化合物をもとに有機窒素化合物をつくるはたらきを**窒素同化**(ちっそどうか)といいます。

(2)　植物は土壌中のアンモニウムイオン（NH_4^+）や硝酸イオン（NO_3^-）を根から吸収します。NO_3^-は根から吸収されて葉に運ばれると還元されてNH_4^+になります。結局，「窒素同化では NH_4^+をつかうんだ！」というイメージです。

生じた NH_4^+は**グルタミン酸**と反応して**グルタミン**となり，生じたグルタミンは**ケトグルタル酸**と反応して，ともにグルタミン酸になります。グルタミン酸のアミノ基は**アミノ基転移酵素**のはたらきで様々な有機酸（←カルボン酸のこと）にアミノ基を渡し，様々なアミノ酸がつくられます。

そして，つくられたアミノ酸から様々な有機窒素化合物がつくられていきます（次のページの図）。

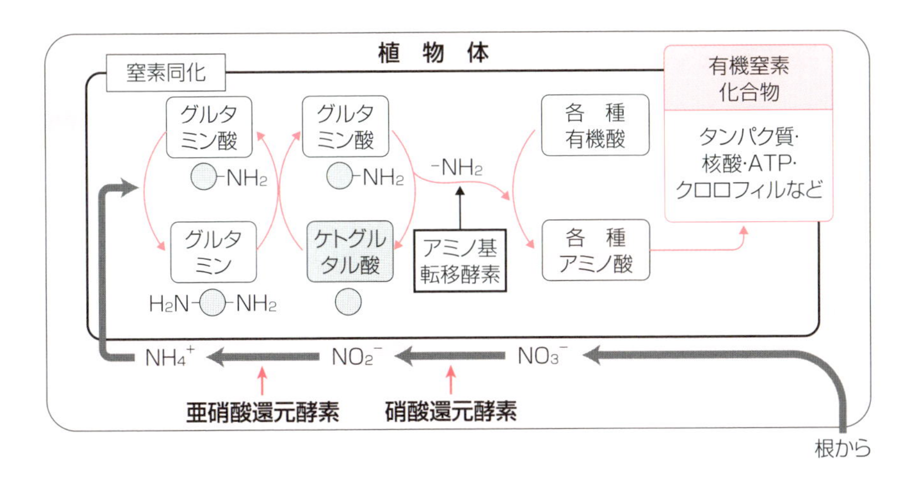

(3)　ケトグルタル酸はクエン酸回路の中間物質として登場していた有機酸で，アミノ基はもっていません。グルタミン酸は1つ，グルタミンはアミノ基を2つもっています。

これらの物質の間でアミノ基を受け渡していくイメージです！　グルタミンのもつ2つのアミノ基の一方をケトグルタル酸にわたすと……，ともにアミノ酸を1つもつグルタミン酸になりますね！

❷ 窒素固定

(4)　空気中には窒素（N_2）が多く存在しますが，これを直接つかえる生物はほとんどおらず，**窒素固定細菌**とよばれる原核生物に限られます。窒素固定細菌は N_2 を取り込んで，これを還元してアンモニウムイオン（NH_4^+）にします。この反応を**窒素固定**といいます。

根粒菌，**アゾトバクター**，**クロストリジウム**，**ネンジュモ**などが窒素固定細菌の代表例です。

根粒菌は単独で土壌中で生活しているときは窒素固定をしないのですが，マメ科植物（←ゲンゲ，カラスノエンドウなど）の根の中に入って根粒というコブをつくります。根粒の中では根粒菌は窒素固定を行い，NH_4^+ を植物に供給します。一方，マメ科植物は光合成でつくった有機物を根粒菌に供給します。

このような，お互いに利益を与え合う共生関係を「**相利共生**」といいます（⇒ p.219）。

アゾトバクターは好気性の窒素固定細菌，クロストリジウムは嫌気性の窒素固定細菌です。ネンジュモはシアノバクテリアの一種ですから，光合成も行えます。

「**根っから悪でんねん！**」と覚えよう！
根粒……アゾト……クロスと……ネンジュ……

嘘くさい関西弁ですね（笑）

➡演習5にチャレンジ！

知識を定着させるための徹底演習

演習 1　p.38～p.46の復習

問　異化に関する記述として**誤っているもの**を，一つ選べ。

① 乳酸発酵とアルコール発酵では，解糖系でATPがつくられる。
② 解糖系では，脱水素酵素のはたらきによって呼吸基質が酸化され，NADHが生じる。
③ クエン酸回路では，脱炭酸酵素のはたらきによって二酸化炭素が発生する。
④ ミトコンドリアのマトリックスでは，電子伝達系により，多くのATPがつくられる。

演習 2　p.44～p.50の復習

問　呼吸に関する記述として最も適当なものを，一つ選べ。

① 電子伝達系では，H^+がATP合成酵素を通ってマトリックスから膜間へ流入する際にATPが合成される。
② NADHが電子伝達系にわたした電子は，最終的に酸素に受け取られ，水を生じる。
③ 脂肪を呼吸基質としてつかう場合，生じたアセチルCoAは解糖系に入り消費される。
④ タンパク質が呼吸基質としてつかわれると，呼吸商は約0.7となる。

演習 3　p.51～p.56の復習

問　植物の光合成に関する記述として最も適当なものを，一つ選べ。

① クロロフィルなどの光合成色素はマトリックスに存在する。
② 光化学系Ⅰでは，水が分解されて酸素が発生する。
③ 電子が電子伝達系を流れることで，水素イオンがチラコイド内に輸送されて水素イオンの濃度勾配が生じる。
④ チラコイドで生じたATPとNADHはカルビン・ベンソン回路でつかわれる。

演習4 p.57～p.61の復習

問 様々な生物の炭酸同化に関する記述として**誤っているもの**を，一つ選べ。

① トウモロコシでは，維管束鞘細胞でカルビン・ベンソン回路が行われる。

② シアノバクテリアの光合成では酸素が発生する。

③ 緑色硫黄細菌の光合成では硫化水素が生じる。

④ 亜硝酸菌は，アンモニウムイオンを亜硝酸イオンに変える際に放出されるエネルギーを用いて炭酸同化を行っている。

演習5 p.62～p.64の復習

問 窒素同化と窒素固定に関する記述として最も適当なものを，一つ選べ。

① 窒素同化では，アンモニウムイオン（NH_4^+）とグルタミンが反応してグルタミン酸がつくられる。

② グルタミン酸のアミノ基が様々な有機酸に転移され，各種アミノ酸がつくられる。

③ 窒素同化では，タンパク質やセルロースなどの有機窒素化合物がつくられる。

④ 根粒菌やアゾトバクターはマメ科植物の根粒の中で窒素固定を行い，マメ科植物と相利共生の関係にある。

解答

演習1　④

➡ 電子伝達系はミトコンドリアの内膜で行われますよ！

演習2　②

➡ 電子伝達系を流れた電子は H^+とともに O_2に受け取られますね。③は生じたグリセリンは解糖系に入って消費されます。また，タンパク質の吸収商は約0.8ですよ！

演習3　③

➡ チラコイド膜にある光合成色素が光を吸収すると…，チラコイド内の H^+濃度がストロマの H^+濃度より高くなります！

演習4　③

➡ 緑色硫黄細菌は硫化水素をつかって光合成を行い，硫黄を生じるね。

演習5　②

➡ ②の記述は完璧だよ。63ページの図を見直してね！

第3章　遺伝情報の発現

1 核酸の構造

DNA はデオキシリボ核酸！

核酸は酸なので，acid（酸）の「A」ですね？

語源ワールドへようこそ♪　「核」は英語で？

核……，もしかして，原子核と同じで，nucleus で「N」ですね。

❶ ヌクレオチド

(1)　その通り！　**DNA** は deoxyribonucleic acid，日本語で**デオキシリボ核酸**です。核酸は，ヌクレオチドとよばれる基本単位が多数繋(つな)がった物質で，DNA の他に **RNA**（ribonucleic acid，**リボ核酸**）があります。

(2)　核酸を構成するヌクレオチドは右の図のように，糖と塩基が結合したヌクレオシドにリン酸が1つ結合したものです。DNA は糖が**デオキシリボース**で，塩基は A・**T**・G・C のうちの1つをもっています。RNA は糖が**リボース**で，塩基は A・**U**・G・C のうちの1つをもっています（下の図）。

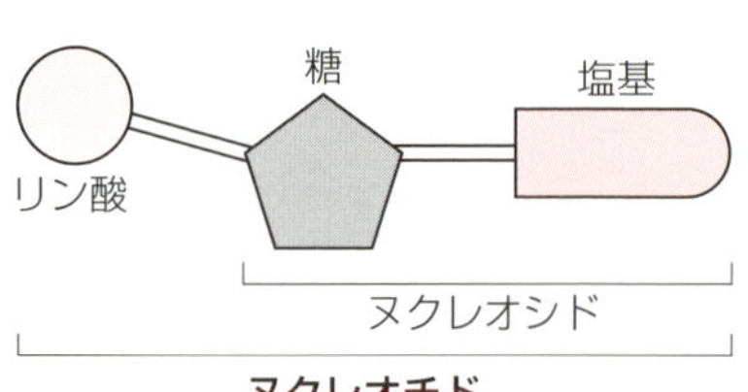

ヌクレオチド

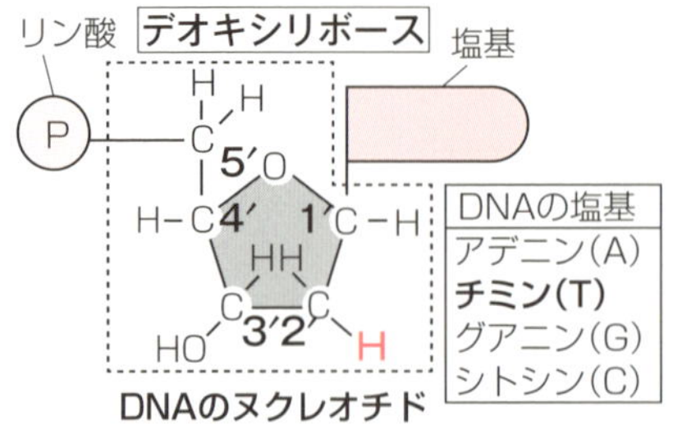

DNAのヌクレオチド

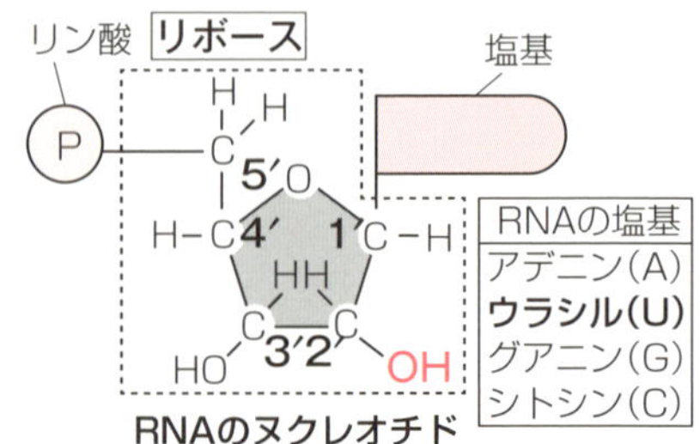

RNAのヌクレオチド

de- は「除去」，oxy は「酸素」です。デオキシリボースはリボースから1つ酸素原子を除去したものです！

❷ DNA の構造

(3)　DNA の塩基どうしの結合は，A と T，G と C と決まっており，A と T は2本，G と C は3本の**水素結合**をつくって結合します！　よって，一方の鎖の塩基配列がわかれば，他方の塩基配列も自動的に決まる。こういう関係を「**相補的**」といいます。

(4)　ヌクレオチド鎖は，ヌクレオチドが繋がったもので，リン酸と糖が交互に繋がっています。ヌクレオチド鎖のリン酸で終わる末端を**5′末端**，反対側の糖で終わる末端を**3′末端**といいます。

ヌクレオチド鎖どうしは塩基間の水素結合で結合しますが，このとき鎖どうしは逆向きになるんです（下の左図）。

そして，DNA の場合，結合した2本鎖は互いにらせん状に絡み合っています（下の右図）。この構造を**二重らせん構造**といい，DNA がこのような二重らせん構造をとることを発表したのが，ワトソンとクリックです。

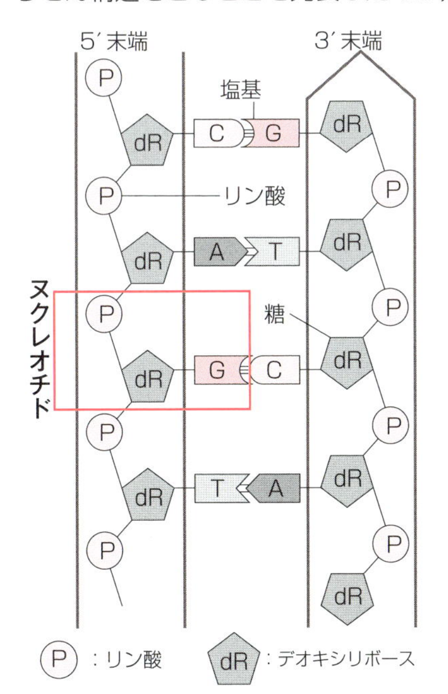

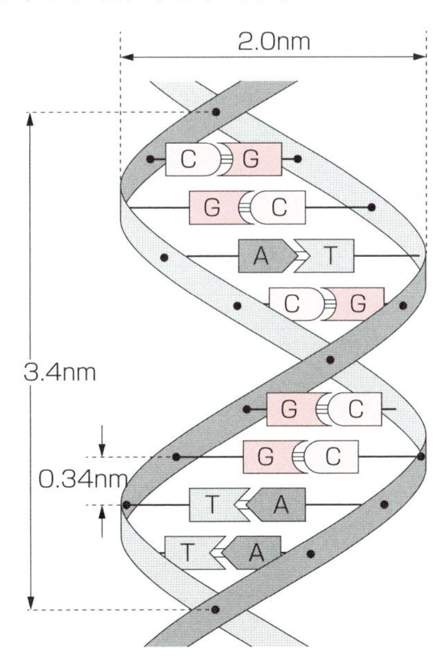

❸ RNA

(5)　RNAは通常は1本のヌクレオチド鎖です。RNAにはいろいろな種類があり，『生物基礎』でも登場した**mRNA**（**伝令RNA**）の他にリボソームを構成する**rRNA**（**リボソームRNA**），リボソームにアミノ酸を運ぶ**tRNA**（**転移RNA**）などがあります。

これらのRNAは「3　遺伝情報の発現」（⇒ p.75）で詳しく扱いますね。

2 DNA の複製

『生物基礎』の復習をしよう！
DNA の複製をするのは細胞周期の何期だった？

いきなりテスト！　S 期ですよね。

正解～♪
S 期に DNA がどのように複製されるのかを分子レベルで学ぶよ！

❶ 半保存的複製

(1)　DNA の複製は，テキトーにどこからでも始められるのではなく，**複製起点**（ふくせいきてん）とよばれる特定の塩基配列の部分から始まるんです。複製起点に **DNA ヘリカーゼ**という酵素が結合し，ここから二重らせん構造をほどいていきます。

ほどけた部分の鎖（鋳型鎖（いがたさ））に対して相補的な塩基をもつヌクレオチドが結合し，**DNA ポリメラーゼ**がこのヌクレオチドどうしを連結していくことで新しい鎖（新生鎖（しんせいさ））がつくられます（右の図）。

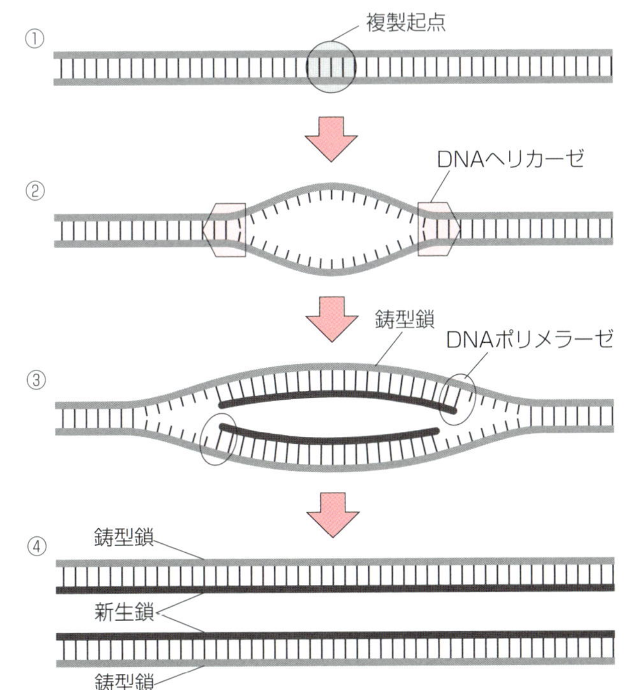

こうしてつくられたDNAは鋳型鎖と新生鎖からなり，もとのDNAと完全に同じ塩基配列をもちます。このようなDNAの複製方式を**半保存的複製**(はんほぞんてきふくせい)といいます。

❷ 複製のしくみ

DNAポリメラーゼにはちょっとややこしい，でも重要な性質が2つあるんですよ……

(2) DNAポリメラーゼは，ヌクレオチド鎖を伸長させることはできるんですけど，ゼロから新生鎖をつくることができないんです。

え!? それじゃあ，新生鎖の合成がスタートできないじゃないですか!!

そこで！ 新生鎖の合成を始めるときは，まず，鋳型鎖に相補的な短いRNAをつくり，そこにDNAのヌクレオチドをつなげて新生鎖をつくります。この DNA合成の起点になるRNAを**RNAプライマー**といいます。

(3) そして，DNAポリメラーゼは，ヌクレオチド鎖を3′末端の方向にしか伸長させることができません。基質特異性ですから，しかたがないです！

DNAは逆向きのヌクレオチド鎖からできていましたね。よって，DNAを合成する際に……，一方はほどく方向と新生鎖が伸長する方向が一致しますが，他方はこれが逆向きになってしまいます。

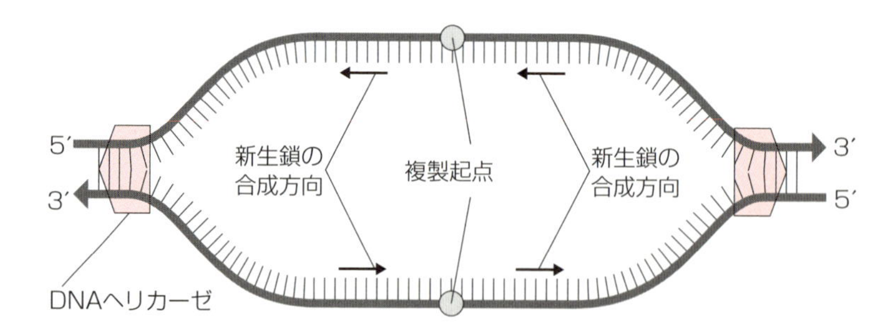

ええぇ!? どうしましょう!!!

コツコツと新生鎖をつくるしかないんですよ。

(4)　ほどく方向と新生鎖の伸長方向が一致する側（下の図のⓑの DNA 鎖）は，連続的に新生鎖をつくれば OK です。こうして連続的につくられる新生鎖を**リーディング鎖**といいます。

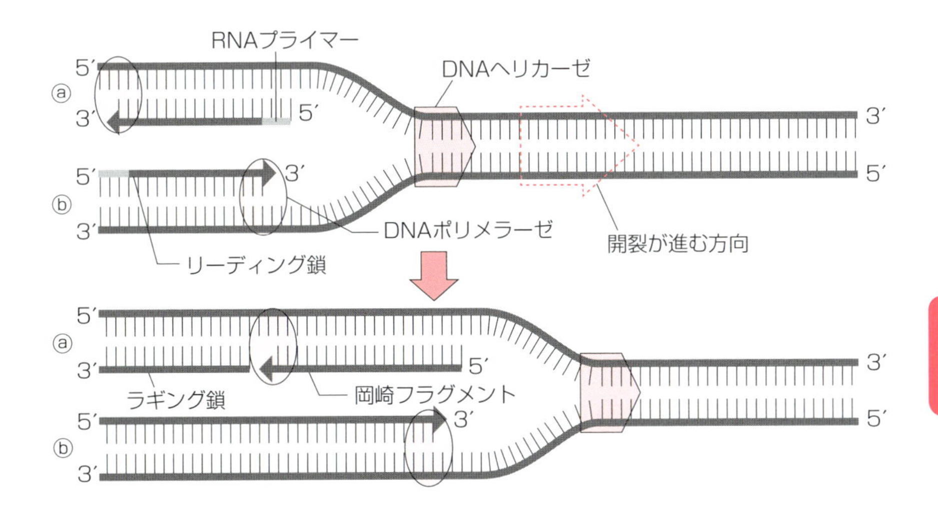

上の図のⓐの鎖は，複数の短い新生鎖を断続的につくり，これを**DNA リガーゼ**という酵素で連結させていきます。このように不連続につくられた新生鎖を**ラギング鎖**といい，このときつくられる短い鎖を**岡崎フラグメント**といいます。ラギング鎖が不連続に合成されることを証明した学者が**岡崎令治**で，彼にちなんでこのように名づけられました。

さあ，語源の確認だよ！　lead は「先に行く」という意味だね。連続的にスムーズに先行して合成されるからリーディング鎖。
一方，lag は「遅れる」という意味。遅れて合成を進めるのでラギング鎖だよ。

❸ 半保存的複製の証明

(5)　DNA の複製方式が半保存的複製であることは，**メセルソン**と**スタール**によって証明されました。

彼らは^{15}N（←重い窒素原子）のみを含む培地で何世代も培養した大腸菌を，^{14}N（←通常の窒素原子）のみを含む培地に移しました。

1回目の分裂を終えた大腸菌の DNA は^{15}N のみをもつ DNA と^{14}N のみをもつ DNA の中間の重さの DNA のみになりました。2回目の分裂を終えた大腸菌の DNA は中間の重さの DNA と^{14}N のみをもつ軽い DNA が1：1で存在していました（下の図）。

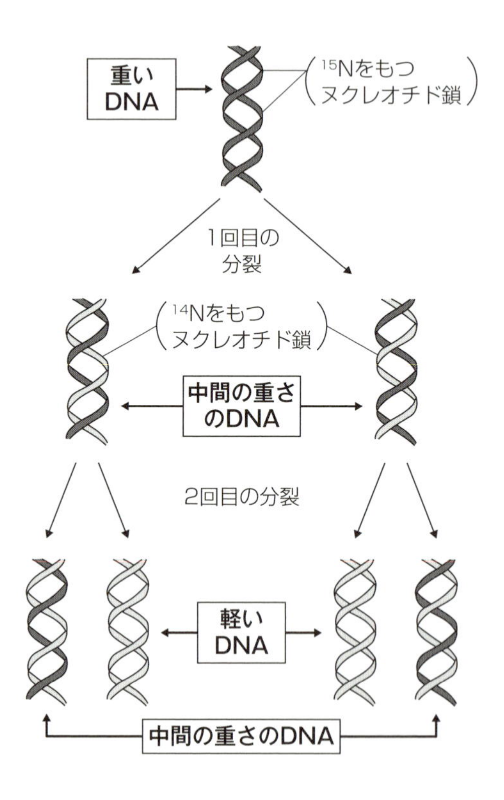

この結果から，DNA は半保存的複製されることが証明されたんですね。

➡演習1にチャレンジ！

3 遺伝情報の発現

AAATTTCGC～！　はい，転写して♪

UUUAAAGCG～！　はい，先生翻訳を!!

フェニルアラニン，リシン，アラニン！　Yo～！

なんかわからないけど，ノリと勢いですね♪

(1)　遺伝子を**転写**，**翻訳**して機能をもったタンパク質が合成されることを遺伝子の**発現**といいます。遺伝子の発現においては，遺伝情報がDNA→RNA→タンパク質と一方向に伝達されていきますね。この流れに関する原則を**セントラルドグマ**といいます。

❶ 転　写

(2)　遺伝子の転写を開始する部位の近くには**プロモーター**という特別な塩基配列の場所があります。プロモーターに**RNA ポリメラーゼ**という酵素が結合すると，DNAの二重らせん構造がほどけ，ほどけた一方の鎖（**鋳型鎖**）に相補的な塩基をもったRNAのヌクレオチドが連結されていきます。

このときRNAポリメラーゼは鋳型鎖の3′→5′という方向に動いていきます。ですから，合成されるRNAは5′→3′という方向に伸長していくことになります（下の図）。

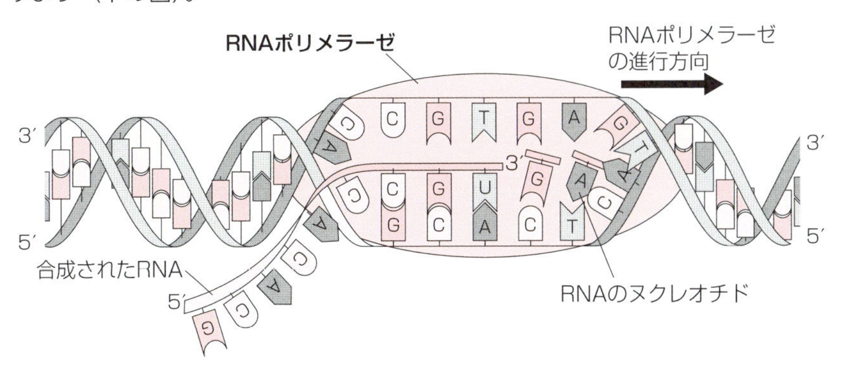

❷ スプライシング

(3)　通常，原核生物の場合は，転写によってつくられたRNAはそのままmRNAとして翻訳されます。一方，真核生物の多くの遺伝子では，DNAの塩基配列の中に翻訳される領域（**エキソン**）と翻訳されない領域（**イントロン**）があるので，そのまま翻訳されません。

エキソンもイントロンも転写されますが，その後，核内でイントロンの領域が除かれてエキソンの領域どうしが繋(つな)げられます（下の図）。この過程を**スプライシング**といい，転写されたRNA（mRNA前駆体）はスプライシングなどを経てmRNAとなります。

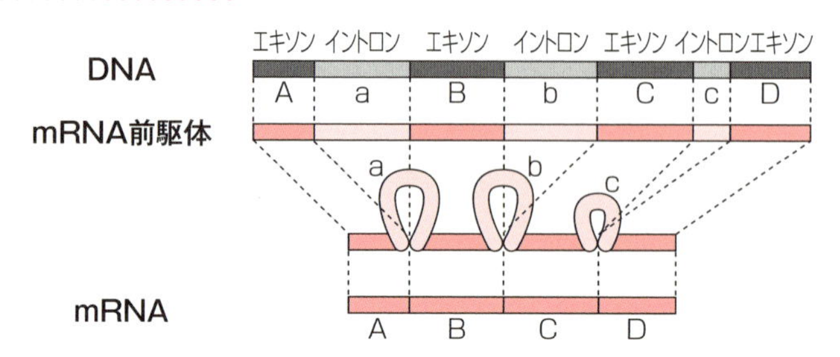

(4)　スプライシングの際に除去される領域が変化することで，1つの遺伝子から2種類以上のmRNAがつくられることがあるんです！　この現象が**選択的スプライシング**（下の図）です。

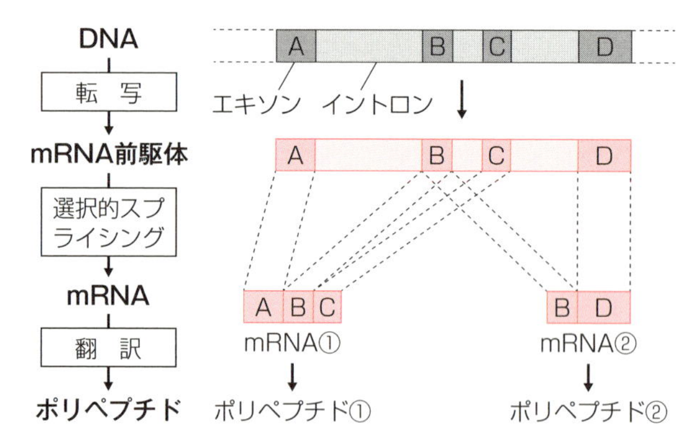

ヒトの場合，70％以上の遺伝子で選択的スプライシングを行っているんだって！　すごいね！

❸ 翻　訳

(5)　翻訳は**リボソーム**で行われます！　mRNA はリボソームに結合します。翻訳の際，mRNA の塩基の3つの配列ごとに特定のアミノ酸を指定します。この mRNA の3つの配列は**コドン**とよばれています。

「コドンとアミノ酸の対応が決まっている」というルールはわかるんですが，しくみがイメージできないです……

(6)　図のイメージは大事だよね。じゃあ，まずは tRNA についてシッカリしたイメージをもちましょう!!

tRNA 分子の先端部には，**アンチコドン**という3つの塩基配列があり，酵素のはたらきによってアンチコドンの塩基配列ごとに決まったアミノ酸と結合しているんです！

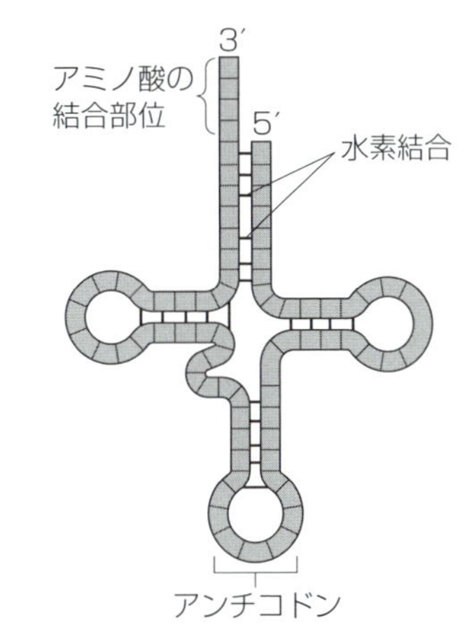

tRNAの構造

(7)　さぁ，tRNA がどんなものかわかったところで，翻訳の過程の説明を続けるよ！　mRNA がリボソームと結合してからどうなるか！

続いて，リボソームは mRNA にある**AUG** という配列を認識します。この配列を**開始コドン**(かいし)といいます。すると，開始コドンと相補的な UAC というアンチコドンをもつ tRNA がメチオニンをここに運んできます。そして，AUG の次のコドンに対しても相補的なアンチコドンをもつ tRNA が特定のアミノ酸を運んできます！　そして，運ばれてきたアミノ酸どうしはペプチド結合をつくって繋(つな)がっていくとともに，アミノ酸を運んできた tRNA は離れていきます。

リボソームは mRNA 上を5′→3′方向に移動しながら，以上の反応がくり返されていき……，**終止コドン**(しゅうし)（**UAA**・**UGA**・**UAG** のいずれか）に到達すると翻訳が終了し，合成されたポリペプチドがリボソームから離れていきます（次のページの図）。

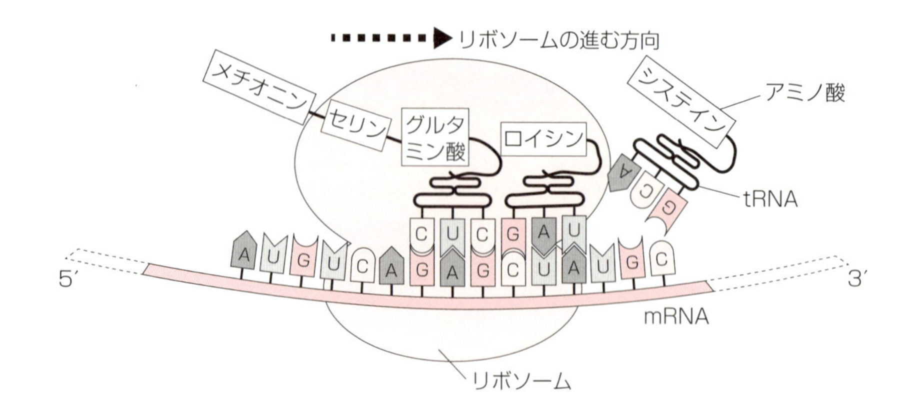

コドンに対応するアミノ酸が運ばれてきて……，ペプチド結合していき……，終止コドンの場所で終了するんですね！

うん，間違ってないよ！
最初はそれくらいのユル〜イ理解でも OK。

終止コドンの 3 つは覚えなきゃダメですか？

知っていた方がいろいろと便利であることは間違いないなぁ。**「うあぁぁぁ〜！」「うがぁ」「うあっぐ！」**と叫び続ければ，そのうち覚えられるよ（笑）

4 遺伝暗号

先生！　この遺伝暗号表って，……マサカ……，全部覚えなきゃダメなんですか（涙）

いや，いや，いや，いや！　そんな不毛な丸暗記，いりませんよ！　開始コドンと終止コドンは覚えておくとお得ですが，それ以外は大丈夫。

よかったです♥

❶ コドンによるアミノ酸の指定

(1)　コドンごとに特定のアミノ酸が指定されることを学んだよね。4種類の塩基が3つ並ぶのだからコドンは4×4×4＝64種類ですね。そして，タンパク質を構成するアミノ酸は20種類でした。

同じアミノ酸を指定するコドンが複数あるってことですか？

(2)　その通りで，終止コドンを除く61種類のコドンで20種類のアミノ酸を指定するので，複数のコドンが同じアミノ酸を指定する場合があるんだよ。

コドンと指定されるアミノ酸との関係をまとめた次のページの表を**遺伝暗号表**といいます。

コドンの1番目の塩基	コドンの2番目の塩基 U	C	A	G	コドンの3番目の塩基
U	UUU フェニルアラニン(Phe)	UCU セリン(Ser)	UAU チロシン(Tyr)	UGU システイン(Cys)	U
	UUC	UCC	UAC	UGC	C
	UUA ロイシン(Leu)	UCA	UAA 終止コドン	UGA 終止コドン	A
	UUG	UCG	UAG	UGG トリプトファン(Trp)	G
C	CUU ロイシン(Leu)	CCU プロリン(Pro)	CAU ヒスチジン(His)	CGU アルギニン(Arg)	U
	CUC	CCC	CAC	CGC	C
	CUA	CCA	CAA グルタミン(Gln)	CGA	A
	CUG	CCG	CAG	CGG	G
A	AUU イソロイシン(Ile)	ACU トレオニン(Thr)	AAU アスパラギン(Asn)	AGU セリン(Ser)	U
	AUC	ACC	AAC	AGC	C
	AUA	ACA	AAA リシン(リジン)(Lys)	AGA アルギニン(Arg)	A
	AUG 開始コドン メチオニン(Met)	ACG	AAG	AGG	G
G	GUU バリン(Val)	GCU アラニン(Ala)	GAU アスパラギン酸(Asp)	GGU グリシン(Gly)	U
	GUC	GCC	GAC	GGC	C
	GUA	GCA	GAA グルタミン酸(Glu)	GGA	A
	GUG	GCG	GAG	GGG	G

AUG は開始コドンで，そこにメチオニンが運ばれてきて翻訳が開始されるんですが，翻訳の途中に出てくる AUG は単なるメチオニンを指定するコドンなので，誤解しないでね！

❷ ニーレンバーグの実験

(3)　コドンとアミノ酸との関係を調べた……，つまり，遺伝暗号を解読した学者って，すごいでしょ!?

まず，ニーレンバーグの実験を見てみましょう！　彼は人工的につくった mRNA を翻訳させてポリペプチドをつくることに成功しました。例えば，ウラシルだけを含む mRNA（UUUU……）を翻訳させると，フェニルアラニンが多数結合したポリペプチドができたんです。このことから，UUU がフェニルアラニンのコドンと決定されたんですね。

続いて，コラーナの実験です。彼は特定の塩基配列がくり返された mRNA をつくり，それを翻訳させました。例えば……CA をくり返す mRNA（CACACA……）を翻訳すると，トレオニンとヒスチジンが交互に結合したポリペプチドができたんです。この mRNA には CAC と ACA という2種類のコドンが交互に出現するので，この一方がトレオニンのコドン，他方がヒスチジンのコドンとわかります。

さらに，CAAをくり返すmRNA（CAACAAC……）はコドンの区切り方によって，「CAAのくり返し」「AACのくり返し」「ACAのくり返し」という3パターンの翻訳がされるため，グルタミンが多数繋がったポリペプチド，アスパラギンが多数つながったポリペプチド，トレオニンが多数つながったポリペプチドという3種類がつくられました。先ほどの実験と合わせてみると……!?

共通するコドンのACAが，共通するアミノ酸のトレオニンを指定するんですね。

すると，CACがヒスチジンを指定するコドンであることもわかるね！

このような実験を積み重ねて1966年に，64種類のすべてのコドンについての解明が終わったんです！　そして，このコドンとアミノ酸との対応関係は，基本的にすべての生物で共通であることもわかりました。

➡演習2にチャレンジ！

第3章　遺伝情報の発現

5 遺伝情報の変化

DNA の複製は極めて正確なんですが，まれに間違うことがあります。

だ……，大丈夫なんですか？

もちろん，タンパク質が機能しなくなってしまうことも多いんですが……。複製を間違ったおかげで生物が進化するという見方もできます。

❶ 突然変異

(1)　DNA の塩基配列や染色体の構造，本数が変化する現象を**突然変異**(とつぜんへんい)といいます。塩基配列が変化する突然変異としては次のようなものがあります。

> ① **置換**(ちかん)：ある塩基が他の塩基に置き換わる。
> ② **欠失**(けっしつ)：ある塩基が失われる。
> ③ **挿入**(そうにゅう)：新たに塩基が入り込む。

(2)　置換が起きてコドンが変化しても同じアミノ酸を指定する場合がありますよね。この場合，合成されるポリペプチドに変化はなく，このような置換は**同義置換**(どうぎちかん)といいます。

　また，変化したコドンが異なるアミノ酸を指定する場合や，終止コドンが生じてしまって翻訳が置換の起きた場所で終了してしまう場合もあります。このようなポリペプチドに変化が起きる置換は**非同義置換**(ひどうぎちかん)といいます。

(3)　欠失や挿入が起きると，突然変異の起こった場所以降のコドンの読み枠がずれてしまう**フレームシフト**が起きます。この場合，突然変異が起きた場所以降のアミノ酸配列が大きく変化してしまい，合成されるタンパク質の機能が大きく変化してしまいます。

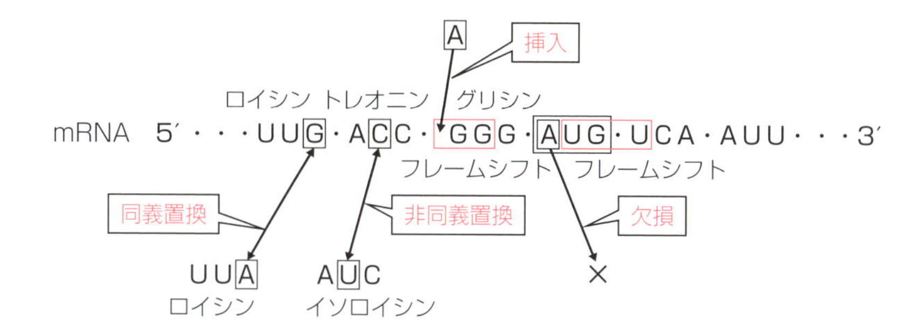

上にアミノ酸配列を指定している領域に起きた突然変異を紹介しました。プロモーターや転写を調節する領域，スプライシングに関わる部位に突然変異が起きる場合もあります！

❷　鎌状赤血球貧血症（鎌状赤血球症）

(4)　塩基置換が原因で形質が変化する例として，**鎌状赤血球貧血症**（かまじょうせっけっきゅうひんけつしょう）があります。ヘモグロビンを構成する**β鎖**（ベータさ）というポリペプチドの遺伝子に塩基置換が起こり，6番目のアミノ酸がグルタミン酸からバリンに置換しています（下の図）。このようなβ鎖を含んだヘモグロビンをもつ赤血球は，酸素濃度の低い条件で鎌状に変形します。すると，毛細血管に詰まったり，赤血球が壊れたりしやすくなり，貧血になってしまいます。

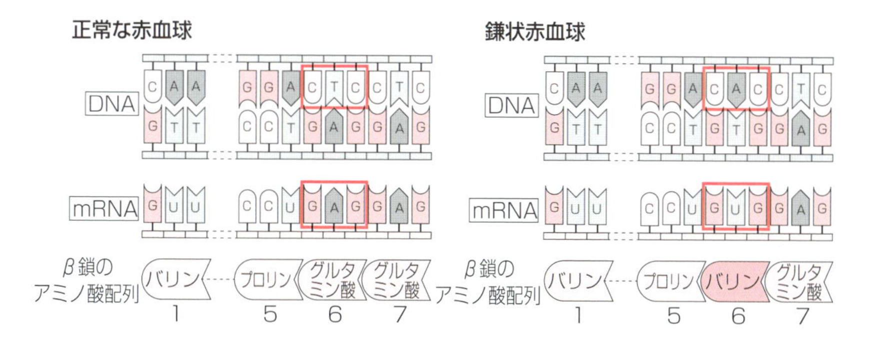

「鎌状赤血球症の人はマラリアにかかりにくい」という記事を読んだことがあるような……

(5)　すばらしいね♪　鎌状赤血球貧血症の遺伝子のホモ接合体のヒトは重い貧血症を起こすため亡くなってしまうことが多いのですが，正常遺伝子とのヘテロ接合体のヒトの場合は貧血の程度がそんなに重くはないんです。そして，この鎌状赤血球貧血症の遺伝子をもっているヒトは**マラリア**にかかりにくいんです！

だから，マラリアが流行している地域では，鎌状赤血球貧血症の遺伝子をもつことが必ずしも不利とはいえないんですよ。

具体的に言うと，マラリアが流行している地域では……，正常遺伝子のホモ接合体のヒトはマラリアで，鎌状赤血球貧血症の遺伝子のホモ接合体のヒトは貧血で亡くなってしまう場合があるので，ヘテロ接合体が最も有利になることもあるんだね♪

❸　一塩基多型（SNP）

(6)　同義置換などが起きても生存などに不利にならないので，進化の過程で偶然，子孫に伝わる場合があります。その結果，同じ生物であっても異なる塩基配列の遺伝子をもつ個体が多数存在します。

ヒトについても例外ではなく，他人のゲノムと比較した場合に0.1％程度は塩基配列が異なるんだそうです！　例えば……，「遺伝子のある塩基について，多くのヒトではＴだけど一部のヒトではＣになっている」なんていうことがあります。このような1塩基の違いを**一塩基多型**（いちえんきたけい）（**SNP**（スニップ））といいます。

single nucleotide polymorphism
「ヌクレオチド１つの多型」という直訳です。

そもそも「多型」というのは何ですか？

えっと……集団に一定（←通常は約１%）以上存在している個体差のことを多型といいます。だから，極めて珍しい個体差については多型とはいいません。

(7)　ヒトゲノム中には数千万ものSNPがあることがわかっています！　その多くは形質に影響しないものですが，鎌状赤血球貧血症や**フェニルケトン尿症**のように形質に直接影響するものもあります。

　また，どのような影響があるのか不明なSNPも多くあります。その中には「病気へのかかりやすさ」「薬の効きやすさ」などと関係があるものもあると考えられており，研究が進められています。

　将来的にはSNPを調べることで，適切な薬や投与量を決めたり，病気の発症リスクを減らすような生活をしたりするなど個人に合わせた医療，つまり**オーダーメイド医療**（個別化医療）ができるようになると期待されています。

すごいですね～！
私がおばあちゃんになる頃にはできるのかしら。

(8)　なお，多型には1塩基の違いだけではなく，くり返し配列のくり返す回数の違いのような多型もあります。そのようなものは，単に多型またはDNA多型といいます。

➡**演習3にチャレンジ！**

第3章　遺伝情報の発現

遺伝子の発現調節　―原核生物バージョン―

（1）　転写はどうやって始まるんだっけ？

そうそう！　ですから，転写したくなければ，RNA ポリメラーゼがプロモーターに結合しないようにすればよいよね。まずは，こういうフワッとしたイメージを大切にしよう！

❶　ラクトースオペロン

（2）　原核生物では，機能的に関連がある複数の遺伝子は隣接しており，まとめて1本の mRNA に転写されることが多いんです。このようにまとめて転写される遺伝子群を**オペロン**といいます。特定のオペロンに対する**調節タンパク質**が結合する領域を**オペレーター**といいます。転写を促進する調節タンパク質は**アクチベーター**（活性化因子），抑制する調節タンパク質は**リプレッサー**（抑制因子）といいます。

(3)　大腸菌がもつ，ラクトースを取り込んでつかうための遺伝子群は**ラクトースオペロン**とよばれています。このラクトースオペロンについて学びましょう！

Step1　このオペロンはラクトースが存在するときに転写され，ラクトースがなければ転写されません。

ラクトースを取り込んでつかうための遺伝子群ですから，当然ですね♪

実際には，グルコースが存在するとラクトースの有無に関係なく転写が抑制されるんですが，ここではグルコースについては扱いません！

Step2　ラクトースが存在しない環境で，このオペロンの転写がどのように止まっているかを下の図で学びましょう♪

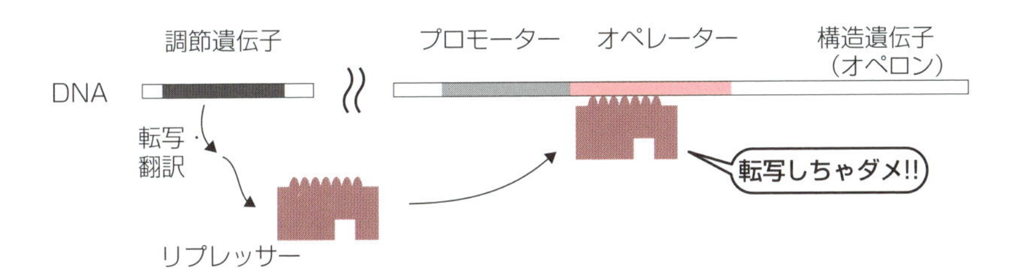

状況はつかめますか？　リプレッサーがオペレーターに結合しているせいで，RNA ポリメラーゼがプロモーターに結合できなくなり，オペロンの転写が抑制されています。

Step3　グルコースがなく，ラクトースが存在する環境ではどうなるでしょうか？　下の図を見てみましょう！

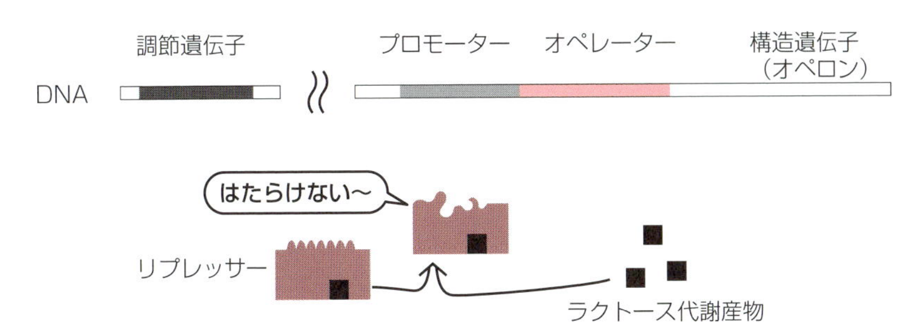

第3章　遺伝情報の発現

ラクトースが代謝された物質（ラクトース代謝産物）がリプレッサーに結合します。すると，リプレッサーはオペレーターに結合できなくなります。

抑制が解除されるので，オペロンが転写できるようになりますね !!

すばらしい！　ラクトースオペロンとは違う形式で調節されるオペロンもありますが，Step1 でやった「結局，どんなときに転写するのか？」という結論を確認した上で，つじつまが合うように論理を構築していけば OK です。

7 遺伝子の発現調節 —真核生物バージョン—

フォークとナイフは食事のときに出して，普段はしまっておくよね。

また，微妙な例え話をしてますね。はぁ～（*´Д｀）

あきれられてしまった（ノД｀）ｼｸｼｸ……

❶ 染色体の構造と転写調節

(1)　真核生物のDNAは**ヒストン**などに巻きついて**ヌクレオソーム**を形成し，さらにヌクレオソームが折りたたまれて**クロマチン**（**クロマチン繊維**）という構造をつくっています。細胞分裂の際には，さらに折りたたまれて凝集して染色体として観察することができるようになります（下の図）。

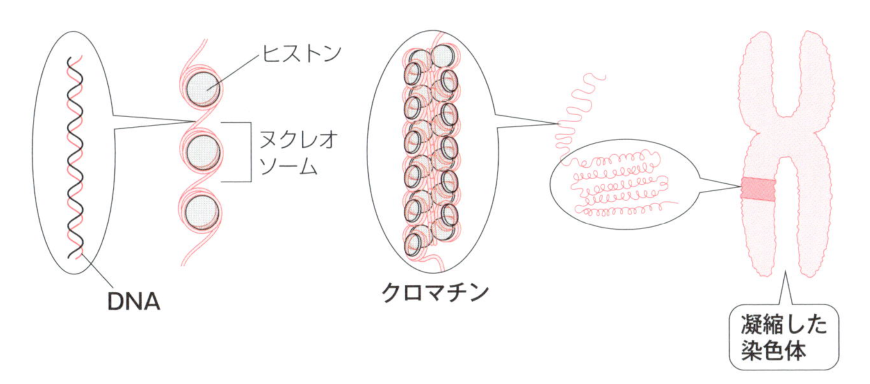

(2)　ヌクレオソームが折りたたまれてクロマチンになった状態だと，RNAポリメラーゼがプロモーターに近づけず，転写が始まりません。クロマチンがほどけた状態になると，RNAポリメラーゼがプロモーターに結合できるようになり，転写が始まります（次のページの図）。

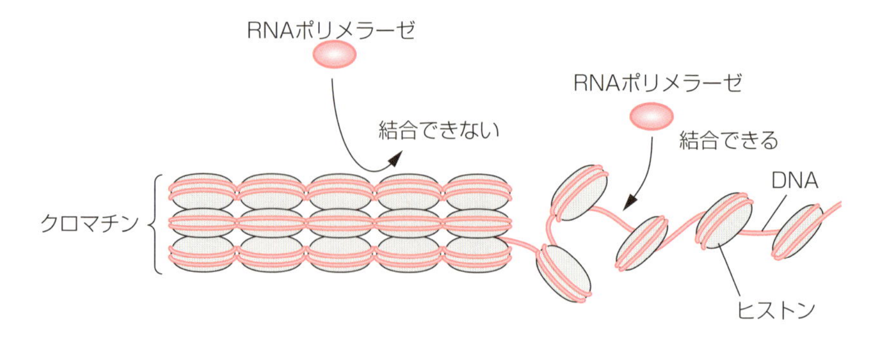

❷ 基本転写因子

(3)　そもそも，真核生物の RNA ポリメラーゼは，単独ではプロモーターにほとんど結合できないんです！　真核生物の RNA ポリメラーゼは**基本転写因子**というタンパク質と**転写複合体**をつくってプロモーターに結合します。

さすがに，原核生物より複雑ですね。

(4)　さらに遺伝子から離れた場所には**転写調節領域**があり，転写調節領域の特定の場所には決まった調節タンパク質（←アクチベーターやリプレッサー）が結合します。

遺伝子をどの程度転写するかは，転写調節領域に結合した調節タンパク質の種類によって決まるんです。転写調節領域に調節タンパク質が結合すると，DNA はダイナミックに曲がり，調節タンパク質は転写複合体に結合します（下の図）。

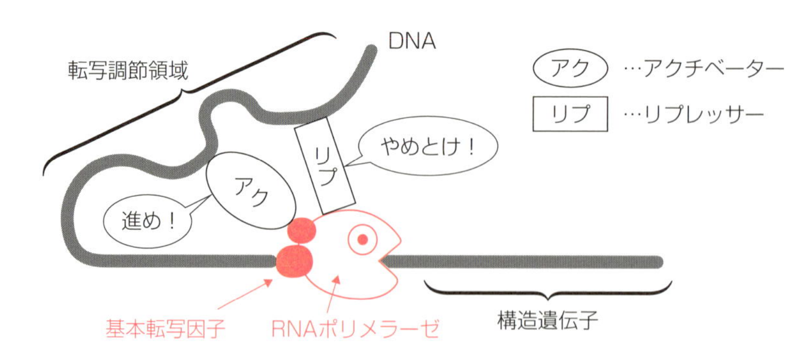

❸ 調節遺伝子と細胞の分化

(5)　細胞の種類の違いや環境の違いによって，細胞でつくられる調節タンパク質の種類が変わり，どの遺伝子をどの程度転写するかも変わってきます。細胞が特定の細胞に分化し，その特定の細胞として機能するうえで調節タンパク質がどのように関わるのかをみてみましょう。

(6)　ショウジョウバエの眼の分化を例に説明します。ショウジョウバエの眼になる細胞は，「よし，眼になるぞ！」と決まると，調節遺伝子 E が発現し，これによって別の調節遺伝子 A と B が発現し，さらに調節遺伝子 C が発現します。

キッカケとなる調節遺伝子（←ここでは遺伝子 E）が発現すると，連鎖的に調節遺伝子が発現していくイメージね♪

調節遺伝子 C は遺伝子 E の発現を促進します。これは**正のフィードバック調節**であり，遺伝子 E が常に活発に発現し続けるようになります。遺伝子 E は**クリスタリン**の遺伝子や光受容タンパク質の遺伝子などの発現も促進しますので，このはたらきによって最終的に眼が形成されます（下の図を参照）。

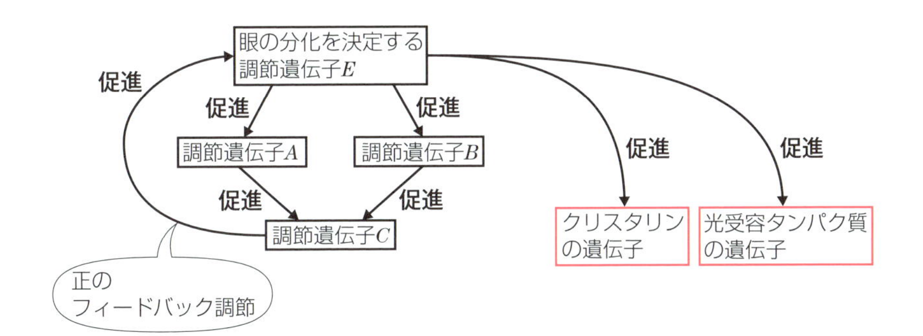

(7)

発現調節って観察できたりするんですか？

『生物基礎』でも学んだ**だ腺染色体**って覚えているかな？だ腺染色体では，所々に**パフ**が観察されたよね。パフは何をしている場所だった？

転写している場所です♪　学校の授業で観察もしましたよ！

パフの位置や大きさは，幼虫の成長にともなって変化するんです。これは，発生の段階によって活性化する遺伝子が変化していることを示していますね（下の図）。

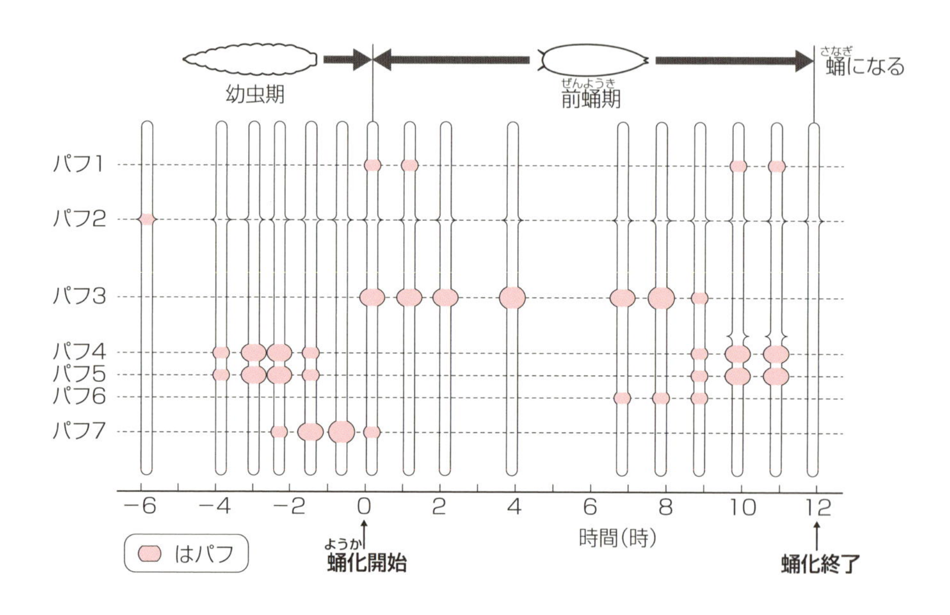

➡演習4にチャレンジ！

8 バイオテクノロジー (1)　―遺伝子組換え―

次は，バイオテクノロジー！

やったぁ！

おっ！　得意分野？

いえ，苦手ですけど，「バイテク勉強してる！」って
カッコいいなぁっていう，憧れはあります♪

(1)　生物がもつ機能を活用する技術のことを**バイオテクノロジー**といいます。まずは**遺伝子組換え**！　遺伝子などを含むDNAを別のDNAに繋ぎ，細胞に導入する技術のことです。この技術を行う上で重要になる酵素が**制限酵素**と**DNAリガーゼ**です。

❶　制限酵素

(2)　制限酵素は特定の塩基配列を識別してその部分を切断する酵素です。DNAを適当に切断するのではなく，決まった部位を切断できるので重宝するんです！

例えば，大腸菌のもつ*Eco* RⅠという制限酵素は5′GAATTC3′という塩基配列を，*Hind* Ⅲという制限酵素は5′AAGCTT3′という塩基配列を認識し，特定のヌクレオチド間の結合を切断します（右の図）。

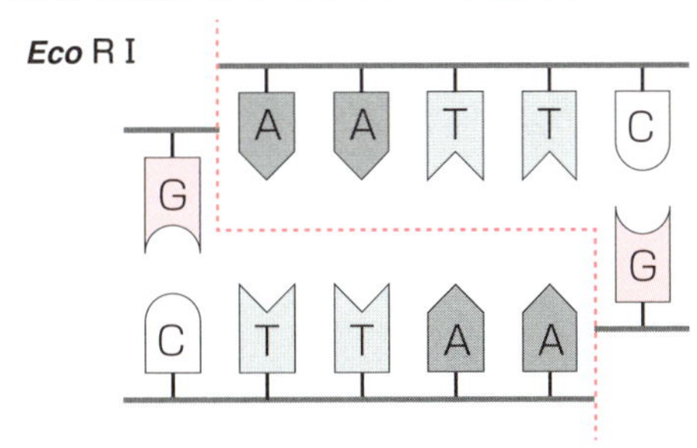

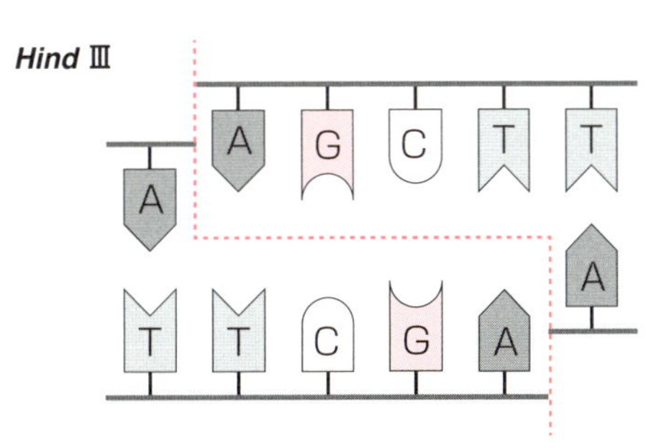

右の図のように制限酵素の切り口には，１本鎖の部分が生じることが多いんです。同じ制限酵素の切り口どうしは１本鎖の部分が相補的なので，結合させることが可能

ですが，この部分の配列が相補的でない他の制限酵素による切り口とは結合させることができないんです。

同じ制限酵素の切り口なら，放っておいたら勝手に結合するんですか？

❷ DNA リガーゼ

(3)　相補的な1本鎖の部分どうしは勝手に水素結合できますけど，鎖を繋(つな)がないといけません！　鎖を繋ぐ酵素が……

DNA リガーゼです！

(4)　制限酵素の切り口どうしが相補的な塩基対間で水素結合を形成すると，DNA リガーゼが鎖を繋いで連結してくれます（下の図)。これにより組換えDNA をつくることができます。DNA リガーゼを「のり（糊)」に例えることがあることにも納得がいきますね。

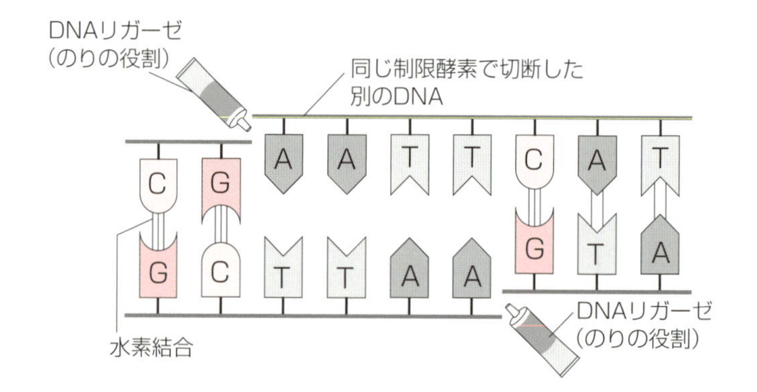

DNA リガーゼは，DNA の複製の際につくられる岡崎フラグメントを連結してラギング鎖をつくる酵素なんです！
その鎖を繋ぐ性質を遺伝子組換えで利用しているんですね。まさにバイオテクノロジー♪

❸ ベクター

(5)　では，いよいよ遺伝子を細胞に導入してみましょう！　細胞に遺伝子を単独でポ〜ンと放り込んでもなかなか細胞内でその遺伝子を発現させられません。そこで，遺伝子は**ベクター**とよばれるDNAに連結させてから導入させることが多いんです。

ベクターは，ラテン語で「運び屋」という意味のvehereに由来しています。細胞内に遺伝子を運ぶ運び屋さんです！

プラスミドという小さい環状DNAやウイルスのDNAなどがベクターとして使われることが多いですね。
(6)　例えば，ヒトの遺伝子 I を大腸菌に導入して，大腸菌にタンパク質Iをつくらせる方法は以下の通りです。

❶　遺伝子 I を**制限酵素**で切り出す。
❷　**プラスミド**を同じ制限酵素で切り開く。
❸　**DNAリガーゼ**で❶と❷で生じた断片どうしをDNAリガーゼで連結する。
❹　**組換えプラスミド**を大腸菌に取り込ませる。

❶〜❹がすべてうまくいけば，遺伝子組換え大腸菌が得られ，これが増殖し，遺伝子 I を発現させることで，大量のタンパク質Iを得ることができます（下の図）。

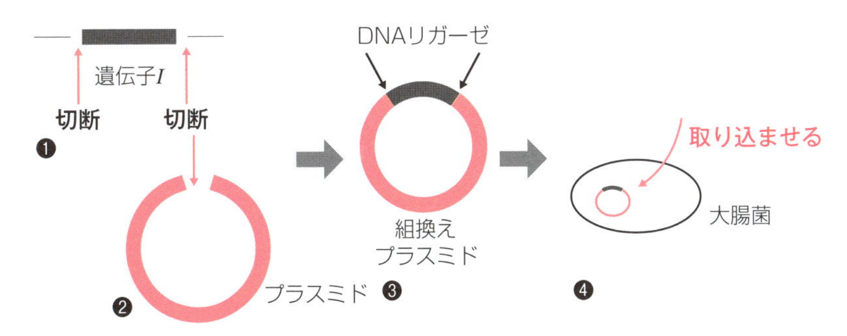

「❶〜❹がすべてうまくいけば」という表現が気になります。

(7)　そうなんです。遺伝子組換えはかなり成功率が低いんです。❸で組換えプラスミドができない場合もあるし，❹で大腸菌がプラスミドを取り込まないことも多いんです。
(8)　**アグロバクテリウム**という細菌は，植物細胞に感染すると自身のプラスミド内の特定領域を植物細胞に送り込み，植物細胞の DNA に挿入させる性質をもっています。そこで，植物に遺伝子導入する場合には，アグロバクテリウムをベクターとして使うことが多いんです。
(9)　一方，動物細胞に遺伝子導入をさせる際には，微細ピペットで組換え DNA を核に直接注入したり，ウイルスをベクターとして利用したりすることが多いですね。

このような方法で，外来の遺伝子が導入されて発現するようになった生物は**トランスジェニック生物**といいます。
(10)　最後は遺伝子組換え技術の応用です！　**下村脩**(おさむ)が発見した **GFP** という緑色に蛍光を発するタンパク質を利用します。

例えば，調べたい遺伝子（←遺伝子 *X* とします）の後に *GFP* 遺伝子を融合させた遺伝子を導入すると，遺伝子 *X* からつくられるタンパク質 X に GFP が連結した融合タンパク質がつくられ，青色光を当てると緑色蛍光を発します。

「どこに緑色蛍光があるか」を調べれば
「どこにタンパク質 X が存在するか」がわかります。

9 バイオテクノロジー (2) —PCR 法—

組換えプラスミドを大腸菌に取り込ませると……,

大腸菌が遺伝子を増やしてくれます。

その通り！　今回は生物の“ちから”を使うのではなく，化学的に遺伝子を増やします。

遺伝子をもっと手軽に増やせるんですね。

(1)　生物の“ちから”をつかわず，DNA ポリメラーゼを用いて DNA の特定の部分を増幅する技術として，**PCR 法**（ポリメラーゼ連鎖反応法）があります。塩基配列の解析などをする際に欠かせない技術です。

すごい技術だけど，原理はとてもシンプルで簡単なんだよ。

(2)　PCR 法で必要な材料は，鋳型となる DNA の他に，DNA ポリメラーゼとヌクレオチド，そして（DNA でできている）プライマーです。PCR 法では90℃以上に加熱するプロセスがあるので，DNA ポリメラーゼは好熱菌という原核生物がもっている，熱に強い特殊な酵素を使います！

❶ PCR 法の流れ

(3)　PCR 法の手順です！　次のページの図を見ながら読みましょう。

❶ 約95℃に加熱することで塩基間の水素結合を切断し，DNA を1本鎖の状態にする。
❷ 約55℃に冷やし，鋳型となる DNA にプライマーを結合させる。
❸ PCR 法で用いる DNA ポリメラーゼの最適温度である約72℃の条件で，プライマーを起点として新生鎖を合成させる。
❹ 上記の❶～❸をくり返す。

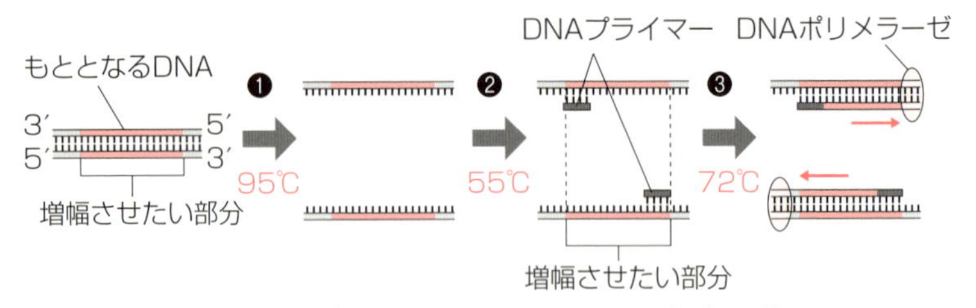

(4)　下の図は，前のページで紹介したPCR法の手順②～④を3サイクルくり返した模式図です。

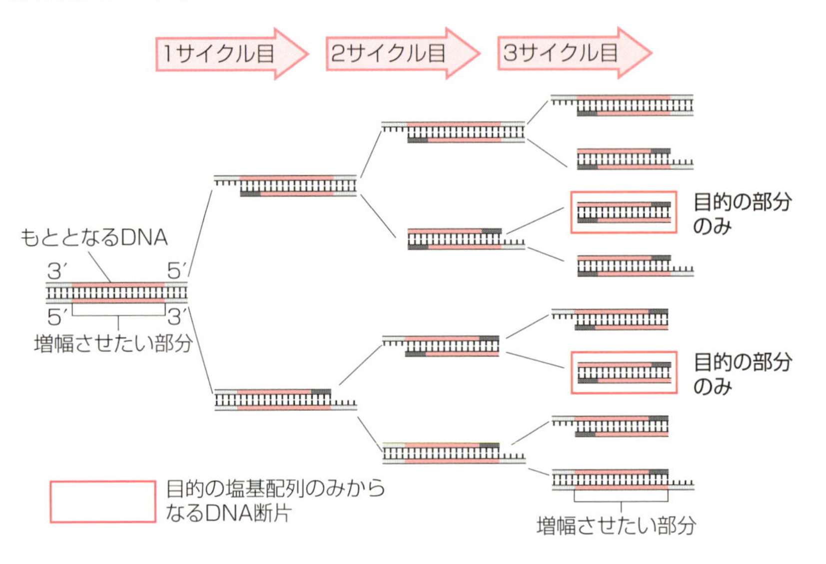

3サイクルくり返したあとの状態に注目！　プライマーにはさまれた領域のみを含むDNA（増幅させたい部分のみを含むDNA）ができていますね？上から3番目と6番目のDNAですよ。

4サイクル以降では，この増幅させたい部分のみを含むDNAが指数関数的にドンドン増えていきます。つまり，「PCR法は増幅させたい部分のみを含むDNAを指数関数的に増やす技術」なんです。

(5)　また，DNAポリメラーゼは新生鎖を3′末端方向のみに伸長させますね？　ですから，PCR法では，増幅させたい部分のそれぞれの鎖の3′末端側に相補的に結合する一本鎖DNAをプライマーとして使うんです！

(6)　さて，基本的なPCR法はこのようなものなのですが，PCR法はどんどん改良され，新しいパターンのPCR法が開発されています。例えば，**逆転写酵素**（ぎゃくてんしゃこうそ）という酵素でmRNAを鋳型としてDNA(←このようにつくったDNAを**cDNA**という)をつくり，そこからPCR法で遺伝子を増幅させる方法などがあります。

第３章　遺伝情報の発現

10 バイオテクノロジー（3）　―塩基配列の推定―

問題集を解いていて思ったんですけど……

おっ！　偉いね，どうしたの？

遺伝子の塩基配列が書かれていたんですけど，そもそも塩基配列ってどうやって調べるんだろうって思ったんです。

じゃあ，その方法を学んでいこう！

❶ 電気泳動法

(1)　……と，その前に，**電気泳動法**を教えなきゃ。電気泳動法は，寒天などでつくったゲル（←ゼリーの固まった状態のことだよ！）に電圧をかけ，その中で電荷をもった物質を分離する方法です。ちょっと難しいかな？

(2)　DNA は酸性の物質で，水溶液中ではマイナスの電荷をもっています。要するに陰イオンです！　だから，DNA を含むゲルに電流を流すと，DNA は陽極に向かって移動します。

ゲルの中には寒天の繊維が縦横無尽に網目状の構造をとっています（下の図）。長い DNA 断片と短い DNA 断片ではどっちの方が速く移動すると思う？

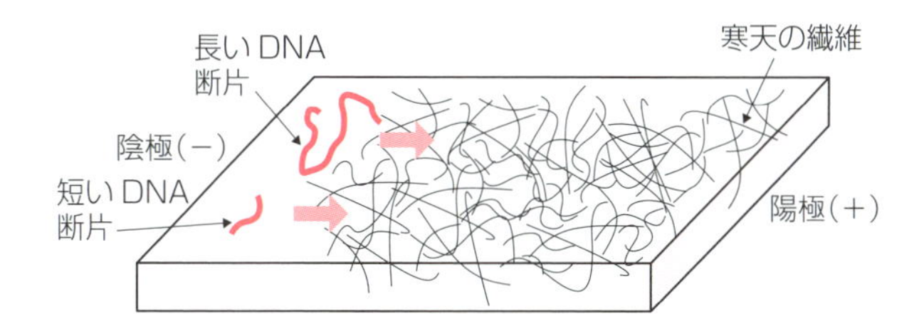

長い DNA の方が網目に引っかかったりして移動しにくそうですね。

そう，その直感は正しい！

(3)　長いDNAほどゆっくり，短いDNAほど速く移動するので，DNA断片を長さごとに分離することができます。また，同時に長さのわかっているDNA断片（DNA分子量マーカーといいます）も泳動させれば，調べたいDNAの長さを推定することができます。

❷ サンガー法

(4)　では，いよいよ，DNAの塩基配列を決める方法，**サンガー法**です。ジデオキシ法とかダイターミネーター法ともよばれています。サンガー法では**ジデオキシリボース**という糖を含む特別なヌクレオチド（ddNTPといいます）を用います（右の図）。

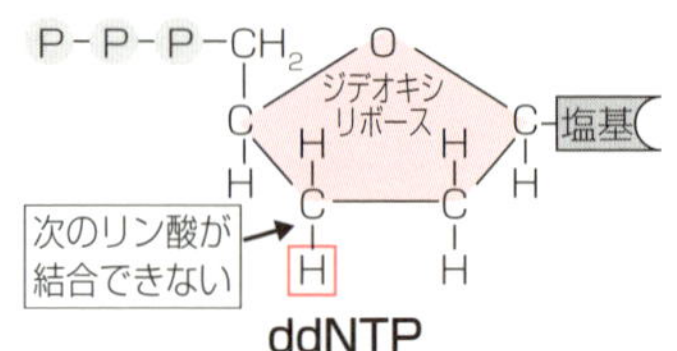

3′の炭素のところにヒドロキシ基（－OH）が結合していないので，このヌクレオチドが新生鎖に取り込まれると，次のヌクレオチドが連結できず，新生鎖の伸長が停止してしまいます。

(5)　さらに，4種類のddNTPを異なる蛍光色素で標識しておきます。例えば，A，T，G，Cをそれぞれ赤，緑，黄，青というようにね。

そして，塩基配列を調べたいDNA（←1本鎖にしておきます）に対してプライマーを結合させ，通常のヌクレオチドとともに，上記の4種類の蛍光をつけたddNTPを入れ，新生鎖を合成させます。そして，合成された新生鎖を電気泳動するんです。その結果が下の図のようになったとします。

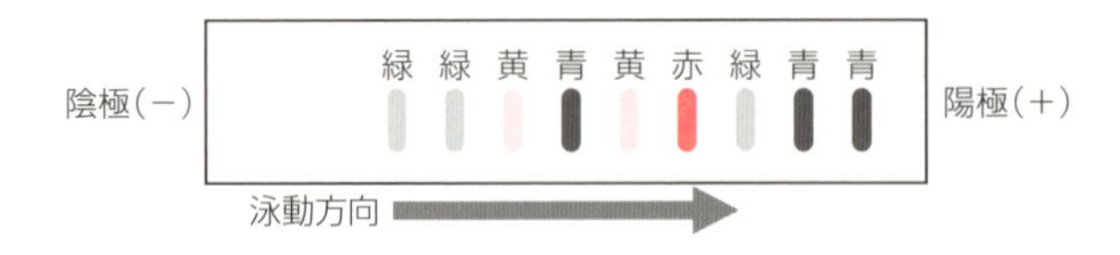

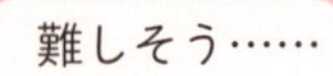

(6)　最も速く移動しているDNA，つまり最も短いDNAからは青色の蛍光が出ていますね。このDNAは下の図のように，プライマーの次にCをもつddNTPが結合したものだね。

2番目に短いDNAはどんなDNAだろう？

プライマーの次に普通のCをもつヌクレオチドが結合して，その次にCをもつddNTPが結合したDNAですね。

その通り！　3番目に短いDNAはプライマーに通常のCをもつヌクレオチドが2つ繋がって，その後にTをもつddNTPが結合したものです。以下，同様に考えていくと，この実験で生じているDNAには下の図のようなものがあることがわかります！　なお，図中の●や●で囲ったヌクレオチドが蛍光を発しているddNTPです。

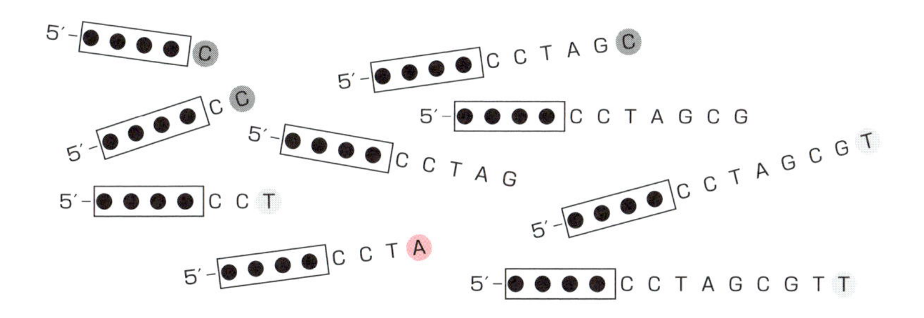

(7)　ということで，合成される新生鎖の塩基配列はプライマーの側から順に「5'-CCTAGCGTT-3'」であることがわかります。もちろん，鋳型となった鎖の塩基配列はこれと相補的な「3'-GGATCGCAA-5'」ですね（下の図）。

➡演習5にチャレンジ！

第3章　遺伝情報の発現

知識を定着させるための徹底演習

演習１　p.68～ p.74の復習

問　DNA の構造とその複製に関する記述として最も適当なものを，一つ選べ。

① アデニンとウラシルが相補的に結合している。

② ヌクレオチドを構成するデオキシリボースの3′の炭素原子にはヒドロキシ基（－OH）が結合している。

③ リーディング鎖は，岡崎フラグメントが DNA リガーゼによって連結されながら合成されていく。

④ DNA の合成は，DNA プライマーを起点として始まる。

演習２　p.75～ p.81の復習

問　遺伝情報の発現についての記述として最も適当なものを，一つ選べ。

① 鋳型鎖の5’ 末端側から3’ 末端側に向かって遺伝子が転写される。

② 合成された RNA からエキソンの領域が除かれて，mRNA となる。

③ リボソームは，mRNA の5’ 末端側から3’ 末端側に向かって進む。

④ 1種類のコドンによって2種類以上のアミノ酸が指定されることがある。

演習３　p.82～ p.85の復習

問　突然変異に関連する記述として**誤っているもの**を，一つ選べ。

① 塩基の置換が起きてコドンが変化しても，合成されるタンパク質が変化しない場合がある。

② 塩基の欠失が起きると，フレームシフトが起こる。

③ 鎌状赤血球貧血症の遺伝子をもつ人は，この遺伝子をもたない人よりマラリアにかかりにくい。

④ ゲノムの個人差について，くり返し配列のくり返しの回数の違いを SNP という。

演習 4　p.86〜 p.92の復習

問　遺伝子の発現調節に関する記述として最も適当なものを，一つ選べ。

① ラクトースが存在しない条件下では，リプレッサーがラクトースオペロンのオペレーターに結合している。

② ラクトースが存在しない条件では，プロモーターがラクトースオペロンのオペレーターに結合している。

③ 真核生物の RNA ポリメラーゼは，リプレッサーと結合した場合にのみプロモーターに結合することができる。

④ ショウジョウバエのだ腺染色体のパフの位置では，盛んに DNA の複製が行われている。

演習 5　p.93〜 p.101の復習

問　バイオテクノロジーに関する記述として最も適当なものを，一つ選べ。

① 制限酵素は，DNA 断片どうしを連結する酵素である。

② DNA リガーゼは，小さい環状の DNA である。

③ GFP は山中伸弥によって発見された緑色蛍光タンパク質である。

④ DNA を含んでいるゲルに電流を流すと，DNA は陽極に向かって泳動する。

解答

演習1　②

➡ p.68の図より，②が正しいことがわかります。なお，生物がDNAを複製する際はRNAプライマーを起点とします。

演習2　③

➡ リボソームはmRNAの5'→3'方向に移動します。また，複数のコドンが同一のアミノ酸を指定することはありますが，④のようなことはありません。

演習3　④

➡ SNPは一塩基の違いのことです。くり返し配列のくり返しの回数の違いはDNA多型です。

演習4　①

➡ リプレッサーがオペレーターに結合すると，転写が抑制されます。真核生物のRNAポリメラーゼは基本転写因子と結合することでプロモーターに結合します。

演習5　④

➡ DNAは酸性物質なので，ゲル中に陰イオンとして存在しており，陽極に向かって移動します。

第４章　生殖と発生

有性生殖と無性生殖

突然なんだけど，生物学的に雄ってどういうこと？

うーん，……改めて問われると困りますね。

生殖と発生の分野は，「何となくわかってる」ではダメなんだよ。

は〜い，キッチリ勉強しまーす！

❶ 有性生殖

(1)　**有性生殖**は，**配偶子**という生殖細胞をつかって新しい個体をつくる生殖法のことです。配偶子というのは，**精子**や**卵**などのことで，配偶子が合体することを**接合**，接合により生じる細胞を**接合子**といいます。

合体する配偶子の形や大きさに差がない場合を同形配偶子接合，差がある場合を異形配偶子接合といいます。異形配偶子接合において，大きい方の配偶子を雌性配偶子，小さい方の配偶子を雄性配偶子といいます。

ということは，小さい方の配偶子をつくるのが雄ってことなんですか？

(2)　その通り！　雄は小さい配偶子をつくる個体，雌は大きい配偶子をつくる個体です。意外と定義って知らないものですよね。そして，雌性配偶子の中でも運動性をもたないものを特に**卵**，卵と接合する雄性配偶子を**精子**（←泳げる）や**精細胞**（←泳げない）といいます。

卵と精子（または精細胞）との接合を特に**受精**，受精で生じた接合子を**受精卵**といいます。
何となく知っている単語のオンパレードだったでしょ？

(3)　有性生殖では，両親それぞれから遺伝情報を受け継ぐので，生じる新個体のもつ遺伝情報は親と異なるものになります。また，あとで説明しますが，つくられる配偶子の組み合わせが非常に多いので様々な個体が生じます。カッコいい表現を使えば，「有性生殖は遺伝的な多様性の大きな集団をつくることができる生殖方法」ということです。

❷ 無性生殖

(4)　一方，配偶子によらない生殖法を**無性生殖**（むせいせいしょく）といいます。イメージとしては，親のからだが分裂する，親のからだの一部がちぎれて新個体となるという感じですね。

例えば，ミドリムシは分裂することで個体数を増やしますよね。これはもちろん無性生殖です。**ヒドラ**っていう動物を知っていますか？　**刺胞動物**（しほう）っていうグループの動物なんですけど，親のからだから芽が出るようにして新個体を生じる**出芽**（しゅつが）という無性生殖をすることができます。

さらに，ジャガイモのいも（←塊茎（かいけい）という）を土に埋めると，新個体が生じることは有名ですよね？　このように，植物が行う生殖のための器官（花など）以外の茎や根などの部分から新個体を生じる生殖を**栄養生殖**（えいようせいしょく）といい，これも無性生殖です。

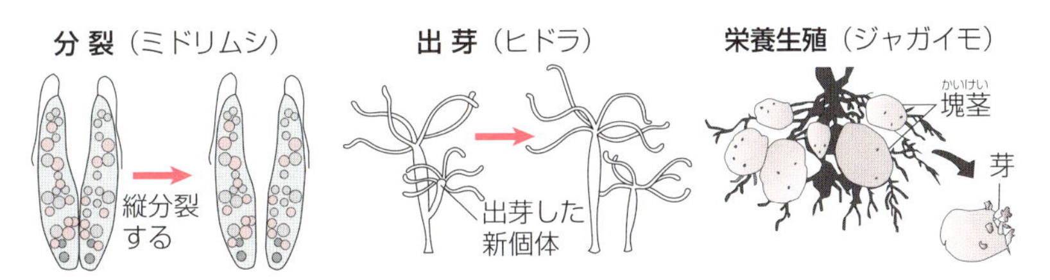

(5)　無性生殖で生じる個体について考えてみましょう！　親のからだの一部から新個体が生じているということは，親と生じた新個体のもつ遺伝情報は完全に同じだよね。

無性生殖は，遺伝情報が親と同じ新個体をドンドンとつくっていく生殖法なんです。これについてもカッコいい表現を使うと「無性生殖は遺伝的な多様性をなかなか大きくできない生殖方法」です。無性生殖は，子孫を残す効率は高いんですけれど，遺伝的な多様性を大きくしにくいという点が大きなデメリットなんですよ。

無性生殖で生じた集団のように，
遺伝的に同じ性質をもつ生物集団を**クローン**といいます！

➡演習1にチャレンジ！

第4章　生殖と発生

2 染色体と遺伝子

染色体には DNA が含まれます。

DNA には遺伝子が点在しているんですよね？

そうそう！　『生物基礎』でやったね。

ヒトの遺伝子数は約 20000 個って，習いました！

❶ 染色体の構成

(1)　ヒトなどの有性生殖を行う生物の体細胞には，大きさや形が同じ染色体が2本ずつ対になって含まれており，この対になる染色体を**相同染色体**といいます。相同染色体の対の一方は雄親から，他方は雌親から受け継いだものです。

このように体細胞には，雄親由来の染色体1セットと雌親由来の染色体1セットの合計2セットの染色体があります。この染色体セットを1セットもつ状態をn，2セットもつ状態を$2n$と表します。

配偶子はnってことですね!!

(2)　ヒトの体細胞には通常2セット，46本の染色体があります。つまり，ヒトの染色体1セットは23本ということですね。そして，ヒトの体細胞の染色体構成は$2n=46$と表されます。

「染色体が 2 セットあるよ！　46 本だよ！」という意味。
なお，精子や卵は$n=23$と表されます。

(3)　次ページのヒトの23組の染色体をよ〜く見てみましょう。

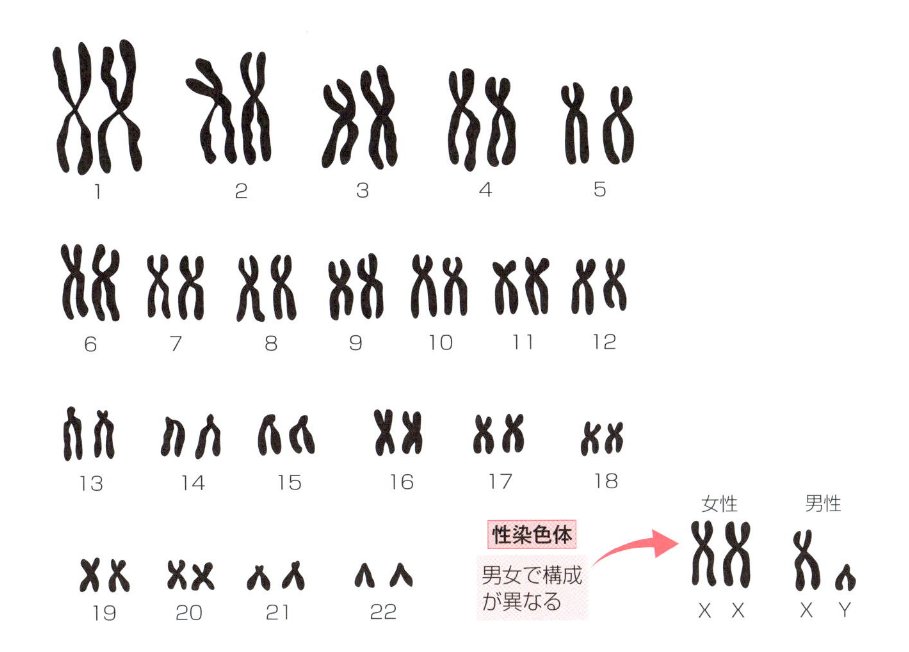

(4)　ヒトの体細胞に含まれる染色体のうち，男女で構成が異なる2本を，**性染色体**とよびます。性染色体は性別の決定に関与しています。性染色体以外の22対（＝44本）の染色体は男性・女性共通で**常染色体**といいます。

男女ともにもつ性染色体を**X染色体**，男性のみがもつ性染色体を**Y染色体**といいます。他の哺乳類やショウジョウバエなども，ヒトと同様の性染色体の構成となっています。

❷ 染色体と遺伝子

(5)　染色体のどこに，どんな遺伝子が存在するかは生物によって決まっています！　遺伝子のある場所のことを**遺伝子座**といいます。1つの遺伝子座には決まった**形質**（←「花の色」「種子の形」などの特徴）に関する遺伝子が存在します。1つの遺伝子座に異なる遺伝子（←「赤花遺伝子」と「白花遺伝子」など）がある場合，それらを**対立遺伝子**といいます。

同じ形質についての異なる遺伝子が対立遺伝子！
例えば……「丸形種子の遺伝子」と「しわ形種子の遺伝子」が対立遺伝子のイメージだよ。

❸ 遺伝子型

(6) まだ続くよ！ 各個体や細胞が遺伝子をどのようにもっているかを**遺伝子型**といいます。相同染色体の対応する遺伝子座には対立遺伝子があるので，体細胞は1つの形質について遺伝子を2つずつもちます。AA とか aa のように同じ遺伝子を2つもつ状態を**ホモ接合**，Aa のように異なる対立遺伝子をもつ状態を**ヘテロ接合**といいます(右の図)。そして，ホモ接合の細胞や個体を**ホモ接合体**，ヘテロ接合の細胞や個体を**ヘテロ接合体**といいます。

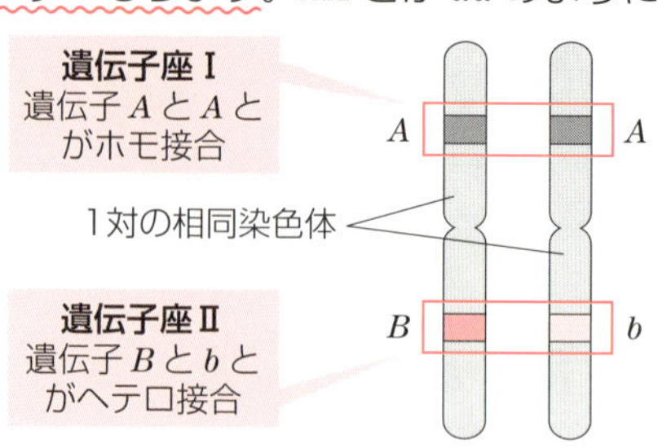

精子や卵といった配偶子は，1つの形質について遺伝子を1つしかもっていませんよ！

何となく知っていただけの単語のオンパレード！しっかりと定義を習えてよかった♥

3 減数分裂

精子や卵がもつ染色体の数は体細胞の半分ですよね？
どうやって正確に半分にできるんですか？

そういうところに疑問や興味をもって学べば，
減数分裂はちゃんと理解できます。

このセクションを学べば謎(なぞ)が解けるんですね♪

(1)　まず，アウトラインを学ぼう！　2nの細胞からnの細胞をつくる分裂が**減数分裂**(げんすうぶんれつ)です。減数分裂では，2回の分裂が起きるので，1個の細胞から4個の細胞ができます。

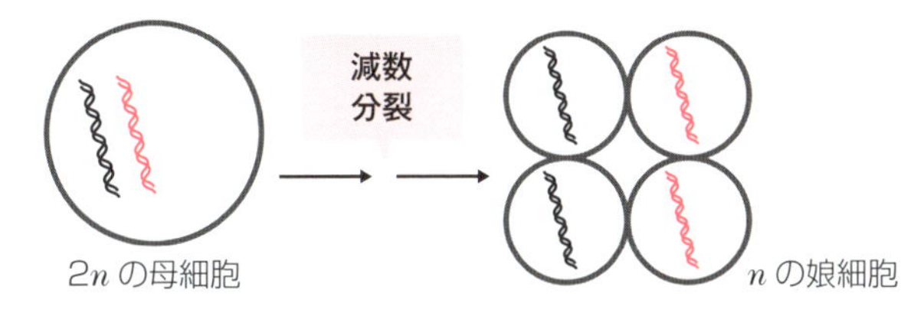

❶ 第一分裂

(2)　2回の分裂のうち1回目，2回目をそれぞれ**第一分裂**，**第二分裂**といいます。それでは，減数分裂の過程を確認しましょう。では，第一分裂から！

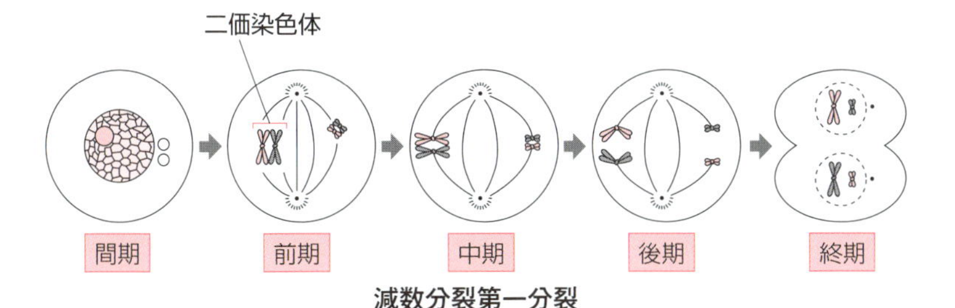

減数分裂第一分裂

どこに注目すればいいんですか？

(3)　前期に核膜が消えたり，後期に染色体が移動したり……，全体的には体細胞分裂と似ていますよね。だから，「体細胞分裂とどこが違うのか？」が大事。

前期には，相同染色体どうしが並んで接着（←これを**対合**(たいごう)という）して**二価染色体**(にかせんしょくたい)になります。

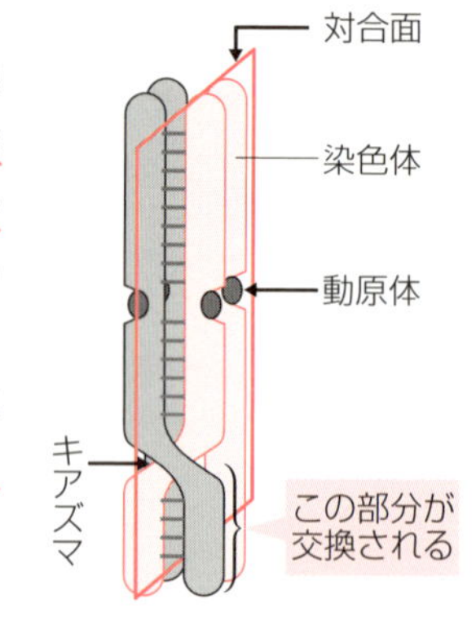

(4)　右の図は二価染色体の模式図です。二価染色体にはDNAが4本含まれており，対合した相同染色体間で染色体の部分的な交換が起こることが多く，これを**乗換え**(のりかえ)といいます。染色体が交さしている部位をキアズマといいます。

(5)　中期には二価染色体が紡錘体(ぼうすいたい)の赤道面に並び，後期には相同染色体が対合した面から分離して移動します。そして，終期には細胞質分裂が起こります。

一度，相同染色体のペアをくっつけて並べることで，ミスなくチャンと染色体数を半分にすることができるんです。

❷ 第二分裂

(6)　では，第二分裂です！　第一分裂が終わると，DNAの複製をせずに第二分裂に入ります。

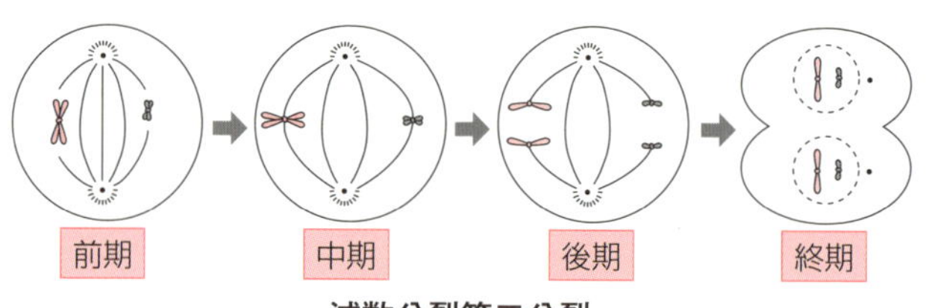

減数分裂第二分裂

体細胞分裂と似ていますよね？

(7)　その通り！　体細胞分裂と特に違いはないよね。前期に染色体が出現し，中期に染色体は紡錘体の赤道面に並び，後期に染色体が分離して移動する。そして，終期に細胞質分裂だね。

減数分裂の第一分裂が終わった段階で，染色体は対になっていないので，染色体の構成は $2n$ から n になっているよ。

❸ 減数分裂と DNA 量の変化

(8) 減数分裂では，間期に DNA の複製をして DNA 量が倍加してから2回の連続した分裂を行っています。よって，減数分裂にともなう細胞あたりの DNA 量の変化のグラフは下の図のようになります。なお，グラフの縦軸の DNA 量は相対値で，減数分裂が終わった段階での DNA 量を0.5Cとしています。

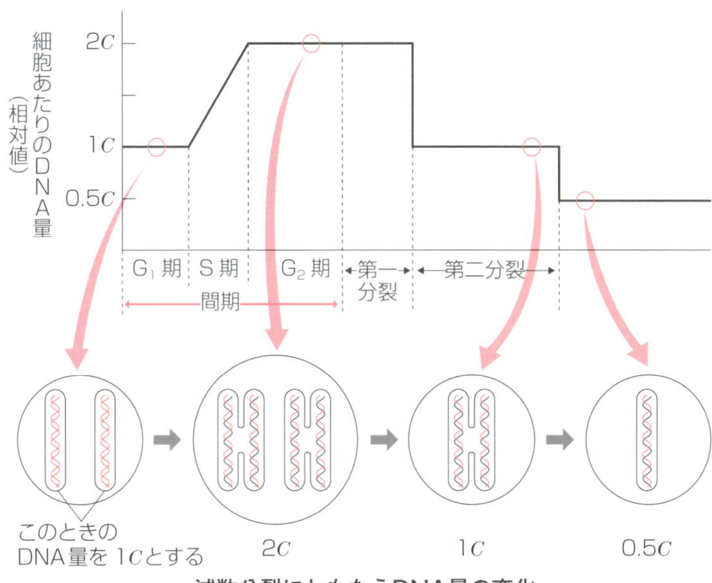

減数分裂にともなうDNA量の変化

第4章 生殖と発生

❹ 減数分裂と染色体の組み合わせ

(9)　相同染色体は，減数分裂によって別々の生殖細胞に分配され，それぞれの相同染色体どうしは互いに無関係に分配されます。例えば，$2n$ =4の生物で，相同染色体間での乗換えが起こらない場合，生じる生殖細胞には2^2=4通りの染色体の組み合わせがあるよね（下の図）。

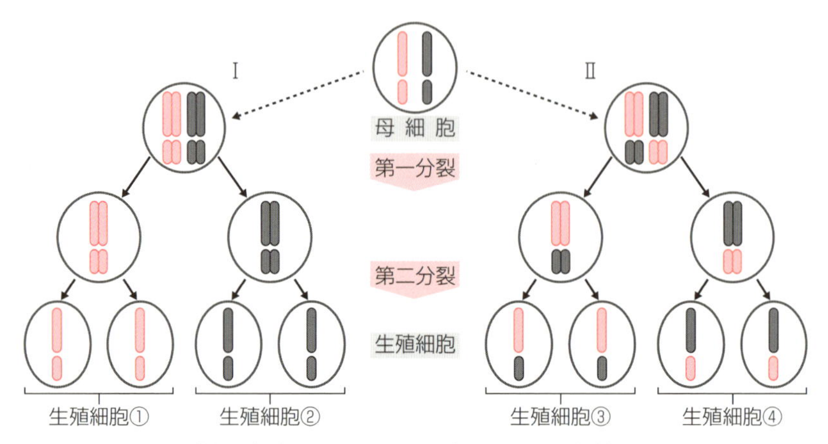

$2n$=4 の生物の場合，Ⅰ・Ⅱの 2 つのパターンの分裂が考えられる。
これらの細胞から生じる生殖細胞の染色体の組み合わせは 4 通りになる。

ヒトの体細胞の染色体構成は$2n$=46ということは，染色体の組み合わせは何通りあるかな？

2 × 2 ×……ということは，2^{23} 通りですね。

そう，なんと約 840 万通り！
減数分裂によって多様な生殖細胞がつくれるんだ。

❺ 独立と連鎖

(10)　1本の染色体には多数の遺伝子が存在しています。複数の遺伝子について，同一染色体に存在する関係を**連鎖**（れんさ）といいます。一方，異なる染色体に存在する関係を**独立**（どくりつ）といいます。右の図ではA（a）とB（b）の関係が連鎖，A（a）とD（d）の関係が独立です。

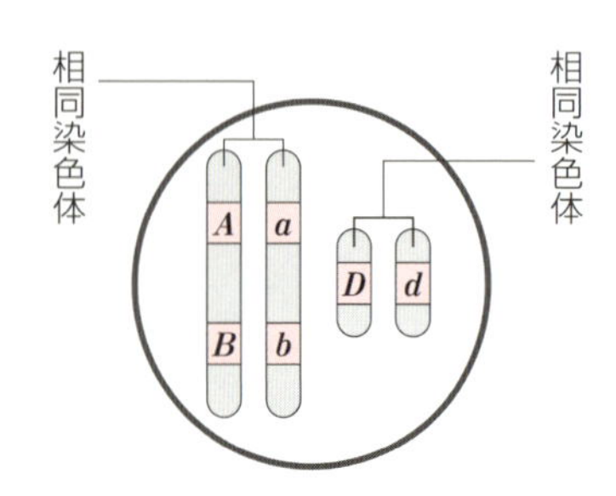

(11)　独立しているA（a）とD（d）に注目すると，Aとa，Dとdが互いに関係なく配偶子に分配されますので，配偶子の遺伝子型（←もっている遺伝子の組み合わせ）はAD：Ad：aD：ad＝1：1：1：1と，どの組み合わせも平等になると期待されます。

これについては難しくないね！

❻ 組換え

(12)　連鎖しているA（a）とB（b）に注目した場合，乗換えが起こらないとするとAとB，aとbが常に同じ配偶子に分配されます。しかし，これらの遺伝子座の間で乗換えが起きた場合，Aとb，aとBをもつ配偶子も生じます。このように，乗換えの結果，連鎖している遺伝子の組み合わせが変わることを**組換え**といいいます。

そして，つくられた配偶子のうちで組換えを起こした染色体をもつ配偶子の割合（%）を**組換え価**といいます。

$$組換え価＝\frac{組換えを起こした配偶子数}{全配偶子数}×100$$

組換え価は50%を上回ることはありません！

乗換えは，二価染色体を構成している4本の染色体のうち2本の間で起こります。よって，残りの2本については連鎖している組み合わせが変わりません（右の図）。よって，組換えを起こした配偶子の方が多くなることはありません。

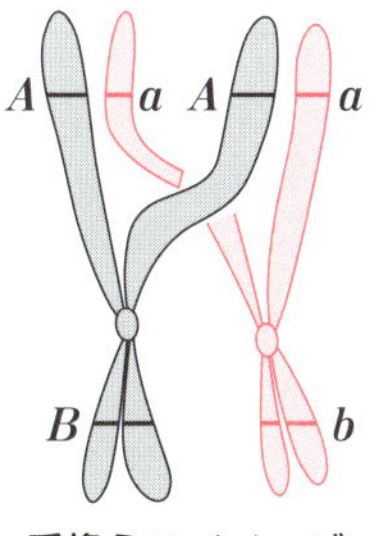

乗換えのイメージ

第4章　生殖と発生

組換え価の求め方と応用

組換え価の公式はわかったんですけど……，
組換え価を求めて何がうれしいんですか？

「何がうれしいんだ？」と問われるとツライなぁ……

(1)　そもそも組換え価って，どうやって求めるの？

公式を習っていますから，余裕です！
配偶子の数を数えて計算するだけですよね。

冷静に考えてごらん。
配偶子の数なんて本当に数えられるの？

確かに，ちょと現実的ではないですね。

❶　組換え価の求め方

(2)　ということで，組換え価を求めるためには**検定交雑**（検定交配）を行います。検定交雑というのは，遺伝子を調べたい個体を劣性（潜性）のホモ接合体と交配することで，生じた子の表現型とその比を調べれば，調べたい個体のつくった配偶子の遺伝子型とその比を知ることができます。

例えば……，A と a をそれぞれ丸種子の遺伝子としわ種子の遺伝子，B と b をそれぞれ赤花の遺伝子と白花の遺伝子とします。遺伝子型が $AaBb$ の個体を検定交雑して生じた次世代の表現型とその比が「**丸・赤：丸・白：しわ・赤：しわ・白＝4：1：1：4**」だったとします。丸・赤の子は $AaBb$ の個体から AB を受け継いでおり，丸・白の子は Ab を受け継いでおり……ということで，$AaBb$ のつくった配偶子とその遺伝子型の比は「$AB:Ab:aB:ab=4:1:1:4$」であったとわかります（次のページの図）。その結果，交配に用いた $AaBb$ の個体について，A と B（a と b）が連鎖しており，組換え価が20% であることがわかります！

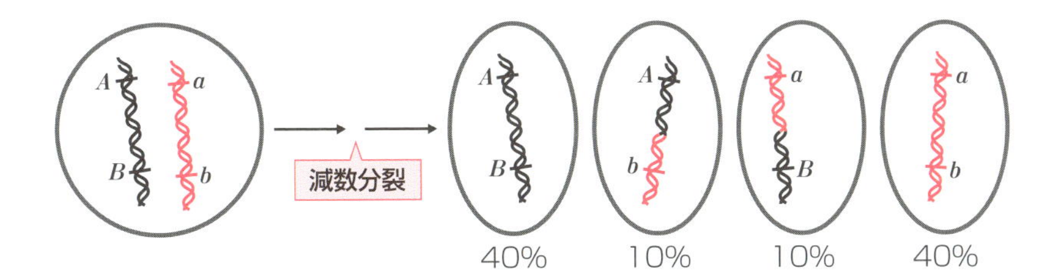

❷ 三点交雑法と染色体地図

(3)　実は……ですね，同じ染色体に連鎖している遺伝子について，「組換え価の大小が遺伝子間の距離の大小に対応する」ことがわかっているんです！

そこで，3つの遺伝子間の組換え価を求めることで，遺伝子の配列順序や相対的距離を推定することができます。この方法は**三点交雑法**とよばれ，三点交雑法を行うことで**染色体地図**（←染色体にある遺伝子の位置を示す図）を描くことができます。

第4章 生殖と発生

例題

A と a をそれぞれ丸種子の遺伝子としわ種子の遺伝子，D と d をそれぞれ広葉の遺伝子と細葉の遺伝子とします。遺伝子型が $AaDd$ の個体を検定交雑して生じた次世代の表現型とその比が「**丸・広：丸・細：しわ・広：しわ・細＝1：9：9：1**」だったとします。

問1　A（a）と D（d）の組換え価は？

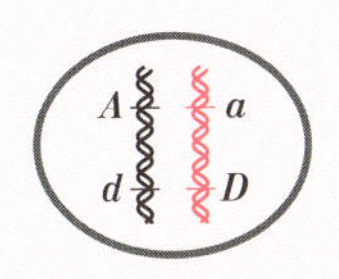

A と d（a と D）が連鎖していて……
組換えを起こした AD と ad の配偶子の受精で生まれた子が全体の 10% いることから……**組換え価は 10%!!**

問2 A（a）とC（c）の組換え価は15%，C（c）とD（d）の組換え価は5%ということがわかっています。これら3つの遺伝子についての染色体地図を描いてみましょう！

A（a）とC（c）の組換え価が一番大きいので，これらが最も離れていることになる。そして，C（c）とD（d）が最も近いよね。組換え価の情報も書き込んで……下の図が解答だよ！

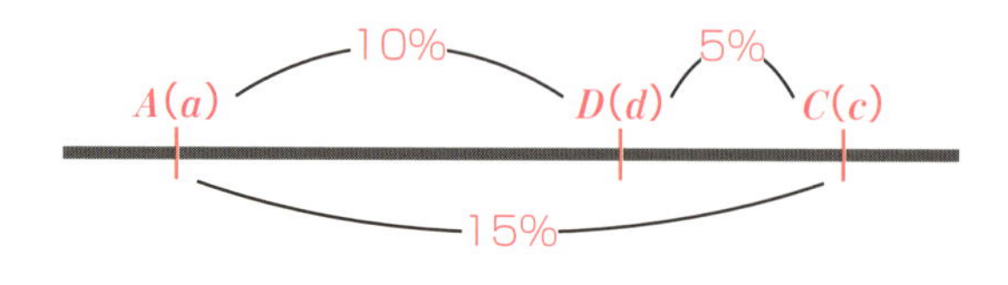

組換え価を求めると染色体地図がつくれて，うれしいですね。

➡演習2，3にチャレンジ！

5 動物の配偶子形成

好きなお寿司のネタは何？

ウニです！

なるほど，ウニの未受精卵（n）だね！

先生……その表現……　nって，そうですけど（笑）

(1)　動物の精子と卵は，**始原生殖細胞**（$2n$）という細胞から生じます。始原生殖細胞は，発生（←からだをつくる過程）の初期から体内に存在しており，**精巣**や**卵巣**ができるとそこに移動していき，それぞれで**精原細胞**（$2n$），**卵原細胞**（$2n$）になります。

精子も卵も元は同じ細胞なんですね。

❶ 精子の形成

(2)　それでは，精子形成の様子（下の図）を学びましょう！

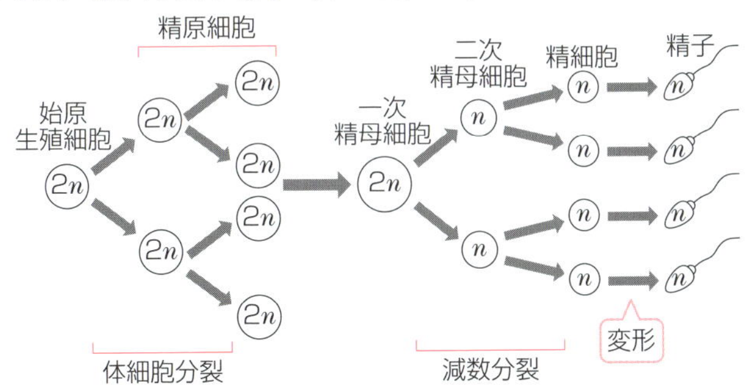

(3)　始原生殖細胞が精巣に入って精原細胞になると，体細胞分裂をくり返して増殖します。そして，一部の精原細胞が**一次精母細胞**（$2n$）となり，減数分裂を始めます。

一次精母細胞が減数分裂の第一分裂を終えると**二次精母細胞**（n）となり，さらに第二分裂を終えると**精細胞**（n）となります。そして，精細胞が変形して配偶子である精子（n）となります。

第４章　生殖と発生

(4)　精細胞から精子への変形を見てみよう！

精細胞の中心体から**べん毛**が伸び，べん毛の付け根にミトコンドリアが集まります。さらに，ゴルジ体のはたらきでタンパク質分解酵素などが含まれる**先体**（せんたい）という袋状の構造がつくられます。そして，多くの細胞質を失い，スリムになって精子の完成！　完成した精子は，核と先体をもつ**頭部**，中心体とミトコンドリアをもつ**中片部**（ちゅうへんぶ），べん毛でできた**尾部**（びぶ）からなります（下の図）。

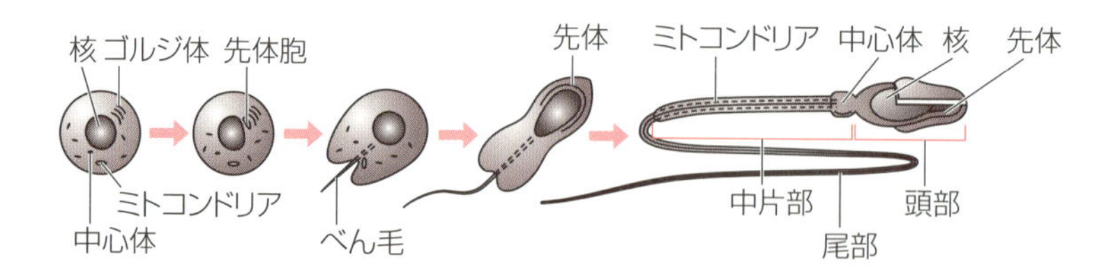

❷ 卵の形成

(5)　続いて，卵形成です！

精子形成過程で登場した細胞と名前のつけ方が同じなので，意外と覚えやすいよ！

始原生殖細胞が卵巣に入って卵原細胞になると，体細胞分裂をくり返して増殖します。そして，一部の卵原細胞が**一次卵母細胞**（いちじらんぼさいぼう）（$2n$）となり，減数分裂を始めます。一次卵母細胞は**卵黄**（らんおう），mRNA，リボソームなどを蓄積して成長します。卵形成過程の減数分裂では，細胞質が不均等に分配されます。よって，一次卵母細胞は大きな**二次卵母細胞**（にじらんぼさいぼう）（n）と小さな**第一極体**（だいいちきょくたい）（n）になり，二次卵母細胞は大きな**卵**（n）と小さな**第二極体**（だいにきょくたい）（n）になります（下の図）。

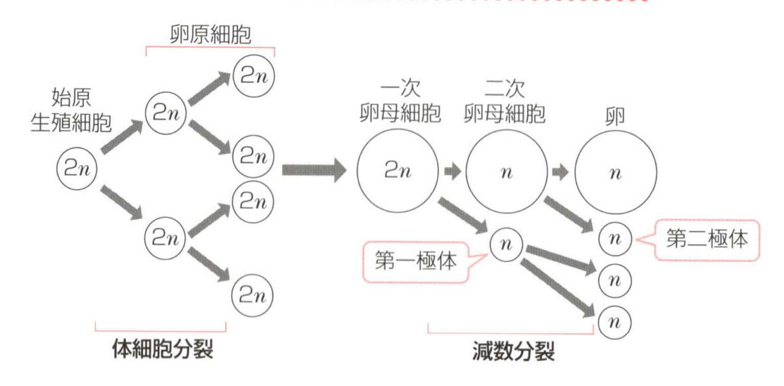

6 動物の受精

精子と卵が受精すると思うでしょ？

当然ですよね？

実は，精子が減数分裂の途中の卵母細胞と受精する動物もいるんだよ！

えええぇ（ﾟДﾟ）！　それって有名な動物ですか？

(1)　受精というのは，厳密には「精子が卵に進入してから精子の核と卵の核が融合するまでの過程」のことです，知ってました？

❶ ウニの受精

(2)　ウニの受精過程を見てみましょう！　ウニの卵の細胞膜の表面には**卵黄膜**(らんおうまく)，さらにその外側には**ゼリー層**(そう)があります。精子がゼリー層にたどり着くと，頭部の先体が壊れて内容物（タンパク質分解酵素など）が放出されます。また，頭部にあったアクチンが集合して繊維状になり，頭部先端の細胞膜を押し伸ばして**先体突起**(せんたいとっき)をつくります。ここまでの反応を**先体反応**(せんたいはんのう)といいます。

(3)　先体突起がモゾモゾモゾ……っと，伸びていき，卵黄膜を通過して卵の細胞膜に結合します！　すると，卵の細胞膜のすぐ内側にある**表層粒**(ひょうそうりゅう)という小胞の内容物が卵黄膜の内側にエキソサイトーシスされます。この反応は**表層反応**(ひょうそうはんのう)といいます。表層反応の結果，卵黄膜は細胞膜から離れて硬くなり，**受精膜**に変わります（下の図）。

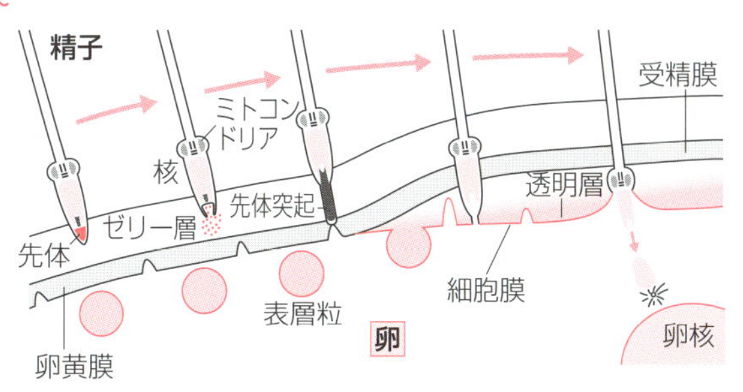

受精膜は何をしているんですか？

(4)　うわっ！　ウニがしゃべった……

さて，1つの卵に複数の精子が受精することを**多精**(たせい)といいます。これは，受精の失敗です。そうです，受精膜は多精を防ぐためにできるんです。受精膜ができてしまうと，あとから来た精子が受精できなくなるんです。

受精直後，受精膜ができるまでの間は，
卵の膜電位を逆転させて一時的に多精を防いでいます。

❷ ヒトの受精

(5)　ヒトの受精についても説明します。ヒトの女性の場合，排卵の直前まで一次卵母細胞が第一分裂前期でずーっと停止した状態で卵巣に存在しています。排卵直前に減数分裂を再開し，第二分裂中期で再び停止し，排卵されます。

ということは，精子が受精する相手は二次卵母細胞なんですか？

その通り！　よく気づきましたね！

(6)　排卵された二次卵母細胞は**輸卵管**(ゆらんかん)（←卵巣と**子宮**(しきゅう)をつなぐ管（右の図））という管の中で精子と出会って受精します。受精すると減数分裂が再開して，第二極体を生じ，精核と卵核が融合して受精が完了します。

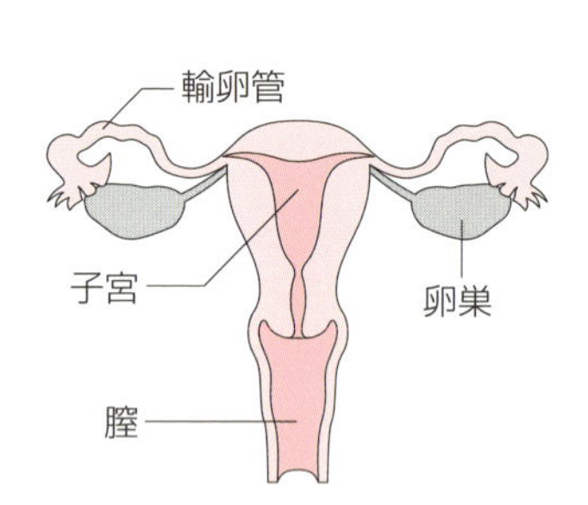

➡演習4にチャレンジ！

第４章　生殖と発生

7 卵　割

受精卵はちょっと特徴的な体細胞分裂を始めます。

間期がないとか？

いやいや，DNA 複製せなあかんし，間期がないのはマズイっしょ。

うぅん，何だろう……

❶ 卵の種類と卵割

(1)　受精卵から始まる発生初期の体細胞分裂は特に**卵割**といい，卵割で生じる娘細胞は**割球**といいます。卵割には何点か特徴があります。
(2)　動物の卵において，極体の生じる位置を**動物極**，その反対の位置を**植物極**といいます。また，卵黄の量や分布の違いから，卵は**等黄卵**，**端黄卵**，**心黄卵**に分けられます。

　等黄卵は，卵黄が少なく一様に分布している卵で，ウニなどの棘皮動物や哺乳類の卵がこのタイプです。端黄卵は卵黄が偏って分布している卵で，両生類，魚類，鳥類などがこのタイプです。心黄卵は多くの卵黄が中心部に分布している卵で，昆虫や甲殻類の卵がこのタイプです。

卵黄の分布がそのまま名称になっているから，覚えやすいよ！

(3)　卵割は卵黄の多い部分では起こりにくいので，卵黄の量と分布は卵割のしかたに影響を与えます。等黄卵は，8細胞期まで**等割**を行い，8細胞期では同じ大きさの割球が生じます。両生類の端黄卵では植物極側に卵黄が多いので，8細胞期以降，植物極側の割球の方が大きくなります（下の図）。

等黄卵（ウニ）

受精卵　2細胞期　8細胞期

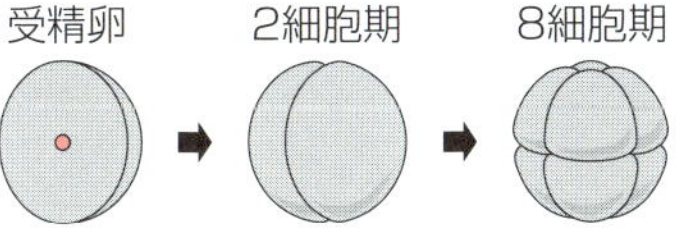

端黄卵（カエル）

受精卵　2細胞期　8細胞期

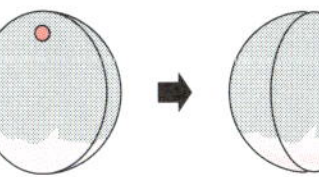

注：図の上側が動物極側

第4章　生殖と発生

魚類，鳥類などの端黄卵は卵黄の量が非常に多く，動物極周辺以外に分布しているので，動物極周辺のみで細胞質分裂が不完全なまま卵割が進みます。

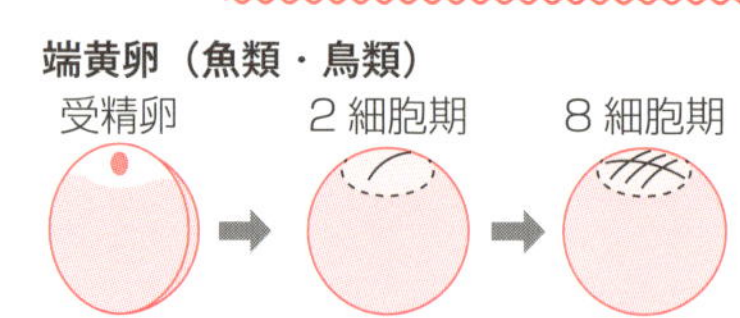

卵黄の分布・量と卵割のしかたが対応しているから覚えやすい！

最後に昆虫などの心黄卵は，はじめは核だけが分裂します。その後，大部分の核が表層に移動して細胞質分裂が行われます。その結果，表面に細胞層，内部に多核の細胞という状態になります。ショウジョウバエの発生については，134ページで詳しく解説します。

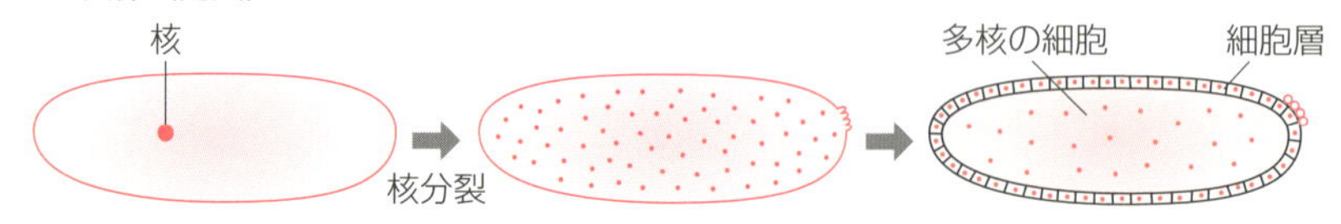

❷ 卵割の特徴

(4)　通常の体細胞分裂では，娘細胞が母細胞と同じ大きさに成長してから次の分裂に進みます。一方，卵割では間期に割球が成長しないまま次の卵割をするので，卵割が進むにつれて割球が小さくなっていきます。

卵割では，間期の G_1期や G_2期を欠くこともあり，間期が短いんです。よって，卵割の細胞周期は通常の体細胞分裂の細胞周期よりも短いという特徴があります。

DNAの複製をしないわけにはいきませんから，
S期はちゃんとありますので，間期はありますよ！

「間期が短い」だったら正解なんですね。
私の答え，惜しいじゃないですか！

いやいや，惜しい解答をマル（正解）にしちゃ駄目でしょ。

8 ウニの発生

大好きなウニが頻繁に登場するね。

いや，私が好きなのは飽くまで食品としてのウニなわけで……

これからは「原口は将来肛門になる」って
思いながらウニを食べられるよ。

肛門のこと考えながら寿司なんて食べたくないです！

❶ 受精から16細胞期

(1)　ウニの卵は等黄卵だったね。4回目の卵割について，動物極側の割球は**等割**，植物極側の割球は横方向に**不等割**をするので，16細胞期になると動物極側から**中割球**（8個），**大割球**（4個），**小割球**（4個）の3種類の大きさの割球が生じます。

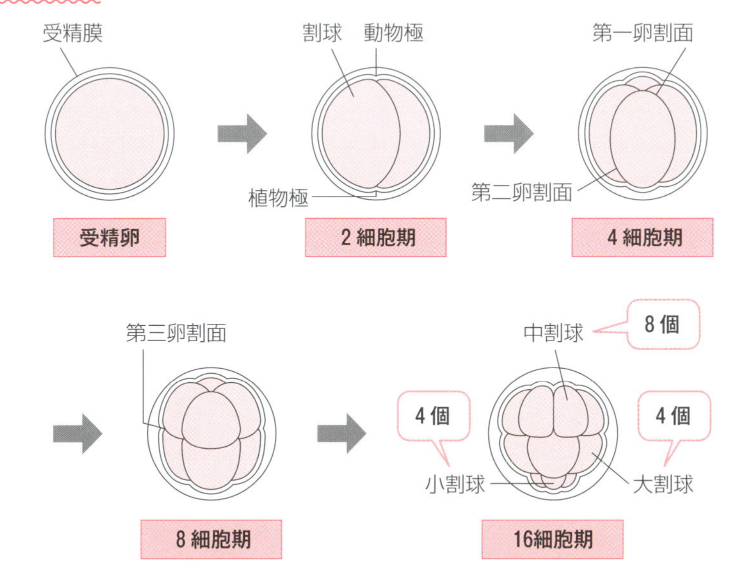

❷ 桑実胚から胞胚

(2)　卵割が進むとクワの実のような形の**桑実胚**となり，さらに卵割が進むと**胞胚**という丸い胚になります。卵割の過程では胚内部に**卵割腔**という空所ができ，ドンドンと大きくなり胞胚の内部の空所である**胞胚腔**になります。

胞胚の表面には多数の**繊毛**が生じ，**ふ化**して泳ぎ始めます。さらに，16細胞期の小割球に由来する細胞が胞胚腔に遊離して，**一次間充織**という細胞になります。

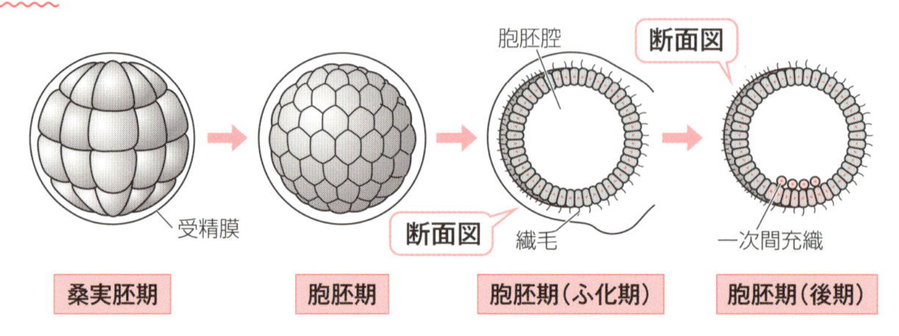

一次間充織の細胞は，やがて**骨片**という構造に分化します。

❸ 原 腸 胚

(3)　その後，植物極側の細胞が胞胚腔に向かって折れ曲がってもぐり込みます。これを**陥入**といいます。陥入を起こした部位を**原口**，陥入でできた空所を**原腸**といい，原腸が存在する時期の胚は**原腸胚**といいます。

さらに，原腸の先端の細胞が胞胚腔に遊離して，**二次間充織**となります。二次間充織は，やがて筋肉などに分化します。原腸胚になると，胚を構成する細胞は外表面の**外胚葉**，間充織の**中胚葉**，原腸をつくる**内胚葉**という3種類に分かれます。

一番右の図の原腸胚を見て，外側から「外胚葉→中胚葉→内胚葉」と三層になっていることがわかるかな？

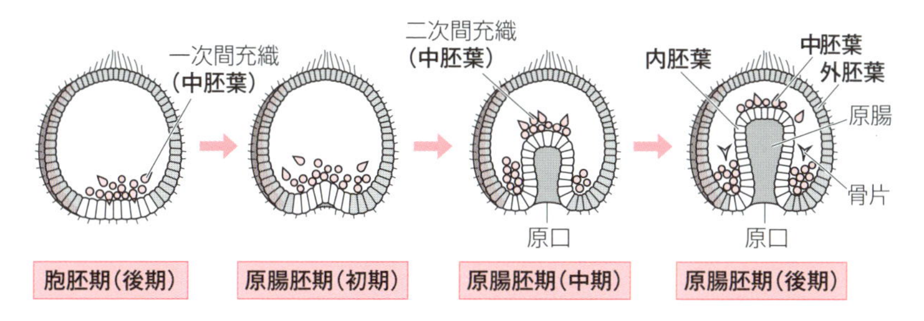

❹ 幼生から成体

(4)　原腸がドンドンと伸びて外胚葉に接すると，そこにカパッと（？）口が生じます。この頃になると，骨片がつくられ，**プリズム幼生**となります。その後，骨片が伸びて腕を生じて**プルテウス幼生**となります。

プルテウス幼生は形を大きく変えて（←**変態**といいます）成体になります。

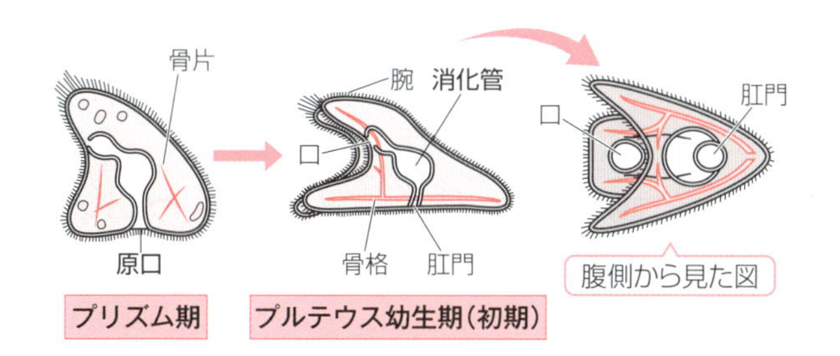

プルテウスというのは，古代ローマの戦争で使われた防御用の傘形の板のことらしいよ。傘の形に見えるかな？

➡演習5にチャレンジ！

第4章 生殖と発生

両生類の発生

カエルの発生は暗記よりも想像力！

想像力ですか？

三次元のモノ（＝カエルの胚）の断面図や別の方向から眺めた様子などを想像する力！　頭を使う分野だよ！

そうなんですね！　図を覚えまくるんじゃないんだ！ 安心しました。

❶ 受精から胞胚

(1)　カエルの未受精卵（＝二次卵母細胞）は動物極側が黒っぽい色になっています。精子は動物極側から進入します。すると，表層回転（⇒ p.133）という現象が起き，精子進入点の反対側に灰色の領域が生じます。この領域が**灰色三日月環**（はいいろみかづきかん）で，灰色三日月環が生じた側が将来の背側になります。

(2)　カエルの第一卵割は，動物極と植物極を通って灰色三日月環を二分する面で起こるんですが，この面は将来の正中面（←からだの左右を分ける面）になります。第二卵割は動物極と植物極を通って第一卵割面に垂直な面で起こり，第三卵割は赤道面よりやや動物極側で起こる不等割となります。

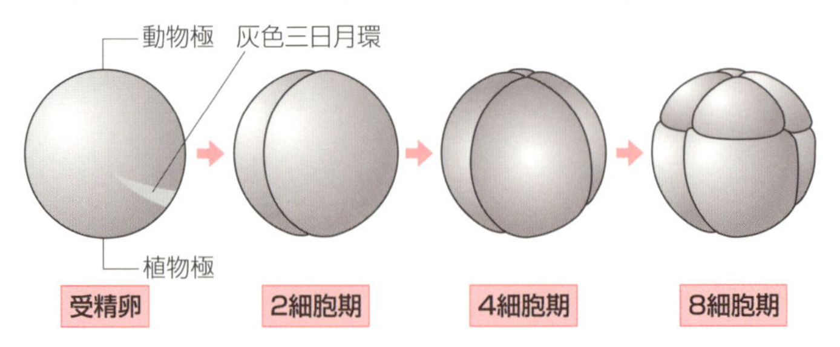

そのあとはウニと同様に，「桑実胚（そうじつはい）→胞胚（ほうはい）」と発生が進みます。

(3)　カエルの胞胚はウニと異なり，胞胚腔が動物半球に偏って存在しています。

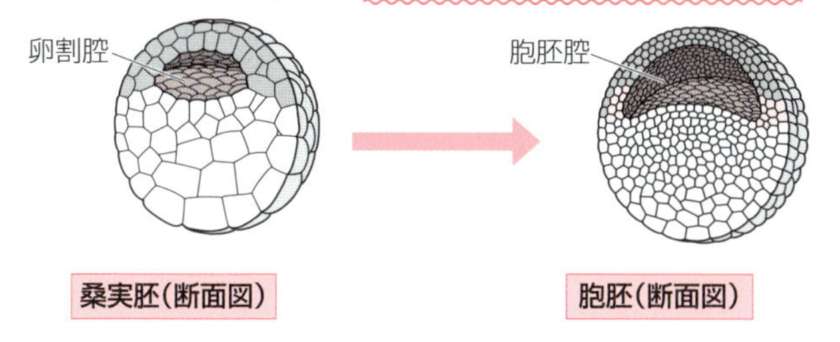

❷ 原 腸 胚

(4)　その後，灰色三日月環のあった場所のやや植物極側に原口ができ，原腸胚になります。そして，原口から原腸がドンドンと伸びていき，胞胚腔が小さくなっていきます。原腸の先端部が動物極付近の外胚葉に接すると，そこに将来，口ができます。このとき，原口より動物極側の細胞は，胚の内部に入るとすぐに折り返して胚表面を裏打ちします（図中の原腸の背側の赤色部分）。さらに，原口の左右からも植物極側からも陥入が起こり，原口がペチャっとつぶれて円弧を描くような形になります。この原口で囲まれた部分は**卵黄栓**といい，原腸胚後期で，はっきりと観察できます。

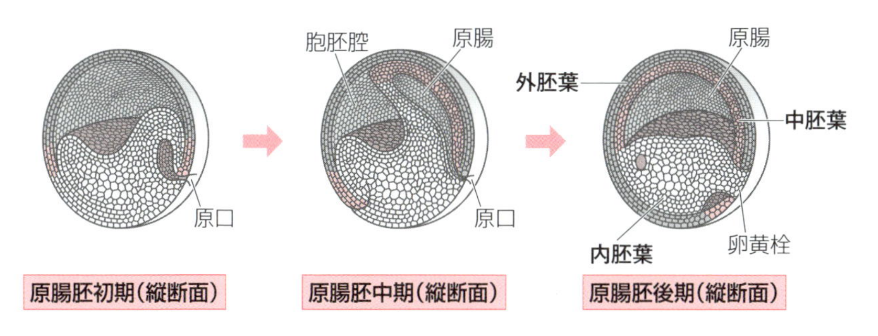

原口が肛門になる点や原腸胚に 3 つの胚葉に分かれる点などは，ウニと共通ですね。

❸ 神 経 胚

(5)　原腸胚の背側の外胚葉は，しだいに平たくなり，**神経板**という将来，脳や脊髄などの中枢神経系に分化する構造になります。神経板ができると，胚は**神経胚**とよばれるようになります。

　神経板は，中央がくぼんで**神経溝**となり，神経溝の両側が盛り上がって繋がり，**神経管**となります。神経管の腹側に位置する中胚葉は**脊索**となり，その両側の中胚葉は**体節**，さらに**腎節**，**側板**となります。また，内胚葉は両側が盛り上がってつながり，**腸管**（消化管）を形成します（下の図）。

「索」は，縄とか綱という意味の漢字で，縄のように細長い構造の名称によく使われる漢字だよ。軸索とかね！

なるほど！　動きのイメージをつかむために，インターネットの動画でカエルの発生を見てみます！

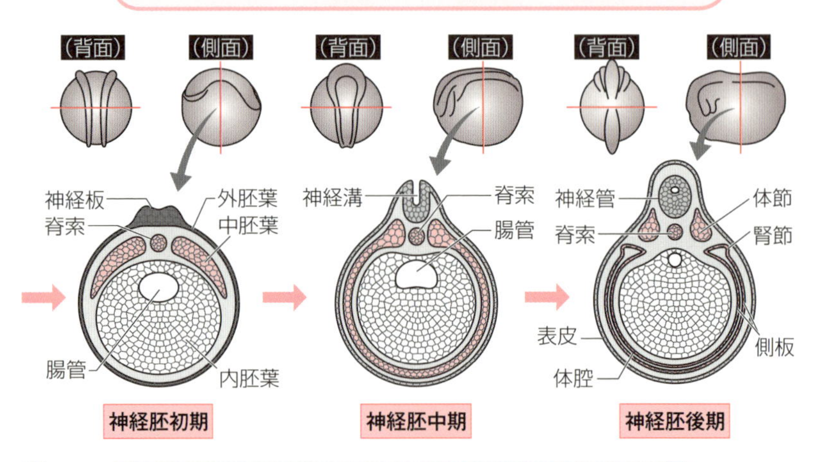

この３つの図は，すべて胚の中央付近の横断面図で，図の上側が背側になっています！

❹　尾芽胚から幼生

(6)　神経管ができると，胚の後端が伸びて**尾芽**という構造ができ，尾芽はやがて尾になります。この時期の胚が**尾芽胚**です。尾芽胚の終期になると，いよいよ泳ぎ出します！　ふ化です！

　尾芽胚がふ化すると**幼生**になります。幼生は「おたまじゃくし」としておなじみですね。幼生になると口が開き，エサを食べて成長します。そして，後肢，前肢の順に形成され，尾が消え，成体のカエルへと変態します。変態の過程では，えら呼吸から肺呼吸に変わったり，主な窒素排出物がアンモニアから尿素に変わったりします。

次のページの尾芽胚の縦断面図も見ておこう！
図の左側が頭側，上側が背側だよ。

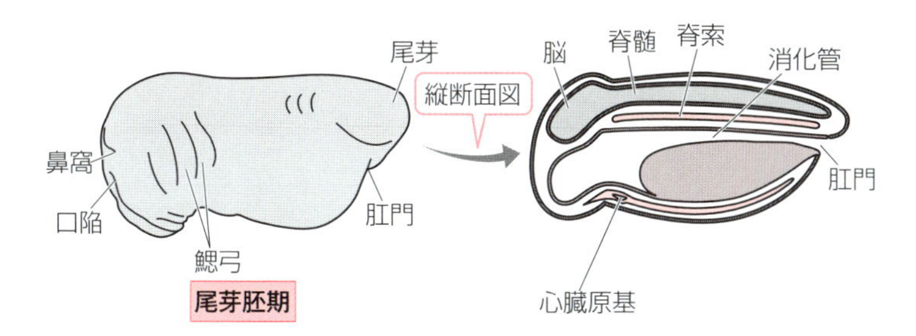

❺ 胚葉の分化

(7)　神経胚の外胚葉に注目！　神経板と表皮の間には**神経堤**（しんけいてい）（神経冠（しんけいかん））という構造が生じます。神経堤細胞は神経管ができると，神経管と表皮の間に位置するようになります（右の図）。

　その後，神経堤細胞は中胚葉の間を通って様々な場所に移動します！　そして，交感神経，皮膚の色素細胞，副腎髄質の細胞など様々なものに分化します。

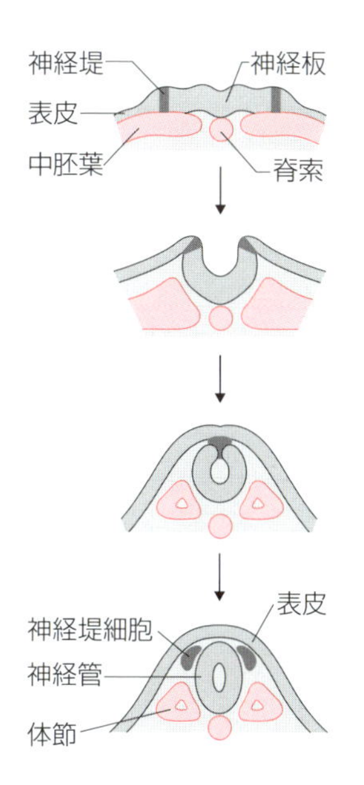

神経堤細胞は細胞どうしの接着に必要な**カドヘリン**というタンパク質をもたないため，細胞がバラバラと移動できるんですよ。

(8)　神経胚の各部位から何が生じるかについて，共通テストで知識として要求されるものを下の表にまとめておきます！

外胚葉	表皮	皮膚の表皮，水晶体，角膜
	神経堤細胞	交感神経，皮膚の色素細胞，副腎髄質の細胞
	神経管	脳，脊髄，網膜
中胚葉	脊索	退化する
	体節	骨格，骨格筋，皮膚の真皮
	腎節	腎臓，輸尿管
	側板	心臓，血管，血球，平滑筋
内胚葉		肺・気管の上皮，消化管の上皮，肝臓，すい臓，ぼうこう

➡演習6にチャレンジ！

第4章　生殖と発生

10 体軸の決定

多くの動物のからだには，背腹・左右・前後の方向があります。

腹側が前側ですよね？

ヒトの場合は腹側に向かって歩いていくから，腹側が前側に思えるのかな？　多くの動物は頭側に向かって進むから，頭側が前側だよ。

(1)　からだの方向のことを**体軸**といい，背腹軸，左右軸，前後軸の3つの体軸があります（下の図）。

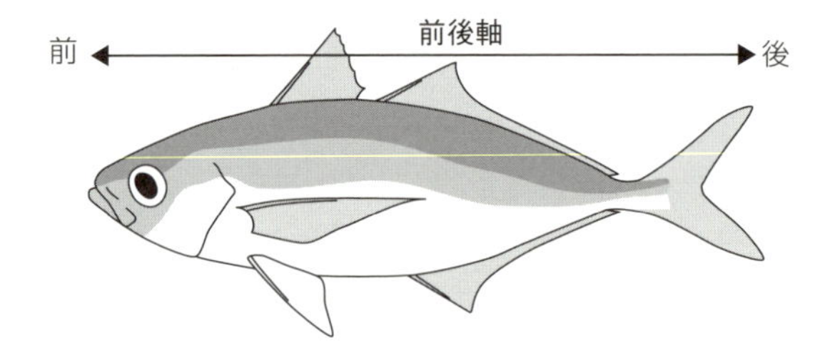

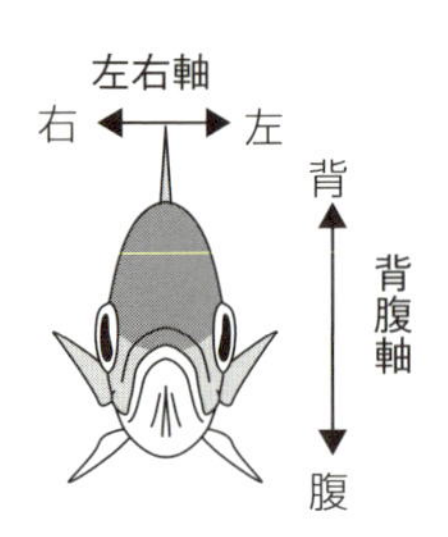

❶ カエルの背腹軸の決定

(2)

からだの向きってどうやって決まるんだろう？　考えたことなかったです。

体軸の決定には卵の細胞質基質に蓄えられているタンパク質や mRNA が関わります。このように，卵に蓄えられ，発生に影響を及ぼす物質を**母性因子**といいます。せっかくカエルの発生を学んだばかりですので，カエルにおける体軸決定のしくみから説明します。

(3)　カエルの背腹軸は，精子が進入する位置によって決まります。カエルの卵の内部の細胞質全体には**βカテニン**というタンパク質の mRNA が，表層の細胞質の植物極付近には**ディシェベルド**というタンパク質があります。

精子が進入すると，表層細胞質が約30°回転して灰色三日月環が生じます。このとき，ディシェベルドも灰色三日月環の部分に移動します（下の図）。

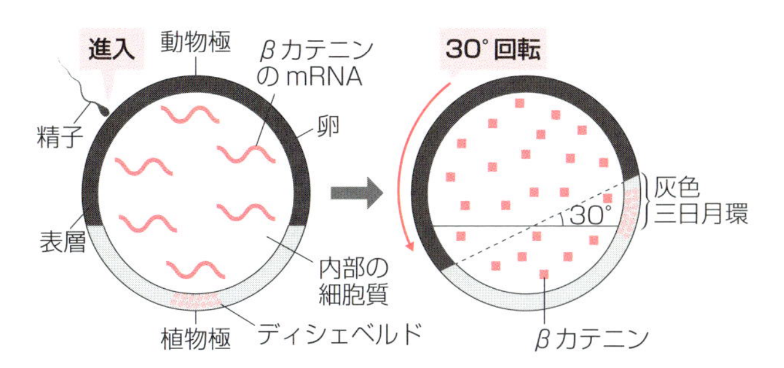

(4)　表層回転が起こる時期には，合成されたβカテニンが全体に分布していますが，ディシェベルドの存在しない部分では酵素によって分解されてしまいます。その結果，βカテニンは背側に局在する状態になります（右の図）。

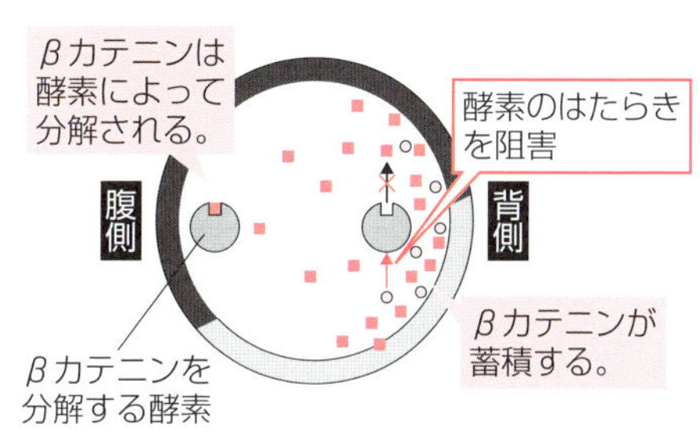

βカテニンのある側が背側になるということなんですね！

(5)　その通りです。βカテニンは転写調節タンパク質としてはたらき，背側に特徴的な遺伝子（**ノーダル遺伝子**や**コーディン遺伝子**など）の発現を促進することで，脊索や神経管といった背側の構造の形成を引き起こします。

どうも，ショウジョウバエです。僕の前後軸の決定も重要ですよ！

第4章 生殖と発生

❷ ショウジョウバエの前後軸の決定

(6)　ショウジョウバエの卵の前端には**ビコイド** mRNA が，後端には**ナノス** mRNA が蓄積しており，受精後に翻訳されます。ショウジョウバエの卵割は核分裂が先行するので，しばらくの間，細胞は1個のままであり，合成されたビコイドとナノスが拡散して濃度勾配を形成します。

ビコイドとナノスは転写調節タンパク質としてはたらき，それぞれの濃度に応じて，特定の遺伝子の発現を調節することで，前後軸に沿って何が形成されるかを決定しています。

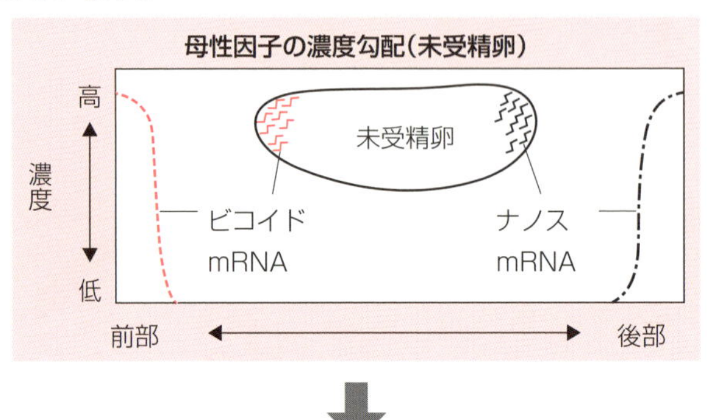

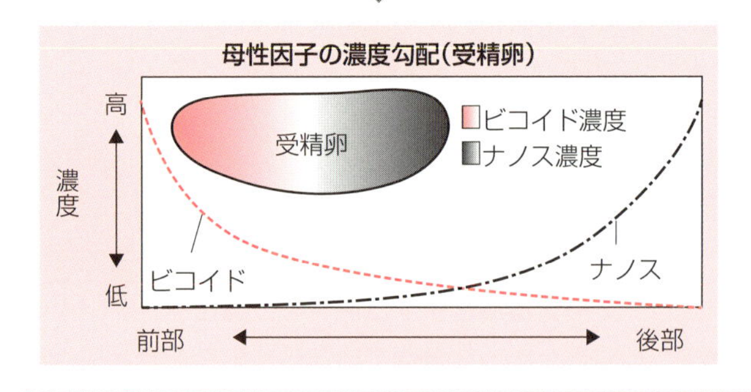

ビコイド遺伝子や β カテニン遺伝子のように，母性因子として母親の体内で合成された mRNA が卵に蓄えられるような遺伝子を**母性効果遺伝子**(ぼせいこうかいでんし)といいます。

第4章　生殖と発生

器官形成と誘導　—Part1—

複雑な器官の分化には誘導が関わることが多いんだよ。

難しいですか？

いやいや，難しくない！　楽しいよ！　楽しいですよね？

なんだか，誘導されている気がする……

(1)　胚のある領域が隣接する他の領域に作用し，その領域の分化の方向を決定する現象を**誘導**といいます。

❶　中胚葉誘導

(2)　カエルの胞胚を右の図のように切り分けます。領域Aだけを培養すると外胚葉が分化し，領域Bだけを培養すると内胚葉が分化します。しかし，領域Aと領域Bを組み合わせて培養すると，領域Aから中胚葉が分化します！

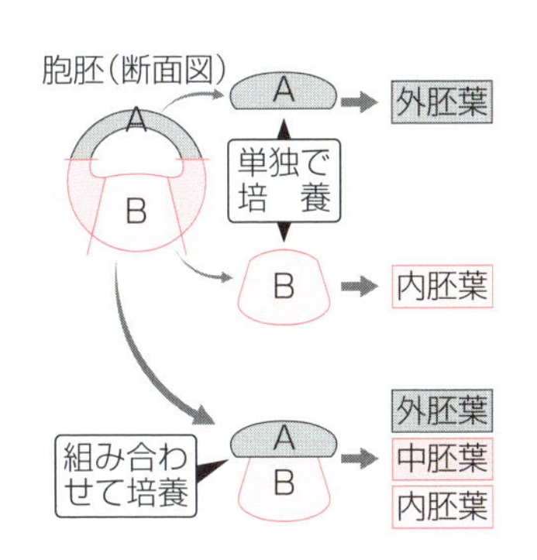

領域Bが領域Aを中胚葉に誘導したんだよ！

(3)　この誘導は**中胚葉誘導**といって，カエルの発生で最初に起こる誘導です。これは植物極側の領域Bから動物極側へと移動する**ノーダル**というタンパク質によって起こります。

さっき教わったノーダルですか？

その通り！　高濃度のノーダルは背側中胚葉（←脊索）を，低濃度のノーダルは腹側中胚葉（←側板）を分化させます。

(4)　中胚葉誘導によって生じた背側中胚葉は，原腸胚期になると陥入し，背側外胚葉の裏側に位置するようになります（次のページの図）。

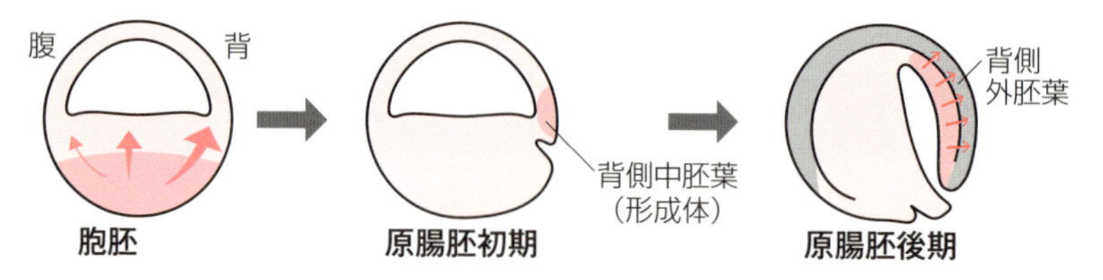

(5)　背側中胚葉は接している背側外胚葉を神経に誘導するんです！

中胚葉誘導で生じた中胚葉が，外胚葉を神経に誘導するんですね。

そうです，このように誘導によって生じたものがさらに次の誘導をする現象を**誘導の連鎖**（ゆうどうのれんさ）といい，誘導する能力をもった領域を**形成体**（けいせいたい）といいます。

❷　神経誘導

(6)　神経を分化させる誘導である**神経誘導**（しんけいゆうどう）には，形成体（＝背側中胚葉）から分泌されるタンパク質（←コーディンなど）が関わっています。ちょっとややこしいんですが……

外胚葉の細胞の本来の運命は神経で，
外部から何の影響も受けなければ神経に分化するんです。

しかし，初期胚の外胚葉細胞 BMP 受容体には **BMP** というタンパク質が結合しており，神経に分化するための遺伝子の発現が抑制されているので，外胚葉を単独で培養すると，表皮に分化します（下の左図）。

形成体から外胚葉に対して誘導物質（ノギン，コーディンなど）が分泌されます。これらの誘導物質は，BMP が受容体に結合することを阻害するタンパク質です。よって，形成体からの誘導を受けると，BMP が外胚葉細胞の受容体に結合できなくなり，神経に分化するための遺伝子の発現が促進され，神経に分化します（下の右図）。

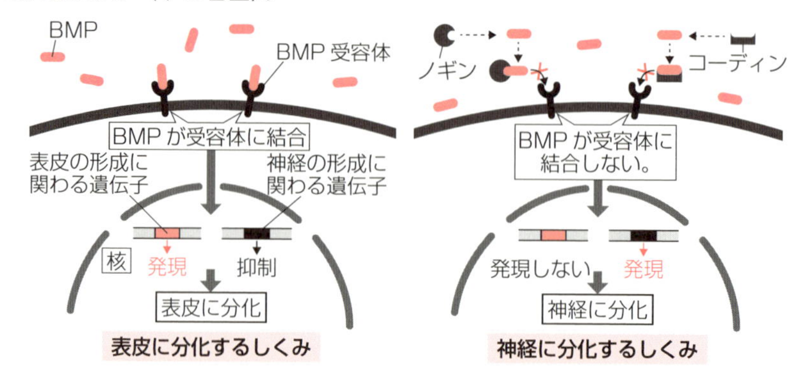

表皮に分化するしくみ　　神経に分化するしくみ

神経になるのを阻害するBMPのはたらきを阻害することで，神経になることを促進することになります。

❸ イモリの眼の形成における誘導の連鎖

(7) 誘導について，もう一つ重要な例を紹介します。それは……「眼の形成」です！ 神経誘導によって生じた神経管の頭側は脳になり，脳の一部が左右に膨らんで，**眼胞**が生じます。眼胞はその先端がくぼんで**眼杯**となります。眼胞や眼杯は，接している表皮から**水晶体**を誘導するとともに，自身は**網膜**に分化します。誘導によって生じた水晶体は形成体として，接している表皮から**角膜**を誘導します。

眼杯は，英語でoptic cup。日本語では杯，英語ではカップ！形から名前がついているんだね。

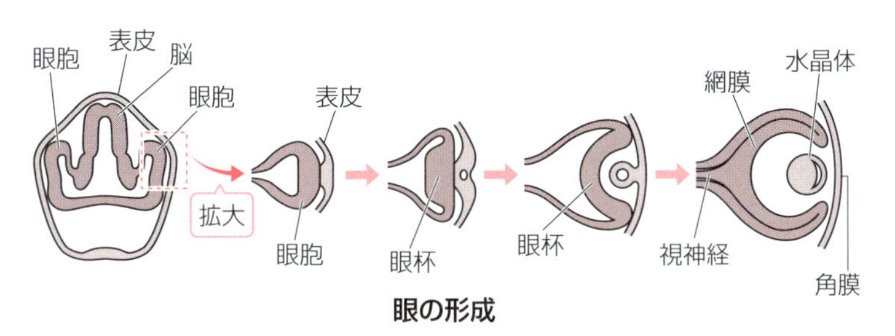

眼の形成

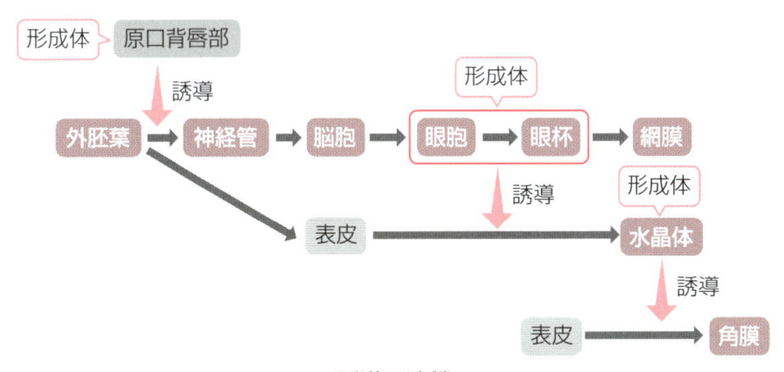

誘導の連鎖

(8)　この誘導という現象を発見した学者はシュペーマンです。彼は，イモリの原腸胚初期の**原口背唇部**を同時期の他の胚の腹側に移植する実験を行い，移植片の周辺に神経管が分化し，移植片を中心とした**二次胚**（←本来のからだとは別にできた余分なからだ）が生じたことから，誘導という現象を発見しました。

原口背唇部ってどこですか？

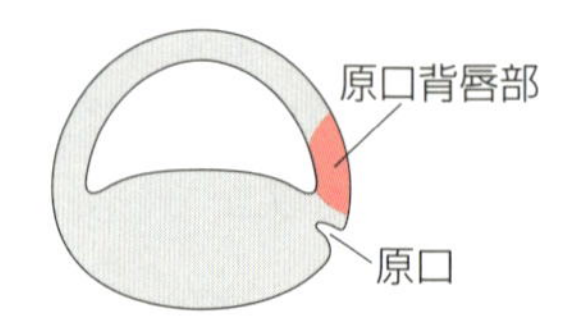

原口の背側の部分だから……，右の図の赤い部分，つまり，背側の中胚葉だね。ここを移植したことで，周囲の外胚葉が神経管に誘導されたんだね！

第４章　生殖と発生

12 器官形成と誘導 —Part2—

「なるほど～！　すごいなぁ！」って感動した？

難しいけど面白いですね。

そうなんだよ！　でも，面白さがわかってきたら大丈夫！
第４章も，あとちょっとだよ！

がんばります！

❶ 器官形成とプログラム細胞死

(1)　動物の発生の過程では，一部の細胞が死ぬことによって器官が形成されることがあります。この細胞死は，あらかじめプログラムされた**プログラム細胞死**とよばれるものです。

一部の細胞が死ぬことで，器官が正常に形成されたり，
個体を健全に保ったりすることができるんだよ！

プログラム細胞死の多くの場合で，細胞は**アポトーシス**という細胞死を行います。アポトーシスというのは，細胞が正常な形態を維持したまま DNA が断片化され，周囲の細胞に影響を与えない（＝炎症などを起こさない）ように死んでいく細胞死のことです。

「apo-」は離れるという意味，
「-ptosis」は下降するという意味です。

細胞が死んで落ちていくイメージなんですかね？
プログラム細胞死にはどんな具体例があるんですか？

(2)　例えば，ヒトやマウスの手足の指の発生過程で，水かきにあたる部分の組織がアポトーシスにより消失し，指が形成されます！　右の図

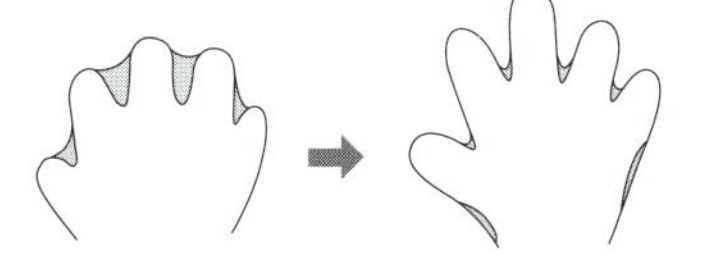

第４章　生殖と発生

の灰色の部分がアポトーシスを起こす部分ですよ。
　あとは，オタマジャクシの尾が消えて成体になる際，尾の細胞がアポトーシスを起こします。

❷ 分節遺伝子と体節の分化

(3)　ショウジョウバエではビコイドやナノスといった母性効果遺伝子のタンパク質によって前後軸が決まったよね？　その後は，**分節遺伝子**と総称される調節遺伝子が発現して，体節が完成します。
　分節遺伝子には，**ギャップ遺伝子群**，**ペアルール遺伝子群**，**セグメントポラリティ遺伝子群**という3つのグループがあり，この順に発現していきます。

ギャップ→ペアルール→セグメントポラリティ！
よし，『GPS』って覚えよう！　語呂合わせだよ！

(4)　ショウジョウバエの発生の過程で体節が形成されると，各体節に決まった構造がつくられます。頭の体節には触角や眼が，胸の体節には翅ができます。このような器官形成には**ホメオティック遺伝子**という調節遺伝子が関わります。
　体節ごとに発現するホメオティック遺伝子の組み合わせが異なるので，発現する遺伝子が変わります。そして，体節ごとに異なる器官が形成されます。
　それでは，ホメオティック遺伝子に突然変異が起こるとどうなるかな？

器官がつくれなくなっちゃいますね。

(5)　その通り！　しかし，それだけではなく，特定の器官がつくられなくなった場所に別の場所に形成されるはずの器官がつくられてしまうことがあり，このような突然変異は**ホメオティック突然変異**といいます。例えば，胸部が2つできてしまい，翅が2対（4枚）もつようになったりしちゃうんです。
(6)　ショウジョウバエのホメオティック遺伝子と似たはたらきをする遺伝子群が哺乳類などでも発見されています。このような遺伝子群を総称して **Hox遺伝子群**といいます。

Hox 遺伝子群の多くの遺伝子は連鎖していて，染色体上に並んでいる順番と，からだの前方から後方に向けて遺伝子が発現する位置の順番が同じになっているという面白い特徴があります。

➡演習7にチャレンジ！

第4章　生殖と発生

13 被子植物の配偶子形成と受精

僕の大好きな植物コーナーの始まりです！

確かにうれしそうですね。

でも，動物の生殖・発生と比べるとアッサリなんだ……

個人的には，アッサリ終わるの歓迎ですよ。

❶ 配偶子形成

(1)　まず，被子植物の**精細胞**の形成過程を学ぼうね。覚えなあかん細胞名は多いけど，けっこう覚えやすいから大丈夫！

おしべの先端には**やく**という袋があることを中学校で学んだよね？　やくの中では**花粉母細胞**（$2n$）が減数分裂をして**花粉四分子**（n）という4個の細胞の集まりになります。花粉四分子の各細胞は，不均等な細胞分裂により**花粉**になります。

花粉は**花粉管細胞**という大きな細胞の中に，
雄原細胞という小さな細胞が入ったものです。

花粉がめしべの**柱頭**に付着すると発芽して，**胚珠**の方向に**花粉管**を伸ばします。この過程で，雄原細胞が分裂して，2個の精細胞になります。この精細胞が配偶子ですね（次のページの図）。

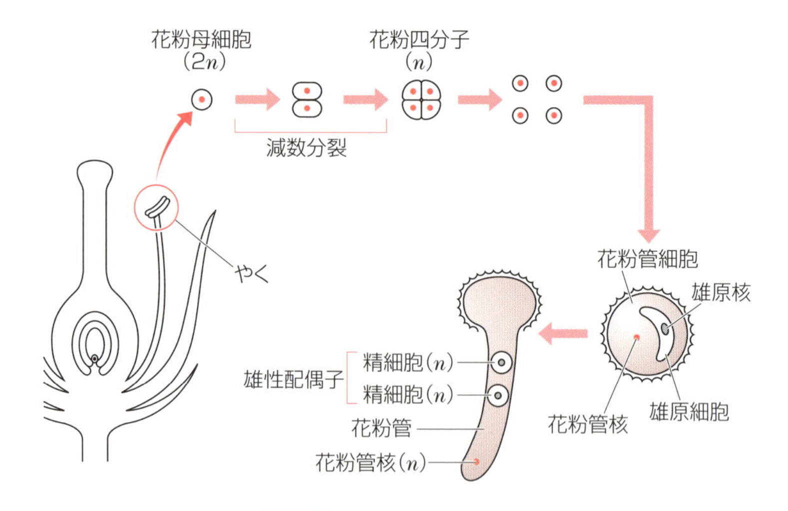

(2)　続いて，被子植物の**卵細胞**の形成過程だよ！

めしべの子房の中には胚珠があり，胚珠の中には1個の**胚のう母細胞**（2n）があります。これが減数分裂をして1個の**胚のう細胞**（n）と3個の小さい細胞になります。胚のう細胞では核分裂のみが先行して3回連続で起こり，8個の核をもつ状態になります。そして，8個の核のうち6個の核の周囲に細胞膜が生じ，1個の**卵細胞**，2個の**助細胞**，これらの反対に位置する3個の**反足細胞**，そして残りの2個の核は胚のうの中央に移動して**極核**となります。極核をもつ大きな細胞を**中央細胞**とよびます。この7個の細胞のまとまりを**胚のう**といいます（次のページの図）。

助細胞は花粉管を誘引するタンパク質を分泌しています。このタンパク質は東山哲也らによって発見され「ルアー」と名づけられました。さかな釣りのルアーですね。花粉管を釣るためのタンパク質というイメージ!!

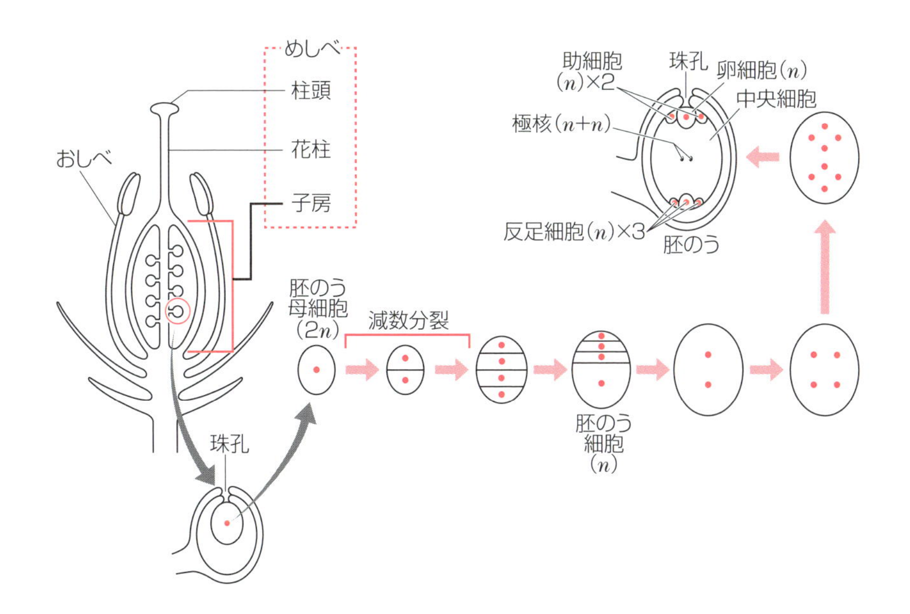

❷ 重複受精

(3)　花粉管が胚珠の入り口まで伸びてきて……，受精します。やはり，何か気になることがありそうだね？

胚のうには卵細胞が１個なのに花粉管には精細胞が２個あるのって，おかしくないですか？

(4)　とってもよい気づきです！　花粉管内にある2個の精細胞がどうふるまうのかを説明します！

　花粉管が胚珠に到達すると，そこから2個の精細胞が放出されます。そして，一方は卵細胞と他方は中央細胞と受精します（次のページの図）。卵細胞が受精すると受精卵（$2n$）となり，これが分裂をくり返して**胚**になります。中央細胞が受精すると，精細胞の核と2個の極核との融合が起きて**胚乳核**（$3n$）が生じます。胚乳核をもつ細胞は，核分裂をくり返すとともに細胞分裂をして**胚乳**となり，ここに胚の発達に必要な栄養分が蓄えられます。

　このように被子植物では，2か所で同時に受精が起こるんですね。これを**重複受精**といいます。

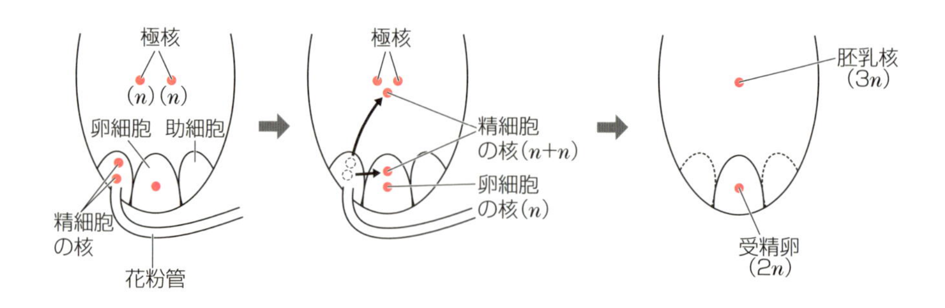

重複受精については，わかっていないことがいっぱいあるんだ！例えば，なぜ２個の精細胞はミスなく異なる細胞と受精できるのかわかっていないんだ。これからまだまだ新しい発見がある分野なんだよ！

先生，植物分野になったらテンション上がりましたね。

かなりあとの分野になりますが，余裕があればここで「生活環」（⇒ p.269）について学んでしまうとよいでしょう。
被子植物だけでなく，シダ植物やコケ植物と対比しながらインプットした方が忘れにくくなります。

➡演習1，演習8にチャレンジ！

第4章　生殖と発生

被子植物の胚発生と器官形成

小学生のころに植物の観察とかしなかった？

アサガオ，ヒマワリなどを育てて観察しました！

アサガオは定番だね！　アサガオの種子には胚乳がないんだよ。

えええっ!?　じゃあ，種子に栄養分を蓄えていないんですか？

❶　種子の形成

(1)　重複受精をしたあと，受精卵は細胞分裂をくり返して**胚球**と**胚柄**になります（次のページの図）。胚球はさらに分裂して，**幼芽**，**子葉**，**胚軸**，**幼根**からなる胚となります。これとともに，胚珠を包んでいた珠皮は**種皮**となります。そして，通常はこの段階で胚発生が停止して，胚が**休眠**状態になります。

休眠することで冬の寒さなどのきびしい環境をやり過ごすことが可能になります。

(2)　一方，胚乳核をもつ胚乳細胞は核分裂をしたあとに，細胞質分裂をして胚乳となります。胚乳の有無や量は植物によって異なり，成熟した種子に胚乳がみられないものもあります。このような種子を**無胚乳種子**といいます。

　無胚乳種子では，胚乳が退化するとともに子葉に栄養分を蓄えるのが一般的です。無胚乳種子をつくる植物例としては，アサガオ，ナズナ，マメ科植物などがあります。

なるほど！　胚乳はなくてなっても，栄養分を子葉に蓄えていたんですね。

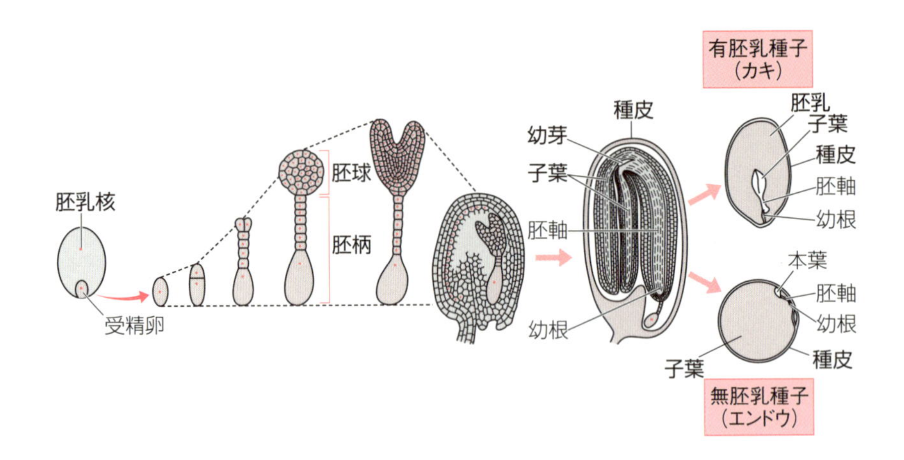

❷ 花の形成とABCモデル

(3)　被子植物の根の先端の**根端分裂組織**からは根が，茎の先端の**茎頂分裂組織**からは茎と葉が分化します。茎頂分裂組織は条件が整うと茎や葉ではなく花をつくります。

一般的な被子植物の両性花（←1つの花におしべとめしべのある花）は下の図のように外側から「**がく片**→**花弁**→おしべ→めしべ」の順に配置しています。このような花の構造の形成過程には3種類のホメオティック遺伝子（Aクラス遺伝子，Bクラス遺伝子，Cクラス遺伝子）が関わっています。

領域1はAクラス遺伝子によりがく片が，領域2はAクラス遺伝子＋Bクラス遺伝子により花弁が，領域3はBクラス遺伝子＋Cクラス遺伝子によりおしべが，領域4はCクラス遺伝子によりめしべが分化します。

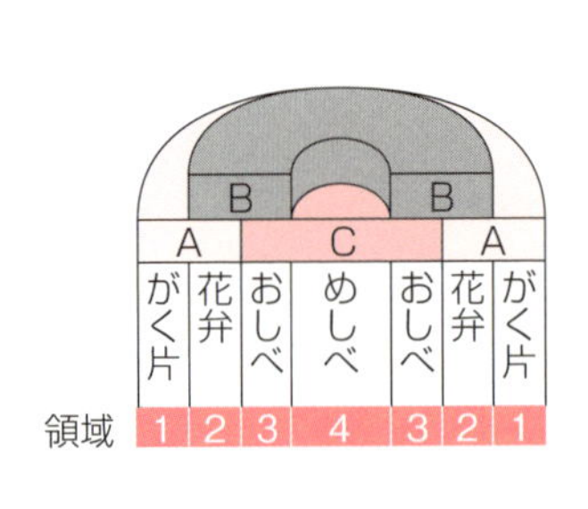

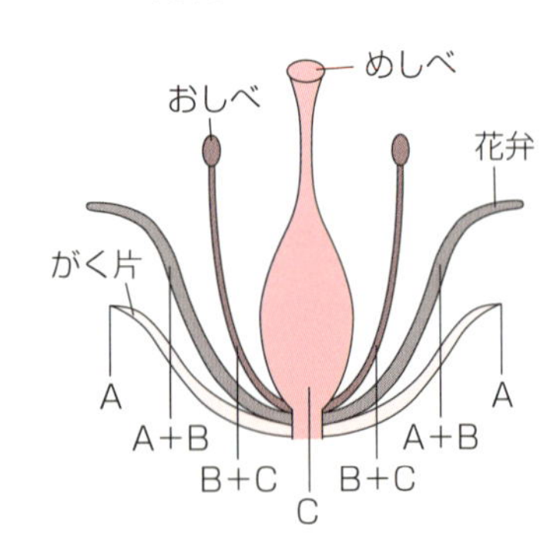

(4)　Aクラス遺伝子とCクラス遺伝子は相互に発現を抑制する関係にあります。よって，Aクラス遺伝子が欠損している個体では，領域1と2でAクラス遺伝子のかわりにCクラス遺伝子が発現します。その結果，「めしべ→おしべ→おしべ→めしべ」という花になります。

じゃあ，Cクラス遺伝子が欠損している個体の花はどんな花になるかな？

Cクラス遺伝子の抑制がなくなって領域3と4でもAクラス遺伝子がはたらくので……「がく片→花弁→花弁→がく片」ですね。

正解！　おしべもめしべも形成されないので，普通に子孫を残すことのできない個体になるよね。これはホメオティック突然変異体だよね。

このような3つの調節遺伝子により花が形成されるしくみは**ABCモデル**とよばれています。

➡演習9，10にチャレンジ！

知識を定着させるための徹底演習

演習１　p.106～p.107，p.141～p.144の復習

問　生殖に関する記述として**誤っているもの**を，一つ選べ。

① 接合する配偶子のうち小さい方の配偶子が雄性配偶子である。
② 雌雄の区別のある生物による生殖を有性生殖という。
③ 無性生殖で生じる個体のもつ遺伝情報は親個体と同一になる。
④ 被子植物の花粉四分子は配偶子ではない。

演習２　p.108～p.118の復習

問　減数分裂と遺伝子に関する記述として最も適当なものを，一つ選べ。

① ヒトの女性の減数分裂では，約20000個の二価染色体が観察される。
② 1つの二価染色体には2分子の DNA が含まれている。
③ 連鎖している遺伝子について，乗換えの結果として遺伝子の組換えが起こる場合がある。
④ 組換え価の大きい遺伝子どうしは染色体上で近接している。

演習３　p.116～p.118の復習

問　遺伝子型が $AaBb$ で，A と b（a と B）が連鎖している個体について，組換え価が10％であるとすると，この個体から生じる配偶子のうちで遺伝子型 AB の配偶子の割合として最も適当なものを，一つ選べ。

①　5％　　②　10％　　③　40％　　④　45％

演習４　p.119～p.122の復習

問　動物の配偶子形成と受精についての記述として最も適当なものを，一つ選べ。

① 一次精母細胞と第一極体は，ともに核相が n である。
② ヒトの精子の頭部には核やミトコンドリアが存在する。
③ ヒトの精子は二次卵母細胞と受精する。
④ ウニで受精が起きると，細胞膜が受精膜に変化する。

演習5 p.123～p.127の復習

問 卵割とウニの発生についての記述として最も適当なものを，一つ選べ。

① ウニや魚類の受精卵は，8細胞期まで等割を行う。
② 卵割では，間期の短い細胞周期がくり返される。
③ 卵割が終わると桑実胚となり，原腸胚，胞胚の順に発生が進む。
④ 二次間充織は将来，骨片に分化する。

演習6 p.128～p.131の復習

問 両生類の発生についての記述として**誤っているもの**を，一つ選べ。

① 灰色三日月環が生じた側が，将来の背側になる。
② 神経胚期になると，背側の外胚葉が神経板になる。
③ 神経堤細胞は中胚葉の間を移動していき，交感神経などになる。
④ 腎臓，心臓，肝臓は中胚葉から分化する。

演習7 p.132～p.140の復習

問 動物の発生のしくみについての記述として最も適当なものを，一つ選べ。

① ショウジョウバエの卵において，ビコイドmRNAが蓄積していた側が胚の後側になる。
② ショウジョウバエの発生において，ホメオティック遺伝子のはたらきによりアポトーシスが盛んに起こるようになる。
③ カエルの発生において，高濃度のノーダルが存在する側の中胚葉は，脊索に分化する。
④ カエルの初期胚の外胚葉細胞のBMP受容体にはBMPが結合しており，神経に分化するための遺伝子の発現が促進されている。

演習8 p.141～p.144の復習

問 被子植物の配偶子形成についての記述として最も適当なものを，一つ選べ。

① 花粉母細胞から精細胞が生じるまでに核分裂が5回起こる。
② 雄原細胞が分裂して精細胞と花粉管細胞になる。
③ 1個の胚のう母細胞が減数分裂をして，1個の胚のう細胞を生じる。
④ 被子植物の胚のうは，通常は8個の細胞からなる。

演習9　p.141～p.147の復習

問　被子植物の受精と種子形成についての記述として最も適当なものを，一つ選べ。

① 精細胞と卵細胞の受精とともに，精細胞と中央細胞の受精が起きる。
② 胚乳核をもつ細胞は減数分裂によって胚乳になる。
③ 受精卵の分裂によって幼芽や種皮が生じる。
④ シロイヌナズナの完成した種子は，栄養分を胚乳に貯蔵している。

演習10　p.145～p.147の復習

問　シロイヌナズナのABCモデルについての記述として最も適当なものを，一つ選べ。

① Aクラス遺伝子とBクラス遺伝子のはたらく領域にはおしべが分化する。
② Cクラス遺伝子が欠損している個体では，本来めしべが分化する領域に花弁が分化する。
③ Bクラス遺伝子が欠損している個体では，おしべが分化しない。
④ Aクラス遺伝子とBクラス遺伝子の両方を欠損している個体では，めしべが分化しない。

解答

演習1　②
➡ 有性生殖は配偶子を用いた生殖法で，雌雄の区別の有無は関係ありません。

演習2　③
➡ 1つの二価染色体にはDNAが4分子含まれていますね。

演習3　①
➡ 生じる配偶子の遺伝子型とその分離比は，
$AB:Ab:aB:ab$ =1：9：9：1です。

演習4　③
➡ 一次精母細胞の核相は$2n$です。また，受精膜は卵黄膜が変化したものでしたね。

演習5　②

➡ 桑実胚→胞胚→原腸胚の順に発生が進みますね。
そして，卵割が終わった段階は胞胚です。

右の写真は，家の近所で撮影した桑の実の写真だよ。
桑実胚に似ている……でしょ!?

演習6　④

➡ 肝臓は内胚葉から分化します！

演習7　③

➡ ホメオティック遺伝子に，②のようなはたらきはありません！

演習8　③

➡ 花粉母細胞から精細胞が生じるまでに，減数分裂をして，その後，2回分裂しますね！　したがって核分裂が4回起こります。

演習9　①

➡ ③種皮は珠皮が変化したもので，雌親の体細胞でできています。④シロイヌナズナの種子は無胚乳種子ですね。

演習10　③

➡ Bクラス遺伝子とCクラス遺伝子の両方がはたらく領域でおしべが分化するので，Bクラス遺伝子が欠損した個体ではおしべは分化しません。

1 植物の環境応答

植物には眼や耳はありませんが，環境要因を受容しているんです！

そう考えると，すごいですよね！

重力を受容して曲がったり，光を受容して気孔を開いたり……
楽しいよ～♥

そういえば，先生は植物大好きでしたね！

❶ 植物の反応

(1)　植物は重力，光，温度，水分，日長など様々な刺激を受容して，その刺激に対して反応しています。植物の反応は**屈性**（くっせい）と**傾性**（けいせい）に大別することができます。屈性は刺激の方向に対して一定の角度をもって曲がる反応，傾性は刺激の方向とは無関係に一定方向に曲がる反応です……。正確な表現だけど少しわかりにくいかな？

うーん，ちょっとイメージが……

(2)　屈性は，刺激の方向に近づくように曲がったり，遠ざかるように曲がったりするイメージです。例えば，植物の茎に横方向から光を照射すると，光の当たる方向に屈曲しますね。これが**光屈性**（ひかりくっせい）！　もっとちゃんというと，**正の光屈性**です。刺激の方向に近づけば「正」，遠ざかれば「負」です。様々な屈性を下の表にまとめてみました。

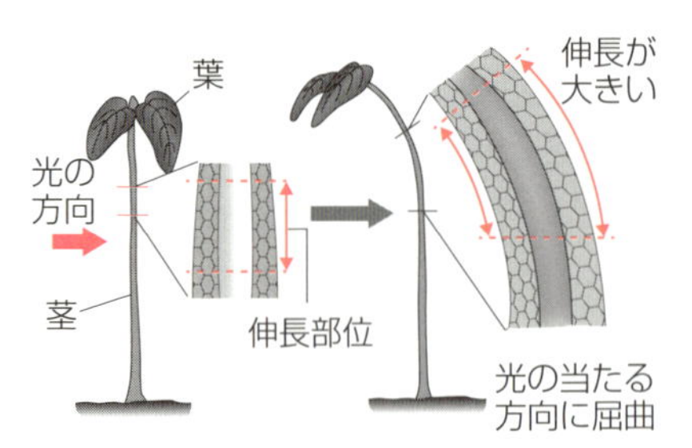

正の光屈性

様々な屈性

刺激	屈性	例
光	光屈性	茎（正），根（負）
重力	重力屈性	茎（負），根（正）
水分	水分屈性	根（正）
化学物質	化学屈性	花粉管（正）
接触	接触屈性	巻きひげ（正）

（　）内は刺激に対する屈性の方向を表す。

(3)　傾性の代表例はチューリップの**温度傾性**だよ！　チューリップの花は気温が上がると開き，気温が下がると閉じます。刺激に近づくとか，遠ざかるとかではないでしょう？

オジギソウの葉が接触刺激により急速に葉を閉じて「お辞儀」をする反応は**接触傾性**！　我が家のオジギソウの写真をどうぞ！

触る前

触ったあと

屈性や傾性は，どういうしくみで起こる反応なんですか？

(4)　よい質問です！　屈曲するしくみとしては大きく2種類！

1つ目は**成長運動**（せいちょううんどう）による屈曲です。植物のからだにおいて部分的に成長に差があると，植物体は曲がりますよね？

2つ目は**膨圧運動**（ぼうあつうんどう）による屈曲です。植物体内で水が動いて膨圧が変化することによる屈曲です。

成長運動による屈曲は元に戻せません。しかし，膨圧運動による屈曲は水を元に戻せば戻せます！　膨圧運動は可逆的！

❷　光受容体

(5)　植物が環境要因を受容するしくみは様々ですが，光の受容は特に重要です！　光をシグナル（＝情報）として受容するためのタンパク質は**光受容体**（ひかりじゅようたい）といいます。

光受容体には青色光を吸収する**フォトトロピン**と**クリプトクロム**，赤色光を吸収する**フィトクロム**があります。

「光屈性」は英語で phototropism ！
光屈性の際に光を受容するタンパク質だからフォトトロピン！

第5章　植物の環境応答

(6)　フォトトロピンは光屈性の他に気孔の開口などにも関わっています。クリプトクロムは茎の成長抑制などに関わっています。

ということは……　光屈性は青色光に対する反応なんですか？

その通り！　横から赤色光を当てても曲がらないんだよ！

(7)　フィトクロムは特に重要です！　詳しくシッカリと学びましょう。フィトクロムは**Pr 型**（赤色光吸収型）と**Pfr 型**（遠赤色光吸収型）の2つの型をとります。

赤色光（**R**ed light）を吸収するから Pr 型，遠赤色光（**F**ar **R**ed light）を吸収するから Pfr 型です！　語源から覚えよう！

(8)　Pr 型は赤色光を吸収して Pfr 型になり，Pfr 型は遠赤色光を吸収して Pr 型に戻り……，と可逆的に変化します。Pr 型のフィトクロムは不活性型であり，細胞質にあります。一方，Pfr 型のフィトクロムは活性型であり，核内に入り特定の遺伝子の発現を変化させることがわかっています。

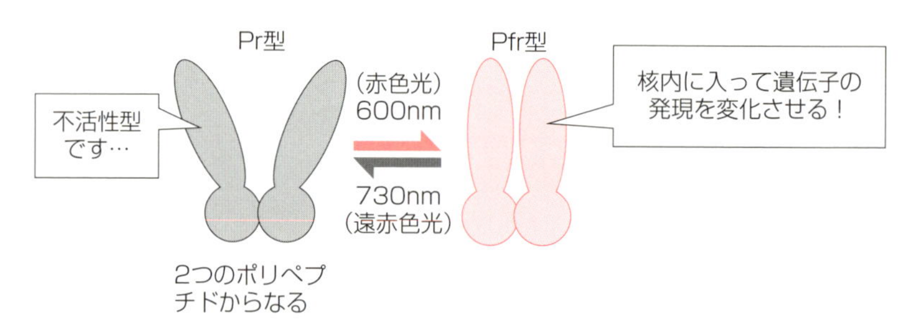

(9)　フィトクロムは，**光発芽種子**（ひかりはつがしゅし）の発芽（⇒ p.157），花芽形成（かがけいせい）（⇒ p.164）など様々な現象に関与します。

赤色光や青色光といえば，光合成でよくつかわれる波長の光ですよね。

(10)　鋭い指摘，その通りです。植物にとって赤色光や青色光をチャンと受容できるかどうかは，光合成をチャンとできるかどうかに直結しますので，非常に重要なんです。

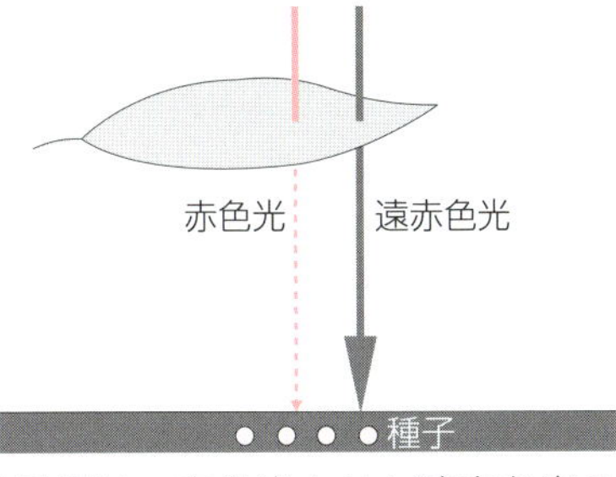

上に他の葉が茂っている右の図のような状況だと，上の葉によって赤色光が吸収されてしまいます。すると，葉を通ってくる光は，赤色光よりも遠赤色光の方が強くなります。

これはとっても重要知識です！　覚えておいてね！

➡演習1にチャレンジ！

第５章　植物の環境応答

種子の発芽

先日，娘といっしょにアサガオの種子をまいたんだよ。

ほのぼのした休日の１コマですね。

種子発芽のしくみをブツブツとささやきながらね！

お子さん小学生ですよね？　英才教育……（-_-;）

(1)　多くの植物では，種子がつくられると一旦**休眠**という状態になります。休眠は，環境条件が整ったとしても発芽できなくなっている状態で，これによって生育に適していない時期を乗り切ったり，この時期に種子が遠くまで運ばれたりします。種子がつくられる過程で**アブシシン酸**というホルモンが蓄積していき，アブシシン酸によって種子が休眠します。

(2)　オオムギなどの多くの植物の種子の発芽は，**ジベレリン**という植物ホルモンが胚でつくられることで促進されます。オオムギの種子の発芽の例を学びましょう！

(3)　胚が「発芽するぞ～！」ってなると，胚からジベレリンが分泌されます。ジベレリンは**糊粉層**の細胞に入って作用します。

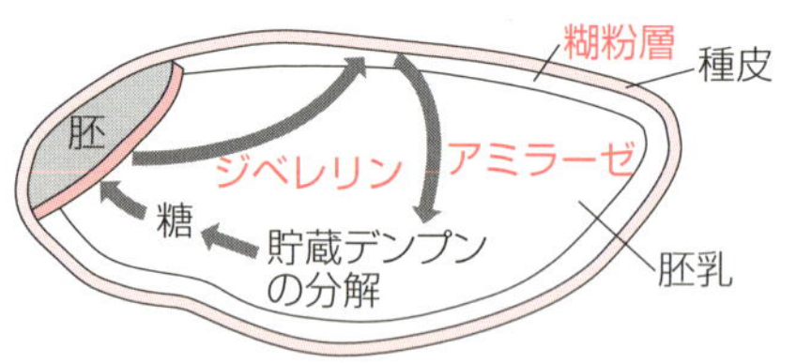

オオムギの発芽のしくみ

胚乳の最外層の部分が糊粉層だよ！

　すると，糊粉層の細胞で**アミラーゼ**が合成され，これが胚乳に分泌される！そして，胚乳に蓄積されている貯蔵デンプンがアミラーゼによって分解されて，糖が生じます。生じた糖によって浸透圧が上昇して吸水を促進したり，糖をつかって呼吸が促進されたりすることで，胚が成長して……，種皮をバリっと破って発芽するんです。

糊粉層の細胞では，休眠中はアミラーゼ遺伝子の転写が抑制されていますが，ジベレリンによって抑制が解除されます。

(4)　発芽が光によって促進される種子があり，**光発芽種子**といいます。**レタス**，**タバコ**，マツヨイグサの種子などが代表例です。

どんな波長の光でも発芽が促進されるわけではありません！　発芽の促進には，赤色光が有効です。ということは……

フィトクロムですね！

(5)　大正解！　胚にあるフィトクロムが赤色光を吸収して Pfr 型になると，ジベレリンの合成が促進されるんです。しかし，フィトクロムの変化は可逆的なので，赤色光を照射した直後に遠赤色光を照射すると，赤色光の効果が打ち消されてしまい，発芽できません。

赤→遠赤→赤→……と交互に照射した場合，最後に照射した光の効果が現れるんです！　右の図を参照♪

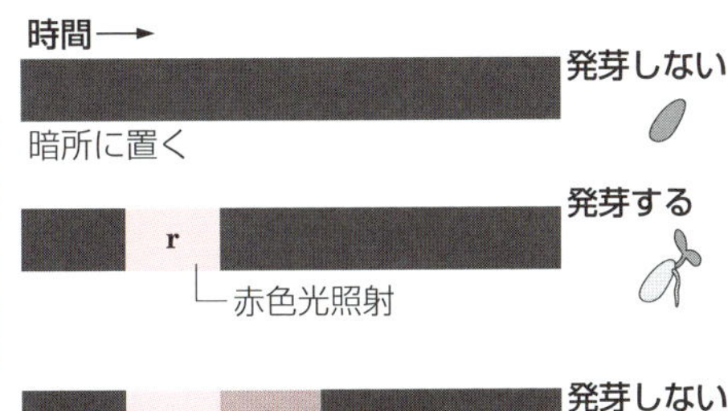

(6)　赤色光で発芽が促進され，遠赤色光で発芽が抑制されるんですね。これにはどういう意義があるでしょう？　155ページにヒントがありますよ～！

あっ！　上に葉が茂っているような環境では発芽しないということですね!!　なるほどっ!!

その通りです。上に葉が茂っているような環境で発芽して，光合成ができずに枯死してしまうなんていう悲劇を防ぐことができますね。ですから，光発芽種子をつくる植物は基本的に陽生植物（←光補償点の高い植物だよ！）なんです。陰生植物だったら，上に葉が茂っている環境でも生育できるもんね。

(7)　光発芽種子とは逆に，光によって発芽が抑制される種子もあり，**暗発芽種子**といいます。カボチャなどが暗発芽種子をつくる植物の代表例です。一般に，暗発芽種子は大型で多くの栄養分を蓄えている種子なんですよ。

➡演習2にチャレンジ！

第５章　植物の環境応答

成長の調節

「植物が成長した！」って言うと，どんなイメージ？

草丈が高くなるイメージですかね？

草丈が高くなったのかもしれないし，肥大したのかもしれないし，ヒョロヒョロと異常な成長をしたかもしれないね。

そう言われればそうですけど……

(1)　植物の成長の調節には様々な植物ホルモンがはたらいているんですが，**オーキシン**というホルモンが特に重要！　オーキシンは，植物細胞の成長を促進する物質の総称で，植物が合成するオーキシンは主に**インドール酢酸**（IAA）という物質です。

ギリシャ語で「成長」という意味の auxein という単語が語源です。

(2)　オーキシンは主に成長している植物の先端部で合成され，下部の細胞に作用します。オーキシンが作用した細胞では，細胞壁がやわらか～くなり，吸水することで伸長できるようになります。

(3)　先端部でつくられたオーキシンは基部（←『根元の部分』という意味）側に向かって移動します。この移動は方向性をもった移動で**極性移動**といいます。オーキシンの極性移動には2種類のタンパク質が関与しています。

右の図中の▲はオーキシンを取り込むタンパク質，□はオーキシンを排出するタンパク質だよ！

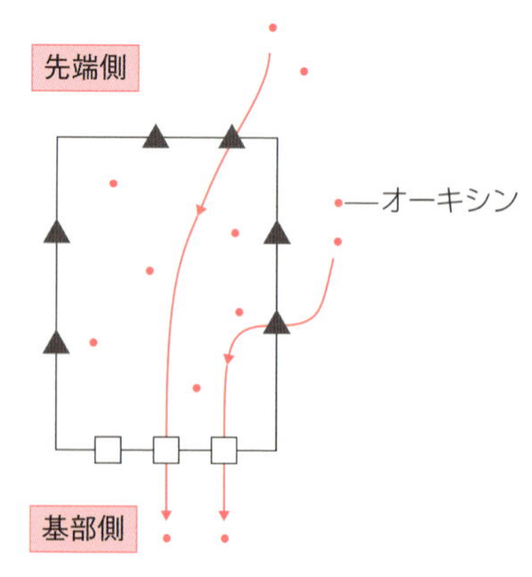

たしかに，これだとオーキシンは先端側から基部側に向かって移動しますね！

そうでしょ‼　次にオーキシンと光屈性の関係について学びましょう！

❶　オーキシンと屈性

(4)　横方向からの青色光を**フォトトロピン**が受容すると，先端部の細胞においてオーキシンを排出するタンパク質が，先端部側だけでなく，陰(かげ)側に移動するようになります。その結果，オーキシンの多くが陰側に輸送され，陰側を下降するんです。その結果，陰側の方が大きく成長するので，光の方へと屈曲します。

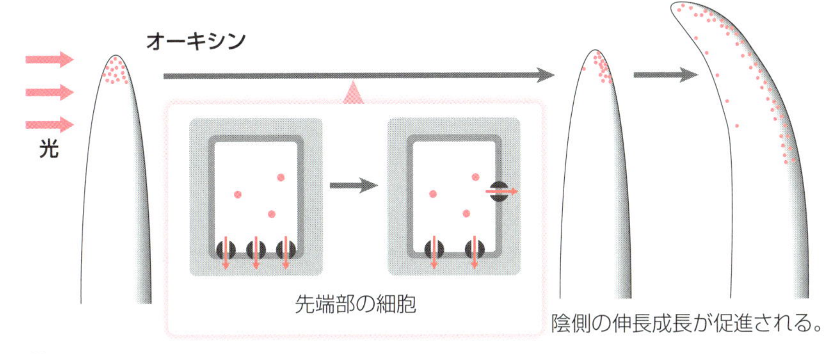

オーキシンは根の成長にも影響しますよ！

(5)　根におけるオーキシンの移動を学びましょう！

通常の状態(右の図)では，根の中心部を下降して**根冠**(こんかん)に到達したオーキシンは，Uターンして基部側へと戻っていき，根の伸長部に作用します。

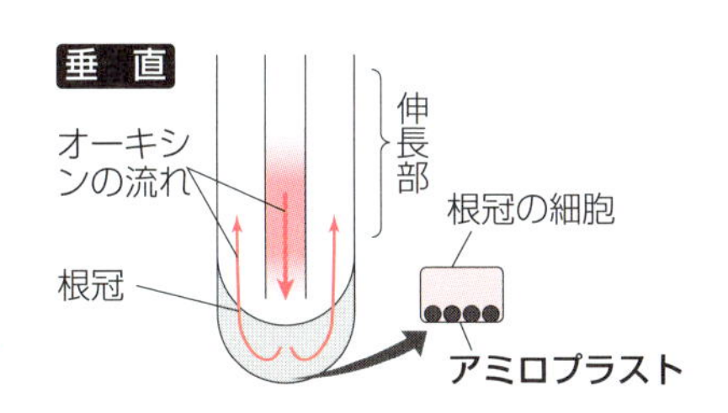

(6)　植物を横にした場合はどうなるでしょう？

根冠の一部の細胞には**アミロプラスト**という重たい細胞小器官があります。根を水平に置くと，アミロプラストが重力側に移動することで植物は重力の方向を感知するんです。

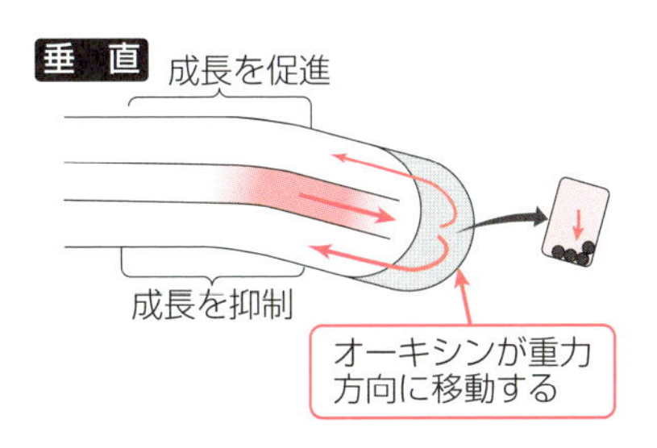

第5章　植物の環境応答

その結果，重力側のオーキシン濃度が高くなり，成長が抑制されるので，根は重力側に屈曲します。**正の重力屈性**ですね！

あれっ？
オーキシンは成長を促進するんじゃなかったですか？

(7)　オーキシンの成長に対する影響は濃度によって変わるんです！

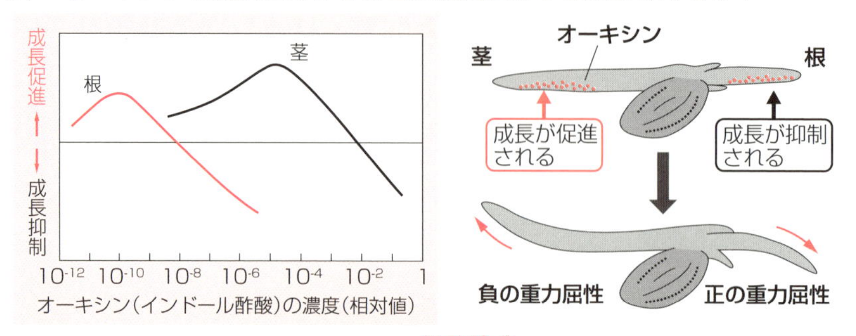

オーキシンによる成長促進効果には**最適濃度**があり，器官によってその濃度が異なります。茎の最適濃度は根の最適濃度の約10^5倍です！　桁違いに高いでしょ？

そして，オーキシンは濃度が高すぎると成長を抑制しちゃうんです。ですから，植物を横にすると茎でも根でも重力側のオーキシン濃度が高くなるんですが……

茎は高濃度のオーキシンで重力側の成長が促進されて上に屈曲，根は高濃度のオーキシンで重力側の成長が抑制されて下に屈曲します！

おぉ！　茎は負の重力屈性，根は正の重力屈性を示しますね！

(8)　これで，オーキシンによる成長の調節は完璧だよ！　それでは，他の植物ホルモンが絡む成長の調節について学んでいこうね。植物にとって縦方向に伸長するのか，横方向に肥大するのかというのは重要です。これには，細胞壁のセルロースの配列が重要なんです。下の図を眺めてから次のページに進みましょう。

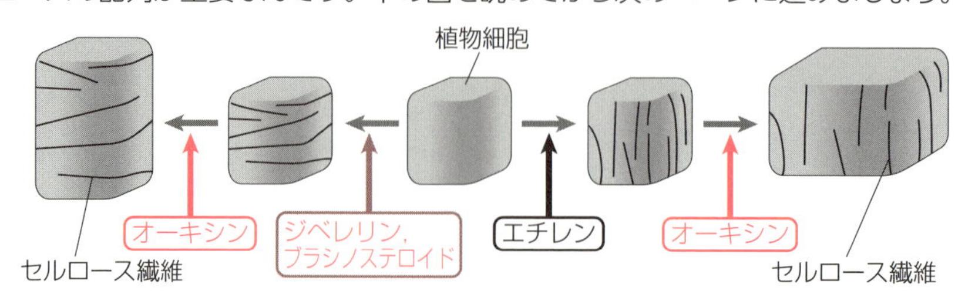

(9)　**ジベレリン**や**ブラシノステロイド**が作用すると，横方向のセルロース繊維が増えます。セルロース繊維は伸びにくいので，オーキシンによって細胞が成長する際には横方向に成長できず，縦方向に成長します。植物がヒョロヒョロ〜っと伸びていくイメージ！　一方，植物がモノにぶつかるなどの接触刺激を受けると合成される**エチレン**は，縦方向のセルロース繊維を増やします。

そうすると，縦方向に成長できなくなるんですね！

❷　頂芽優勢

(10)　**頂芽**（ちょうが）は植物のてっぺんにある芽，**側芽**（そくが）は途中にある芽のことだよ。頂芽が活発に成長しているときは，側芽の成長が抑制されます。この現象を**頂芽優勢**（ちょうがゆうせい）といいます。

「今は上に成長したい！　横に枝を伸ばすのは後回し !!」という植物のキモチを感じる？

(11)　しかし，頂芽を切り取ると側芽が成長を始めます。ということは，頂芽の存在によって側芽の成長が抑制されていたっていうことですね。そして，頂芽を切り取っても切り口からオーキシンを与えると，側芽の成長が抑制されたまま維持されます。ということは，頂芽から供給されるオーキシンによって側芽の成長が抑制されていたことになります。

(12)　側芽の成長を促進する**サイトカイニン**というホルモンがあります。頂芽からオーキシンが下降してくると，サイトカイニンの合成が抑制されちゃいます。その結果，サイトカイニンを側芽に供給できなくなるため，側芽の成長が抑制されるんです！

オーキシンが間接的に側芽の成長を抑制しているイメージですね。

➡演習3にチャレンジ！

4 環境の変化に対する応答

我が家のアサガオの葉が虫に食われちゃってね～

まぁ，しょうがないですよね。

でも，植物は食害や病原体などから身を守るしくみをもっているんだよ。

免疫みたいなイメージでしょうか？　どんなしくみなんだろう⁉

(1)

そもそも，**孔辺細胞**の構造の特徴は知ってるかい？

孔辺細胞は細胞壁の厚みが均一じゃないんです。気孔側の細胞壁が厚くてあまり伸縮しません。だから，孔辺細胞の膨圧が高くなると，外側の細胞壁の方が大きく伸ばされるので，孔辺細胞が曲がるんです。その結果，気孔が開きます（右の図）。

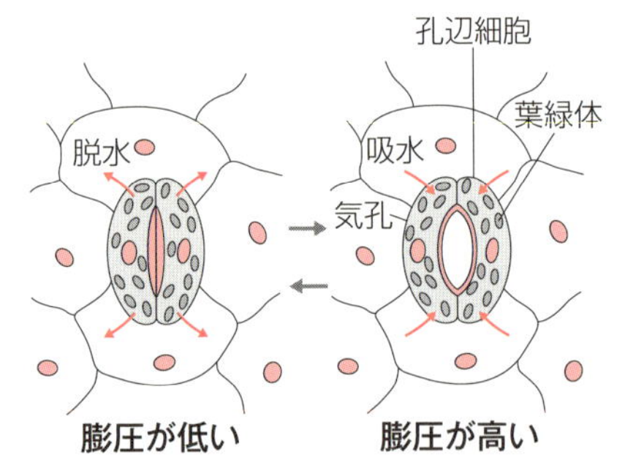

(2)　葉に光が照射されると，**フォトトロピン**が青色光を吸収し，これによってK^+が孔辺細胞に流入します。すると，孔辺細胞の浸透圧が上がり，水を吸収し……，膨圧が大きくなります。

そして，孔辺細胞が曲がって気孔が開くんですね。

(3)　植物は乾燥した環境に置かれると，気孔を閉じて蒸散を抑制することで，水分の喪失を防ぎます。このとき，葉で**アブシシン酸**が合成され，アブシシン酸によって孔辺細胞からK^+が排出されます。すると孔辺細胞内の浸透圧が低下し，細胞外へと水が出ていきます。

そして，膨圧が下がって孔辺細胞がまっすぐな形に戻って，気孔が閉じるんですね。なるほど !!

すばらしい！　完璧だ！

(4)　「天敵の虫が襲ってきた～」というのも，ある意味で環境の変化といえます。植物の葉が食害を受けると，**ジャスモン酸**というホルモンがつくられます。ジャスモン酸は食害を受けた葉だけでなく，離れた部位の葉に対しても作用し，昆虫の消化酵素のはたらきを阻害する物質をつくらせます。

葉を食べたのはいいけど……，うまく消化できないなぁ。そういえば，なんかお腹が痛いかも……（>.<）

(5)　「病原体が襲ってきた～」というときについて考えましょう。植物が病原体に感染すると，感染した部位では，その周囲の細胞が細胞死をすることで，病原体の感染拡大を阻止します。また，病原体に対する抵抗性を高めるような物質をつくります。

ウイルス

まわりに生きている細胞がないと，感染を拡大できないよ～（>.<）

(6)　では「寒いよ～」という状況を考えてみましょう。

細胞が凍結してしまうと生体機能が維持できなくなります。そこで，植物は低温を感知すると，糖やアミノ酸を合成します。そうすると凝固点が下がり，凍結を防ぐことができます。

野菜などに対して低温を経験させることで甘みや旨味を増やせる理由がこれだよ！

(7)　今度は「暑いなぁ～」という状況を考えてみましょう。

温度が上昇するとタンパク質の変性が起きてしまいます。そこで，**シャペロン**（⇒ p.17）が活発に合成され，変性したタンパク質の立体構造を修復しています。

植物が，一生懸命に環境の変化に対応している姿に感動しました !!!

➡演習4にチャレンジ！

第５章　植物の環境応答

花芽形成と結実の調節

キクの花っていつ咲く？

秋のイメージ……

正解！　そういう常識って大事！　コスモスは？

秋です！　漢字で書くと「秋桜」ですもん！

(1)　生物が日長や夜長の変化に反応することを**光周性**といいます。多くの植物の**花芽**形成は光周性によって起こることが知られています。花芽は，茎頂分裂組織（←茎や葉をつくる分裂組織）が変化して生じた「花をつくる芽」のことです。

❶　花芽形成と光

(2)　コムギ，アブラナ（右の写真），ホウレンソウなどは，日長が一定以上になると花芽が形成されます。このような植物を**長日植物**といいます。

アサガオ，ダイズ，キク，コスモス（右下の写真）などは，日長が一定以下になると花芽が形成されます。このような植物を**短日植物**といいます。

また，これらに対して花芽形成に日長が関わらない植物を**中性植物**といい，トマト，エンドウ，トウモロコシなどが代表例です。

では，植物はどうやって日長変化を感じるんだろう？

(3)　短日植物と長日植物をつかって，人工的に日長を変化させて花芽形成の有無を調べた結果を模式的に示したものが次のページの図です。

図中の限界暗期というのは，花芽形成が起きるかどうかの境界の連続暗期のことで，実際，その長さは植物ごとに決まっています。

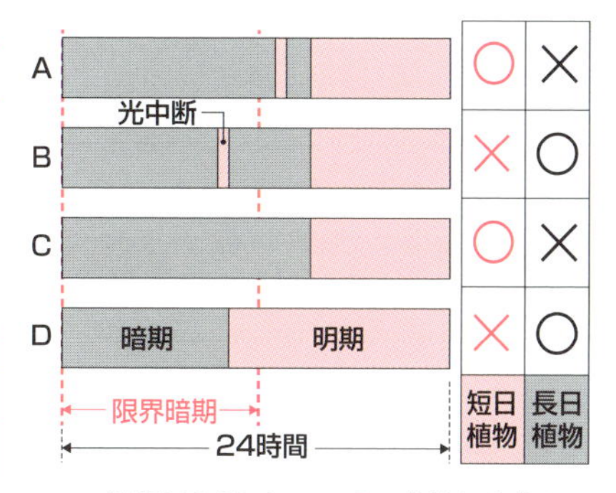

短日植物は連続暗期が限界暗期を超えるようになると花芽を形成するんです！

先生,「連続暗期が……」ってことは，夜の長さが重要なんですか？

その通りです！　BとCの実験は日長（＝明期の長さ）が同じなのに結果が異なりますよね。BとDの実験は日長が異なるのに同じ結果です。だから，日長によって花芽形成の有無が決まるわけではなさそうですね？

さらに，Bの実験では，暗期の途中に短時間の光照射をしています。合計の暗期の長さはCの実験とほぼ同じなのに，結果が異なりますので，合計の暗期の長さで花芽形成の有無が決まるわけでもなさそう！

BとDの結果が同じになっていることもあわせて考えれば，確かに連続暗期が重要と考えられますね！

そういうことです！　Bの実験では暗期の途中の光照射により結果が変わっています。このような結果が変わるような光照射は光中断とよびます。

❷ 花芽形成のしくみとフロリゲン

(4)　植物が連続暗期の長さを感知している場所は葉です！　葉で連続暗期の長さを感知すると，そこで花芽形成を促進するホルモンであるフロリゲンがつくられ，これが師管を通って茎頂分裂組織に作用します。ですから，実験的に葉をすべて除去してしまった植物では，日長条件が整っても花芽形成することができません。

(5)　右の実験結果をみてみよう！　つかった植物はオナモミなどの短日植物です。灰色で囲んだ葉だけ**短日処理**（＝限界暗期以上の連続暗期を与える処理）をし，その葉のすぐ上部の茎に**環状除皮**をしました。

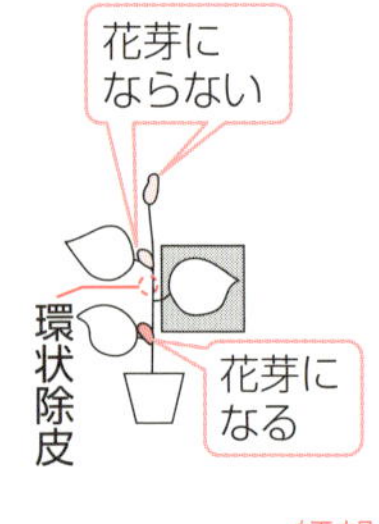

環状除皮は，茎の形成層より外側を削り取る操作です（右下の図を参照）。これにより，師管が途切れてしまいますね。

環状除皮をした位置より上部の茎頂分裂組織にはフロリゲンが到達できず，花芽にならなかったんです。

(6)

フロリゲンは葉でつくられて，師管を通って……，そもそも，フロリゲンって何なんですか？　タンパク質？

おおっ！　奇跡の正解！　フロリゲンはタンパク質です！　フロリゲンの実体であるタンパク質は発見までの紆余曲折のせいで，植物によって名前が違うんですね，困ったことに。

シロイヌナズナのフロリゲンは**FT**，イネのフロリゲンは**Hd3a**というタンパク質です。

❸ 春　化

(7)　コムギは長日植物ですよね。コムギの中でも秋まきコムギは，秋に種をまいて翌年の初夏に花芽形成します。しかし，秋まきコムギの種を春にまいても初夏に花芽形成できないんです。

日長条件以外の要因が関わっているんでしょうか？

そうなんです。春にまいた種子が発芽したところで，0～10℃の低温条件下にしばらく置いてから生育させると，初夏に花芽形成するんです。つまり，低温の経験がないと日長条件が整っても花芽形成しないんです。このように，低温の経験によって花芽形成などの現象が促進されることを**春化**といいます。

春化は，春と秋を間違えないためのしくみと考えられます。

❹ 果実の成熟・落果，落葉

(8)　花が咲いたら，受精して，種子ができて……，果実ができます。

受精が起きて種子が形成されるとともに，オーキシンとジベレリンによって果実の形成が促進されます。さらにエチレンによって果実の成熟が促進されます。エチレンは気体ですので，成熟した果実から放出されたエチレンが，周囲の果実の成熟を促進することができます！

果物を早く熟させたければ……，
熟した果物といっしょに置いておけばいいんですよ！

(9)　花に対して人工的にジベレリンを与える処理をすると，受粉せずに果実の形成と成長を促進させることができる植物があります。このようなジベレリンのはたらきは，**種なしブドウ**の生産などに応用されています！

(10)　熟した果実はやがて「ぽとっ！」と落ちます。これが落果です。落果と落葉はともに**離層**（りそう）（右の図）という細胞層をつくることで能動的に起こることが知られています。

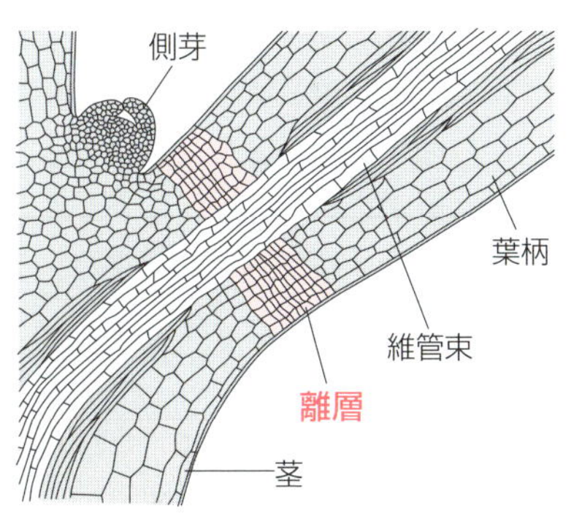

「果実や葉が落ちちゃう」ではなく「果実や葉を落とす」んです！

離層の形成はエチレンによって促進され，オーキシンによって抑制されます。離層が形成されると，細胞壁が酵素によって分解され，細胞どうしの接着が弱まって……，ポトっと落ちるんです！

若くて活発に光合成をしている葉は，オーキシンを盛んに合成しているので，葉柄（ようへい）の部分の細胞がエチレンによる作用を受けにくくなり，離層が形成されません。

植物の環境応答は以上です!!

➡演習5にチャレンジ！

知識を定着させるための徹底演習

演習１　p.152～ p.155の復習

問　植物の環境応答についての記述として最も適当なものを，一つ選べ。

① 植物の茎の正の光屈性は膨圧運動による屈曲である。

② チューリップの花の開花は温度傾性により起こる。

③ フィトクロムやフォトトロピンは青色光受容体である。

④ Pr 型のフィトクロムは，核内に入って遺伝子の発現を変化させる。

演習２　p.156～ p.157の復習

問　種子の発芽についての記述として**誤っているもの**を，一つ選べ。

① アブシシン酸は，種子の休眠を維持させるはたらきをもつ。

② オオムギの種子では，胚乳でつくられたジベレリンが糊粉層の細胞に作用する。

③ レタスやタバコの種子は，光発芽種子である。

④ 上部に葉が茂っている環境では，光発芽種子は発芽しにくい。

演習３　p.158～ p.161の復習

問　オーキシンについての記述として最も適当なものを，一つ選べ。

① 横方向からの光を茎が受容すると，オーキシンが光照射側に多く分布するようになり，正の光屈性を示す。

② 茎の細胞では，基部側の細胞膜に多くのオーキシン排出タンパク質が多く存在している。

③ 水平に置いた根の根冠では，オーキシンが重力の反対側に移動してから基部側へと戻っていく。

④ 茎の成長に対するオーキシンの最適濃度は，根の成長に対するオーキシンの最適濃度よりも低い。

演習 4 p.162〜p.163の復習

問 植物の環境変化への応答についての記述として最も適当なものを，一つ選べ。

① 孔辺細胞のフォトトロピンが青色光を受容すると，孔辺細胞の浸透圧が低下し，気孔が開く。
② 植物が低温を感知するとジャスモン酸をつくり，細胞の凍結を防ぐ。
③ 植物が物理的刺激を受容するとエチレンが合成され，伸長成長が抑制される。
④ 植物が温度の上昇を感知するとアブシシン酸をつくり，葉の温度を低下させる。

演習 5 p.164〜p.167の復習

問 花芽形成についての記述として最も適当なものを，一つ選べ。

① ダイズは短日植物，アサガオは長日植物である。
② 長日植物は限界暗期よりも長い連続暗期により，花芽形成が促進される。
③ フロリゲンは葉でつくられ，師管を通って移動する。
④ イネのフロリゲンはFTというタンパク質である。

解答

演習 1 ②

➡ フィトクロムは青色光を吸収しません。Pfr 型が活性型ですよ。

演習2 ②

➡ ジベレリンは胚でつくられます。

演習3 ②

➡ これによってオーキシンは先端部から基部側へと極性移動できます。

演習4 ③

➡ アブシシン酸により気孔が閉じると，蒸散量が減少し，葉の温度が低下しにくくなります。

演習5 ③

➡ ダイズもアサガオも短日植物です。イネのフロリゲンは Hd3a でしたね。

第６章　動物の環境応答

神経系とニューロン

試験の前とか緊張する？

はい，私，メッチャ緊張します！

緊張したり，イライラしたりするのが「nervous」
ラテン語で神経繊維を意味する nervus が語源！

緊張を和らげるアドバイスをくれるわけではないんですね……

❶　刺激の受容

(1)　動物は外界からの刺激を**受容器**で受けとり，刺激に応じた反応を起こします。このとき反応を起こす筋肉などを**効果器**（作動体）といい，脳のような**中枢神経系**が末しょう神経を介して受容器と効果器の間の連絡をしています。

ヒトの受容器の例を下の表にまとめました！
なお，**適刺激**は受容器が受容できる刺激の種類のことです。
眼と耳についてはあとでシッカリ学びましょう！

適刺激	受容器	受容器内の部位	生じる感覚
光	眼	**網膜**	視覚
音波	耳	**うずまき管**	聴覚
からだの傾き		**前庭**	平衡覚
からだの回転		**半規管**	
空気中の化学物質	鼻	嗅上皮	嗅覚
液体中の化学物質	舌	味蕾	味覚
接触刺激	皮膚	圧点	圧覚（触覚）
圧力，化学物質		痛点	痛覚
高温		温点	温覚
低温		冷点	冷覚

❷ ニューロン

(2)　神経系を構成する基本単位は**ニューロン**（神経細胞）です。ニューロンの構造は下の図を見てください。ニューロンは，核のある**細胞体**，長く伸びた突起である**軸索**（神経繊維），枝分かれした短い突起である**樹状突起**という3つの部分からなります。多くの軸索は，**シュワン細胞**という細胞が巻きついてできた**神経鞘**という薄い膜で包まれています。

私たち脊椎動物の神経繊維の多くにはシュワン細胞が何重にも巻きついた**髄鞘**という構造が存在しており，**有髄神経繊維**とよばれます。一方，無脊椎動物の神経繊維には髄鞘がなく，**無髄神経繊維**とよばれます。

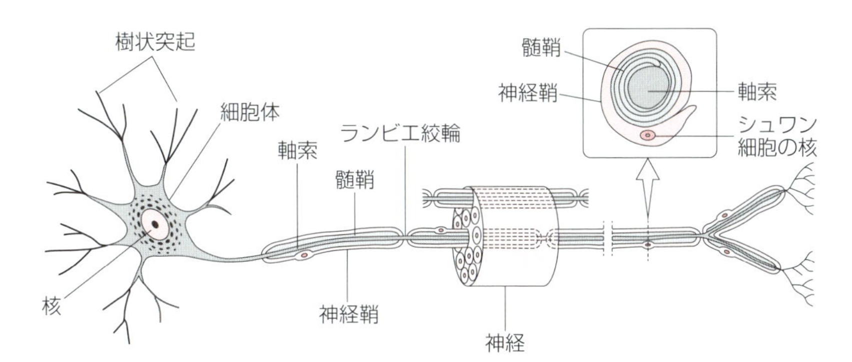

図の**ランビエ絞輪**って，何ですか？

髄鞘の切れ目の部分のことだよ。
フランスのランビエさんが発見したことにちなんだ名前です。

なお，神経繊維が何本も集まって束になったものを**神経**といいます。

神経は神経繊維の束！　神経は束 !!　神経は束だよ !!!

(3)　ニューロンにはいろいろなものがあるんだけど，大きく次の3つに分けられます。

①**感覚ニューロン**：受容器で受けとった情報を中枢に伝える。 ②**介在ニューロン**：中枢神経系を構成し，複雑な神経ネットワークを形成する。 ③**運動ニューロン**：中枢からの情報を効果器に伝える。

感覚ニューロンは下の図のように軸索が枝分かれしたような構造をしているんですよ！

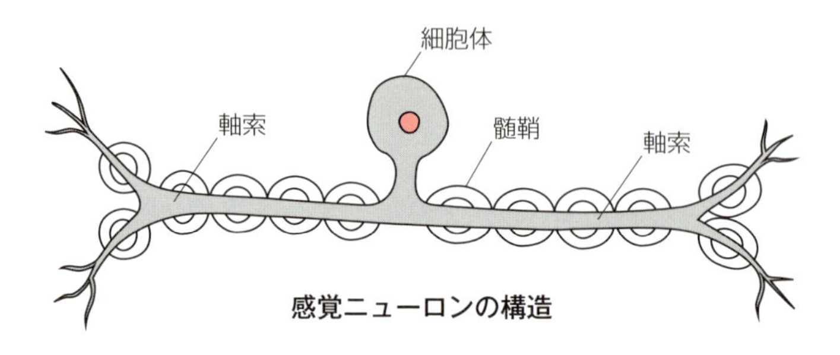

感覚ニューロンの構造

ニューロンの興奮

ジェットコースターとか興奮するよね！

そうですね。いきなりどうしたんですか？

生活の中で使う「興奮」と，この分野で使う「興奮」は少しニュアンスが違うから注意してね。

それを言いたかったんですね。

❶ 静止電位

(1)　ニューロンの軸索内に電極を入れ，刺激を受けていない状態での細胞内外の電位を測定すると，細胞膜の外側が正（＋），内側が負（−）に帯電しています。このときの細胞膜の内外での電位の差を**静止電位**（せいしでんい）といいます。

「電位」は，電気的なエネルギーの高さのことです。

(2)　軸索の細胞膜では**ナトリウムポンプ**がはたらいており，細胞外は Na^+ 濃度が高く，細胞内は K^+ 濃度が高くなっています。そして，細胞膜には常に開いている**カリウムチャネル**があり，このチャネルを通って K^+ が細胞外にもれ出すため，細胞膜の外側は正に帯電しているんですよ。

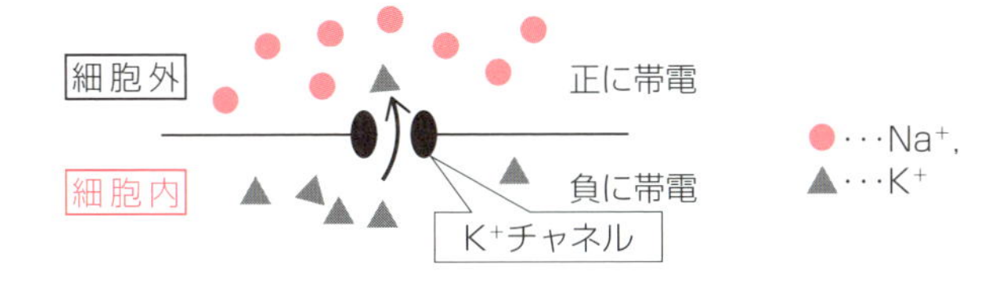

❷ 活動電位と興奮

(3)　ニューロンに刺激を与えてみましょう！　そうすると，細胞内外の電位が瞬間的に逆転して……，もとに戻ります。この電位変化を**活動電位**（かつどうでんい）といい，活動電位が発生することを**興奮**といいます。

どういうしくみで電位が逆転するんですか？

(4)　ニューロンの細胞膜には，電位変化によって開く**ナトリウムチャネル**（←**電位依存性ナトリウムチャネル**）あります。刺激を受けるとこのチャネルが開き，Na^+が……，

細胞内に入りますね！　あっ，そうすると細胞内が正になる！

その通り！　そして，ちょっとだけ遅れて**電位依存性カリウムチャネル**が開き，K^+が流出することでもとの電位に戻ります。

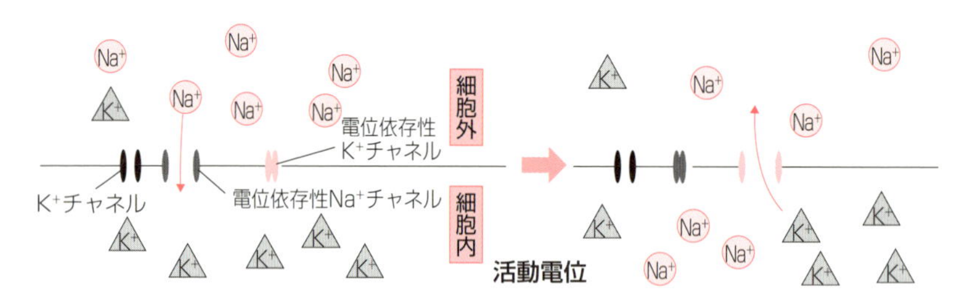

(5)　活動電位のようすを測定したグラフが右の図だよ。細胞膜の外側を基準に細胞内の電位を測定しているので，静止電位の状態では負になっているね（❶）。

このグラフでは，静止電位の大きさは60mVです。そして，Na^+の流入によって細胞内の電位が正になります（❷）。そして，K^+の流出によってもとの電位に戻っています（❸）。このグラフでは，活動電位の最大値は100mVです。

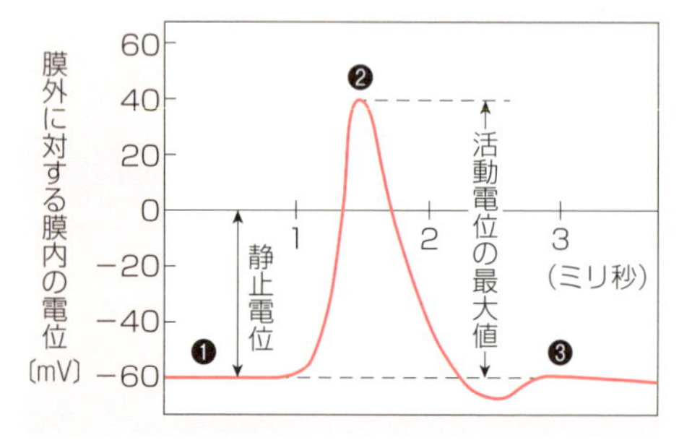

(6)　重要な用語の確認をします！　膜電位が静止電位の状態から正の方向に変化することを**脱分極**，負の方向に変化することを**過分極**といいます。覚えておいてください。

➡演習1にチャレンジ！

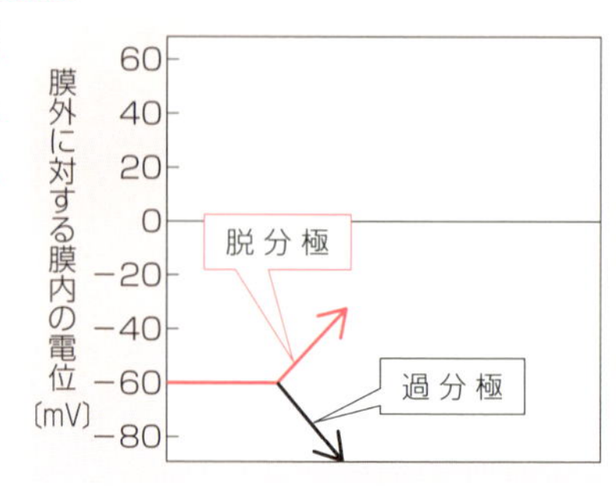

3 興奮の伝導と伝達

脊椎動物の神経繊維の多くは有髄神経繊維だね。

はい，ちゃんと覚えてますよ！

有髄神経繊維はスゴイんだよ！　何がスゴイかわかる？

髄鞘が何かするのかな……，ブツブツ……

❶ 興奮の伝導

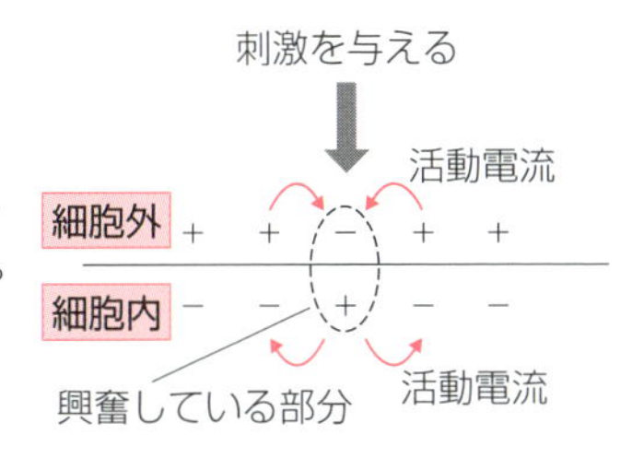

(1)　ニューロンが刺激を受けて興奮すると，隣接する静止部との間に局所的な電流が流れます。この電流を**活動電流**といいます。電流はプラスからマイナスに流れるので，右の図のような方向に流れます。

この電流が刺激となって隣接部が興奮します。そして，さらに隣接する部分に電流が流れて……，という具合に興奮がドンドンと軸索を伝わっていきます。これを興奮の**伝導**といいます。

(2)

興奮している部位と，直前に興奮していた部位の間では電流が流れないんですか？

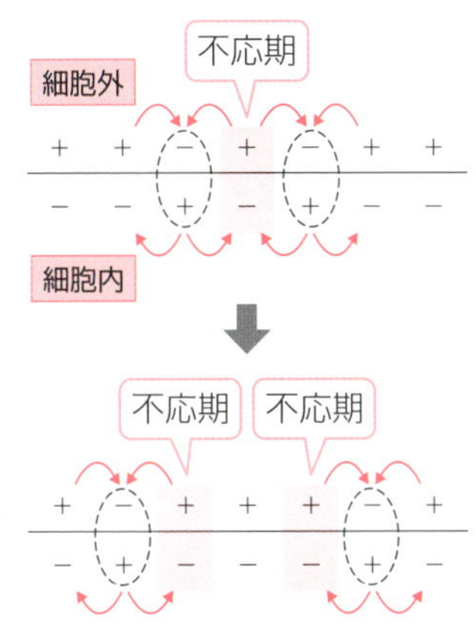

非常に鋭い質問ですね！　右の図のように，軸索の途中に刺激を与えた場合，刺激を受けた部位からその隣接部に興奮が伝導すると，直前に興奮していた部位との間で活動電流が流れます。

しかし，興奮が終わった直後の部位はしばらく刺激に反応できない**不応期**という状態になっていて，興奮しません。ですから，興奮がＵターンするような伝導は起こらないんですよ。

❷ 跳躍伝導

(3)　さぁ，冒頭の質問の答えに迫っていこう！　有髄神経繊維の髄鞘は絶縁性が高いので，髄鞘の部分には活動電流が流れないんです。ですから，有髄神経繊維では活動電流がランビエ絞輪からランビエ絞輪に流れ，興奮がランビエ絞輪の間を跳躍するように伝導します。このような伝導を**跳躍伝導**といいます。

　有髄神経繊維は跳躍伝導を行うため，興奮を伝導する速度が無髄神経繊維よりもはるかかに大きいんです。有髄神経繊維，スゴイね！

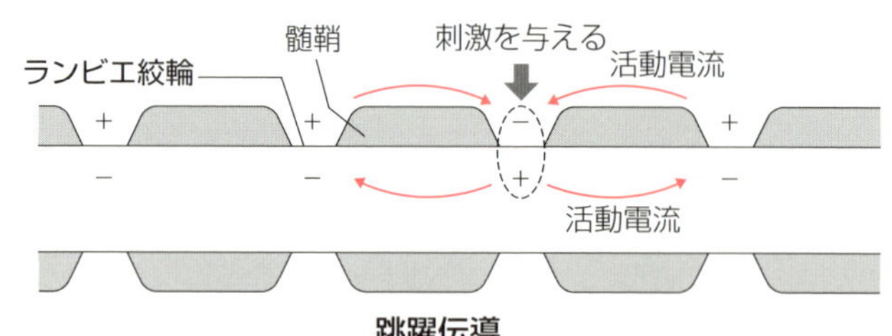

跳躍伝導

跳躍伝導は1938年に田崎一二さんによって発見されました。1938年ですよ！　かなり，昔ですよね？

❸ 興奮の伝達

(4)　興奮が軸索末端（神経終末）まで伝導していくと，他のニューロンに興奮を伝えます。これを興奮の**伝達**といいます。伝導と間違えないように注意してくださいね！

　軸索末端は，ちょっとだけ隙間を隔てて他のニューロンや効果器と連絡しており，この部分を**シナプス**といいます。興奮は軸索末端から次の細胞へと一方向に伝達します。シナプスで興奮を送る側の細胞が**シナプス前細胞**，受け取る側の細胞が**シナプス後細胞**です。シナプスの隙間そのものは**シナプス間隙**とよばれ，シナプス間隙に面したシナプス前細胞の細胞膜が**シナプス前膜**，シナプス後細胞の細胞膜が**シナプス後膜**です。

用語がいっぱい出てきましたけど，そのまんまの名前の用語ばかりなので，覚えやすいはず!!　がんばろう！

　では，伝達のしくみについて次のページの図を見ながら学んでいきましょう。

(5)　軸索末端には，興奮の伝達を担う**神経伝達物質**という物質を含んだ**シナプス小胞**があります。興奮が軸索末端まで伝導すると，**電位依存性カルシウムチャネル**が開き，Ca^{2+}が細胞内に流入します。すると，シナプス小胞がシナプス前膜と融合し，神経伝達物質がエキソサイトーシスによりシナプス間隙に放出されます！

シナプス後膜には神経伝達物質の受容体としてはたらくイオンチャネルがあります。このイオンチャネルは神経伝達物質が結合すると開き，細胞外のイオンがシナプス後細胞に流入します。その結果，シナプス後細胞で膜電位が変化します。この変化を**シナプス後電位**といいます。シナプス後電位が生じることでシナプス後細胞に興奮などの反応が起こります（下の図）。

シナプス後電位は英語で postsynaptic potential，略して PSP です！

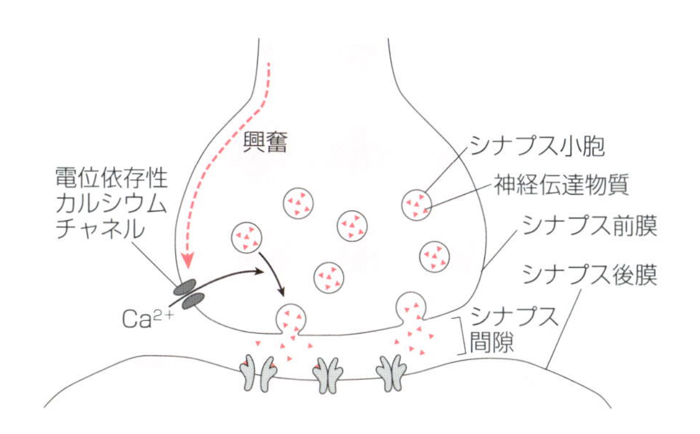

(6)　放出された神経伝達物質は，シナプス前細胞に回収されたり，酵素によって分解されたりするので，いつまでもダラダラと伝達の効果が持続するようなことはないんですよ！

神経伝達物質にはどんなものがあるんですか？

運動神経や副交感神経が用いる**アセチルコリン**が有名だね。多くの交感神経が用いる**ノルアドレナリン**とか，中枢神経系の一部のニューロンが用いる**γ-アミノ酪酸**（GABA）なども重要だよ。

❹ 興奮性シナプスと抑制性シナプス

(7)　シナプスには，放出される神経伝達物質の種類によって，シナプス後細胞を興奮させる興奮性シナプスと興奮を抑制する抑制性シナプスがあります。

興奮性シナプスの受容体はナトリウムチャネルであり，シナプス後細胞に脱分極を起こします。この電位変化を**興奮性シナプス後電位**（**EPSP**）といいます。逆に，抑制性シナプスの受容体は塩化物イオン（Cl^-）を通すチャネルであり，シナプス後細胞に過分極を起こします。この電位変化を**抑制性シナプス後電位**（**IPSP**）といいます。

E は excitatory の頭文字，I は inhibitory の頭文字です。

(8)　EPSP により膜電位が**閾値**まで脱分極すると……，シナプス後細胞に興奮が生じます（下の左図）。IPSP が生じると膜電位が閾値から遠ざかるため，興奮が発生しにくくなるんですね（下の右図）。

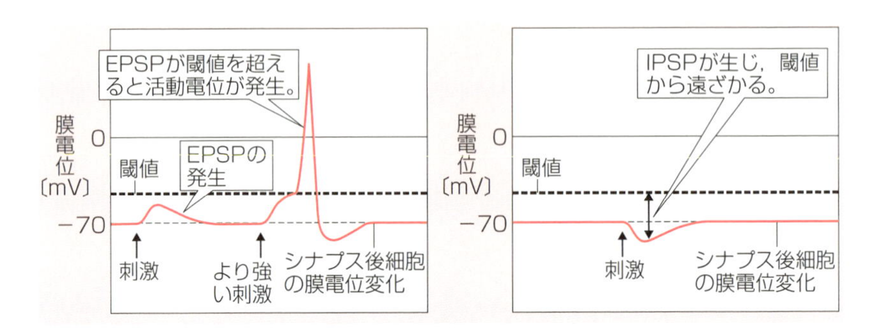

実際，1本のニューロンから1つの刺激を受けても，EPSP が閾値に達することはあまりなく，短時間に複数のニューロンからの刺激を受けることなどで EPSP が加重（加算）されて閾値に達し，シナプス後細胞に興奮が発生します。

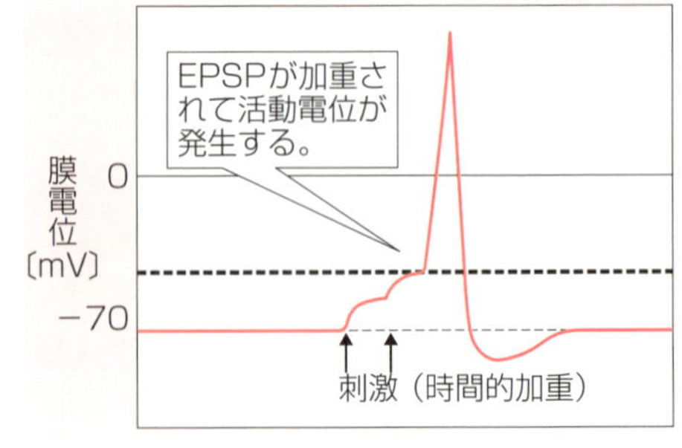

EPSP と IPSP が同時に起こった場合，EPSP の効果が弱められ，シナプス後細胞に興奮が発生しにくくなります。

➡演習2にチャレンジ！

眼の構造とはたらき

視力はよいですか？

はい，裸眼でバッチリ見えます！

いいなぁ～，僕は水晶体での光の屈折率を小さくするのが苦手でねぇ……

先生，「眼が悪い」をマニアックに表現してる……

❶ ヒトの眼の構造

(1)　まず……，各部位の名称や細胞の名称を知らないと話が進みません。覚えてください……，というと，シンドイよね？　ここからの説明の中で「それ何だっけ？」となったら，その都度この下の図に戻ってきてチェックしてください！　そういう作業のくり返しの中でジワジワ～と記憶が定着していきます。

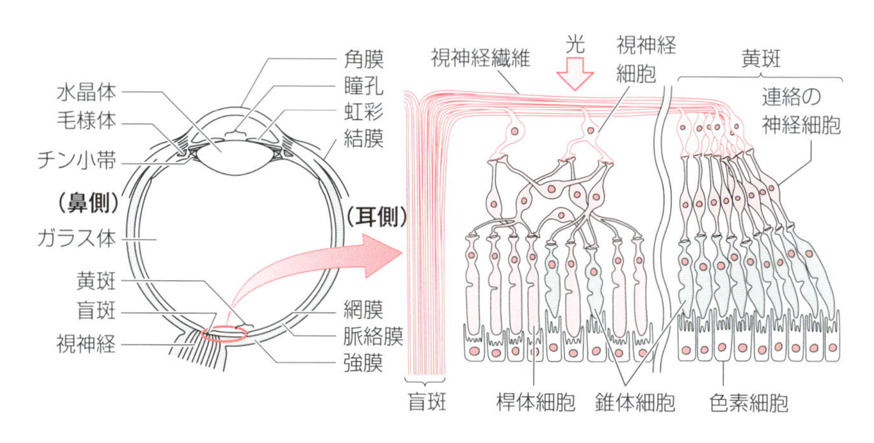

(2)　前ページの左側の図は眼を水平に切った断面図を上側から見ているんですが……，これは右眼？　左眼？

えっ!?　名称を読むのに一生懸命でした（^.^;）

第４章「生殖と発生」でもいったように，図を見るときは図の方向とかを意識することが大事なんだよ！　**網膜**の中央部は**黄斑**といいます。黄斑よりも少し鼻側に**盲斑**があります。

盲斑が鼻側ということは……，この図は右眼ですね！
この図の鼻側に鼻の絵，耳側に耳の絵を描いたらわかりました！

大正解!!

❷ 網　　膜

(3)　光は**角膜**と**水晶体**（レンズ）で屈折して網膜上に像を結びます。そして，網膜には光を吸収して興奮する**視細胞**があります。視細胞には**錐体細胞**と**桿体細胞**の２種類があります。

円錐形なので錐体，棒状なので桿体という名前だよ！
網膜は**ガラス体**側から「**視神経細胞**→連絡の神経細胞→視細胞→色素細胞」の順に細胞が存在しているね！

錐体細胞は閾値が高く，明所でのみはたらき，色の区別に関与しています。色の区別をするしくみは追って説明します！　一方，桿体細胞は閾値が低く，薄暗い場所ではたらき，明暗の区別は認識しますが色の区別には関与しません。錐体細胞は黄斑に集中して存在するのに対し，桿体細胞は黄斑を除く網膜の周辺部に多く分布しています。

視細胞が光を吸収して興奮して……，
そのあと，どうなるんですか？

視細胞の興奮が，連絡の神経細胞，さらに視神経細胞と伝わっていき，視神経が大脳まで興奮を伝えて**視覚**が生じるんです。このとき，視神経繊維は盲斑に集まり，束になって網膜を貫いて眼球の外に出ていきます。ですから，盲斑には視細胞が存在しないんです。

❸ 盲　　斑

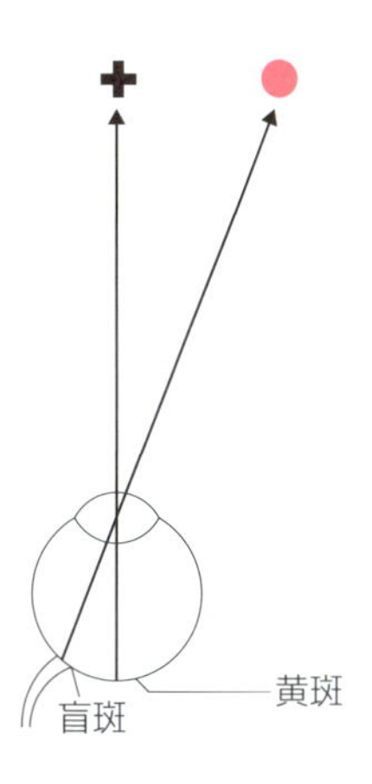

(4)　右の図を見てください。右眼で＋印を注視している状態の模式図です。ジ〜っと見ているものの光は黄斑に届くんですよ！　このとき，●印から出た光は……，盲斑に届いていますね！　つまり，盲斑に届いた光は認識できないので●印は見えないんです！

　この実験からわかるように右眼の場合，視野の右側に認識できない部分が存在します。ちょっと実験してみましょうか？

左眼を閉じ，下の＋印を右眼でジッと見ながら，本書と眼の距離を変えてみてください！

おおおぉぉ！　●が消えました!!

➡演習3にチャレンジ！

第６章　動物の環境応答

視覚を生じるしくみと調節

寝るときに電気を消すよね？

もちろんです！

最初は真っ暗で何も見ないけれど，
しばらくするとモノが見えてくるでしょ？

……わかりますけど，私はスグに眠りに落ちるので（笑）

❶ 視物質

(1)　錐体細胞には**フォトプシン**という**視物質**（←光を吸収するタンパク質）があります。ヒトの錐体細胞には青錐体細胞，緑錐体細胞，赤錐体細胞の3種類があり，それぞれ異なる波長の光をよく吸収するフォトプシンを含んでいます。

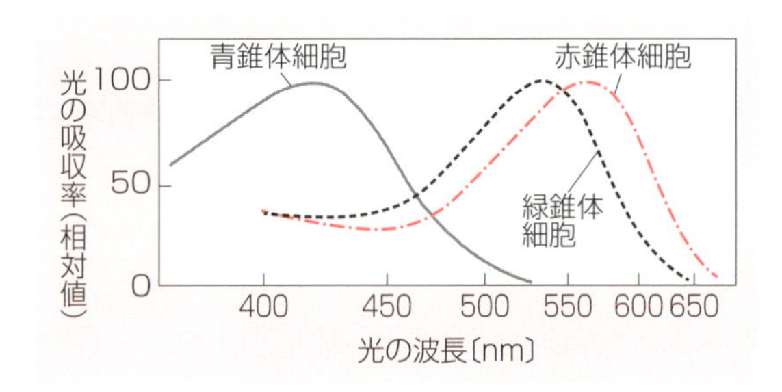

光を受容して興奮した錐体細胞の種類や興奮の頻度の情報を大脳が処理することで，色が認識されます！

(2)　桿体細胞には**ロドプシン**という視物質を含みます。

rhodo- は「赤い」という意味でバラの花のイメージです。
ロドプシンって赤いタンパク質なんですよ！

ロドプシンは，オプシンというタンパク質にビタミンＡからつくられるレチナールという物質が結合したものです。ロドプシンが光を吸収すると構造が変化し，桿体細胞が興奮します。暗所では，構造変化したロドプシンは徐々にもとに戻るんですが，明所だともとに戻らず，ロドプシンが少ない状態になります。ですから，明所では桿体細胞がはたらかないんです。

ビタミンAをチャンと摂らないと桿体細胞がチャンとはたらけないってことですね。

❷ 暗順応

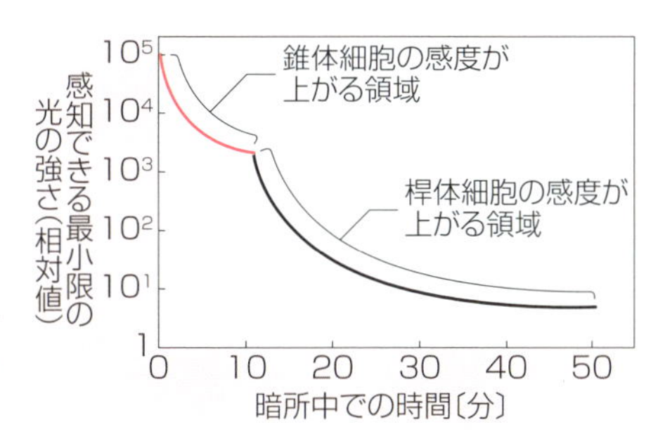

(3)　明所から暗所に入ると，はじめは桿体細胞がはたらけず，何も見えません。はたらける視細胞は錐体細胞のみですので，錐体細胞がチョット感度を上げる（＝閾値を下げる）んですが……，そもそも錐体細胞はあまり閾値を下げられないんですね。

しかし，桿体細胞のロドプシンが蓄積されていくと感度が飛躍的に上昇し，周りにある本棚とか机とかのシルエットが見えるようになっていくんです！この現象を**暗順応**といいます。

❸ 明暗調節

(4)　暗順応は何分もかけてジックリと起こる現象ですが，明るさが変わると瞬間的に**瞳孔**（ひとみ）のサイズが変化し，眼に入る光量を調節します。下の図は黒眼の図なんですが……，中央が瞳孔，その周辺が**虹彩**です。虹彩は内側の環状の瞳孔括約筋と外側の瞳孔散大筋からなり，これらの収縮と弛緩により瞳孔のサイズが調節されています。

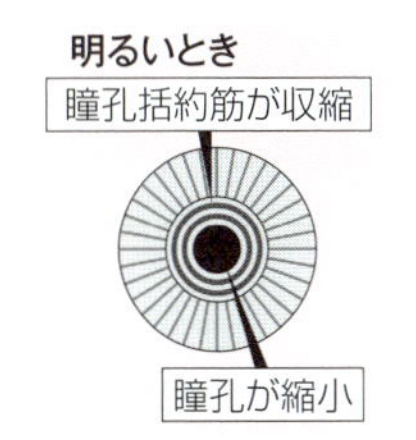

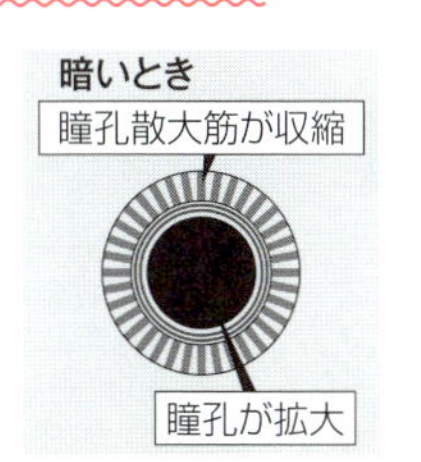

難しい図ですね……。

瞳孔括約筋が収縮すると，瞳孔括約筋の『環』が小さくなるよね？一方，瞳孔散大筋が収縮すると，瞳孔散大筋の『幅』が短くなるよね？　この瞳孔のサイズの変化は，鏡で眼をよく見ると観察できるから見てみるといいよ！　明るくするときは眼に強い光を照射しすぎないように注意してね。

おおおぉぉ！　瞳孔が大きくなりましたよ!!

❹ 遠近調節

(5)　ヒトは，水晶体の厚みを変えることで眼に入った光がちょうど網膜に像を結ぶように調節しています。

水晶体の厚みを変える筋肉は**毛様体**にある環状の毛様筋です。毛様筋は**チン小帯**によって水晶体と繋がっていますね。遠くを見るときは毛様筋が弛緩（←長く伸びるという意味）し，チン小帯がピンっと緊張し，水晶体が引き延ばされて薄くなります。一方，近くを見るときは毛様筋が収縮し，チン小帯が緩み，水晶体は自らの弾性で厚くなります。下の図をよ〜く見ながら確認してください！

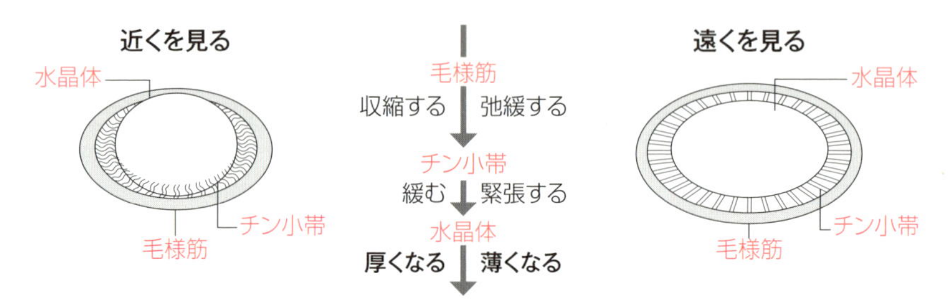

❺ 視 交 さ

(6)

ちょっと頭を使う内容を説明しますよ！

この図はどこに注目したらいいんですか？

網膜の鼻側にある視細胞からの情報を伝える視神経は，眼球を出たあとに交さして反対側の大脳に接続しているんですよ！

ですので，左右のどちらの眼についても視野の右側の情報は，網膜の左側で受容し，左脳に伝わることになります。

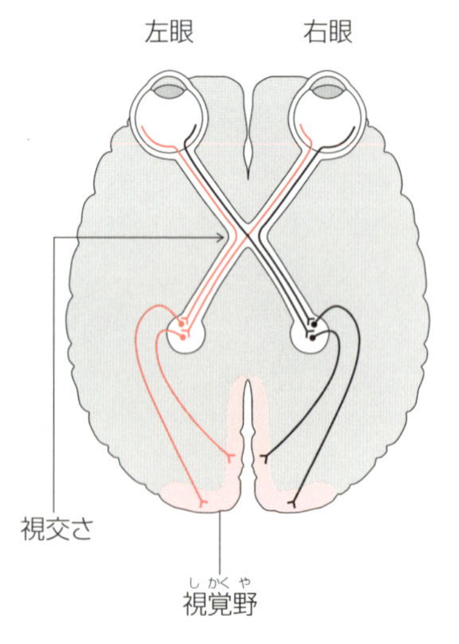

➡演習4にチャレンジ！

耳の構造とはたらき

モスキート音って，知ってる？

はい，あのキーンっていう高い音ですね。

あっ，やっぱり聞こえるのね？　若いなぁ……

あっ，やっぱり先生は聞こえないんですね！

❶ ヒトの耳の構造

(1)　ヒトの耳は外耳・中耳・内耳からなります。まずは，耳の構造をよく見てみましょう！

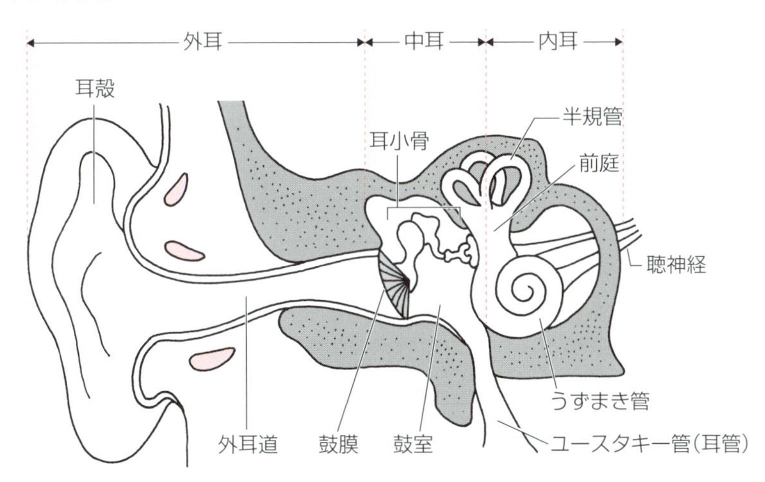

用語がイッパイあるんだけど，まずは聴覚に関わる部分を優先的にインプットしていきましょう。

(2)　音波は**耳殻**によって集められて，**外耳道**を通って**鼓膜**に到達し，鼓膜を振動させます。鼓膜の裏側には**耳小骨**という小さ〜い３つの骨が繋がっていて，これが振動を増幅して内耳の**うずまき管**に伝えます。

耳小骨のはたらきは，振動のパワーアップです!!

うずまき管の中はリンパ液で満たされていて，振動がうずまき管に達すると，リンパ液が振動します。さらに，リンパ液の振動が**基底膜**に伝わって，基底膜を振動させます！

基底膜って何ですか？　図を見ても，よくわからないです……

下の図は，うずまき管を伸ばした模式図です。うずまき管は上・中・下の3つの管からなっており，上から順に**前庭階**，**うずまき細管**，**鼓室階**といいます。基底膜は，うずまき細管と鼓室階とを仕切る膜のことです。

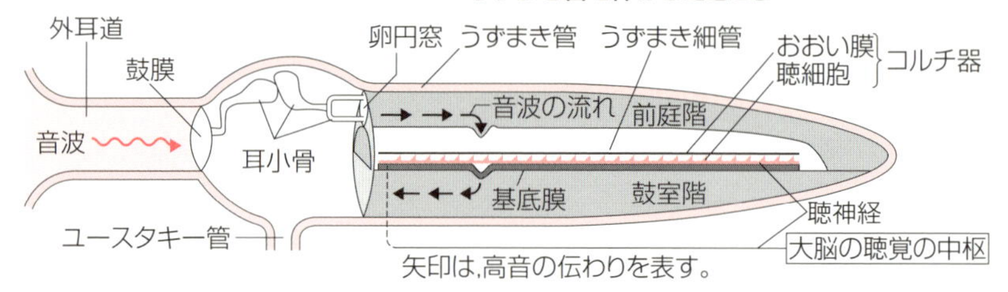

(3)　基底膜の上には**コルチ器**があります。コルチ器には，**感覚毛**をもった**聴細胞**という感覚細胞があり，この感覚毛が**おおい膜**に接触しています（右の図）。

基底膜が振動すると，聴細胞の感覚毛がグニャっと曲がって，これが刺激となって聴細胞が興奮するんですよ！

ちなみに，高音の場合は基底膜の入口側（＝耳小骨側）が，低音の場合は奥側（＝先端側）が大きく振動します。音の高低によって基底膜の振動する場所が変わるので，興奮する聴細胞も変わります。これを大脳が処理することで音の高低を識別できるんですよ！

加齢によって，基底膜の入口側にある聴細胞の数が減少していくので，高音が聞き取りにくくなるんです！
悔しいですが，僕はもうモスキート音は聞こえません!!

あと，半規管って何ですか？
これも図を見ただけではよくわからないです……。

ナイス質問！　解説しましょう♪

❷ 平衡受容器

(4)　内耳には**前庭**，**半規管**という受容器があります。これらは平衡受容器とよばれていて，からだの傾きや回転を認識する受容器なんです。

(5)　前庭では，感覚毛をもった感覚細胞の上に**平衡石**（耳石）があります。平衡石は……，そうですね，プリンみたいなイメージでしょうか？　体が傾くと平衡石がプリンっと動き，感覚毛が曲がり，感覚細胞に興奮が発生します。

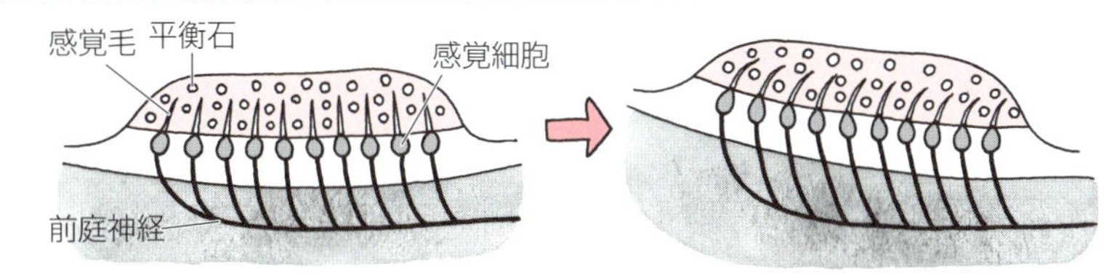

(6)　半規管にも感覚毛をもつ感覚細胞があり，からだの回転によって半規管内のリンパ液が流れて感覚毛が倒れることで感覚細胞に興奮が発生します。

からだの回転をピタッと止めても，リンパ液は動き続けますので，「あぁ～，ぐるぐる回ってるぅ～！」という感覚になります。スイカ割りとかでやる，ぐるぐるバットのイメージです。

❸ 味覚・嗅覚

(7)　受容器は眼や耳のほかにもいろいろあります。

舌には味蕾（味覚芽）とよばれる構造があり，ここにある味細胞が水に溶けた化学物質によって興奮し，これが中枢に伝わることで味覚が生じます。味覚には「酸味」「甘味」「苦味」「塩味」があり，近年「旨味」も存在することが示されました。

鼻には嗅上皮があり，ここの嗅細胞が空気中を拡散してくる化学物質によって興奮し，これが中枢に伝わることで嗅覚が生じます。

また，皮膚には温点，冷点，圧点，痛点があり，適した刺激を受容して興奮すると，様々な皮膚感覚が生じます。

➡演習5にチャレンジ！

第6章　動物の環境応答

中枢神経系　―脳―

ヒトの大脳皮質にはニューロンが160億個もあるんだってよ！

スゴイですね！

そのうちの約20%はIPSPを生じさせる抑制性ニューロンなんだってよ！

先生，会話に復習を組み込んできますね！

(1)　ニューロンがいっぱい集まっている部分が中枢神経系。脊椎動物の中枢神経系は，**脳**と**脊髄**です。まずは，脳の構造を押さえましょう！

脳は前側（←頭の先端側）から順に，**大脳**・**間脳**・**中脳**・**延髄**と並んでおり，中脳から延髄の背側には**小脳**があります。この配置は，ヒトでも，ヘビでも，カエルでも共通ですので，覚えましょう！

間脳・中脳・橋・延髄をまとめて**脳幹**というよ。脳幹には生命維持に関する重要な機能が多くあるんだよ。

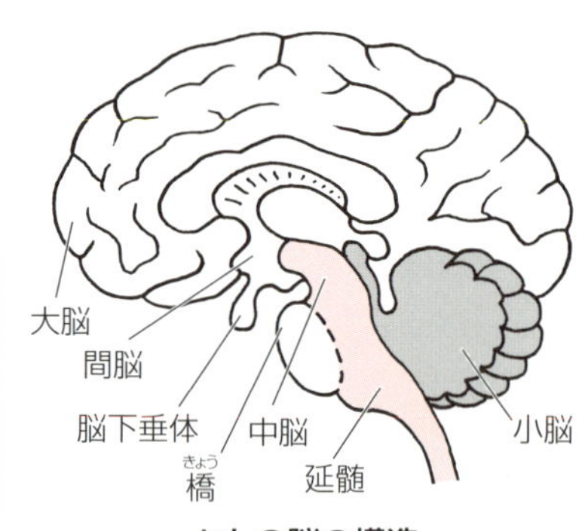

ヒトの脳の構造

(2)　まずは大脳について学ぼう！　大脳は左半球と右半球に分かれていて，これを**脳梁**という神経繊維の束がつないでいるんだ。

「梁」は訓読みすると「はり」。建物で水平方向にかけられた木材のことです。映像的にわかりやすい名前だね！

大脳の外側は**大脳皮質**，内部は**大脳髄質**です。大脳皮質は灰白色をしているので**灰白質**，大脳髄質は白色なので**白質**とよばれます。

ニューロンの細胞体が多く集まっていると灰白色になり，神経繊維（軸索）が多く集まっていると白色になるんだよ！

(3)　大脳皮質はさらに**新皮質**と**辺縁皮質**に分けられ，ヒトでは新皮質がとっても発達しています。新皮質には，視覚や聴覚などの感覚中枢，随意運動の中枢，思考や理解といった精神活動の中枢などがあり，場所ごとに担うはたらきが決まっています。辺縁皮質には欲求や感情（←「お腹が空いた……」「怖いよぉ～！」といった気持ち）に基づいた行動の中枢や，記憶などに関わる領域である**海馬**などがあります。

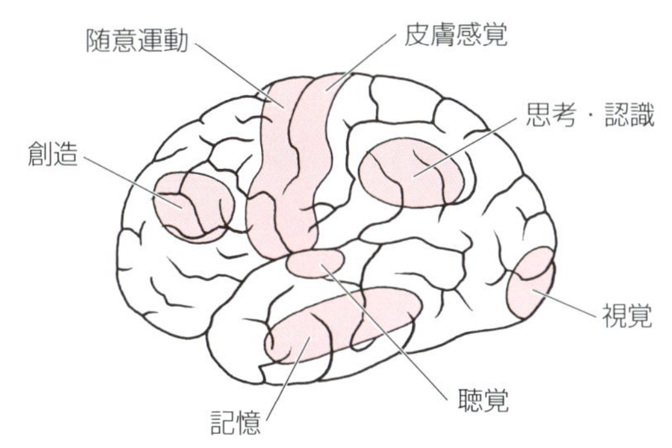

ヒトの大脳皮質の主な機能領域

(4)　間脳は，**視床**と**視床下部**から構成されています。多くの感覚神経は，視床で中継されて大脳皮質へと向かいます。視床下部は自律神経の最高中枢として恒常性において重要な役割を果たしています。

ヒトの視床下部は……，たった 4g しかないんだよ！

大脳以外の部位のはたらきを下の表にまとめました！

間脳	視床	感覚神経の中継
	視床下部	自律神経の最高中枢
中脳	姿勢反射の中枢，瞳孔の大きさの調節中枢	
小脳	からだの平衡を保つ中枢（←随意運動の調節などの中枢）	
延髄	呼吸運動や心臓の拍動の中枢 消化管の運動や消化液分泌の中枢	

➡演習6にチャレンジ！

第6章　動物の環境応答

8 中枢神経系 ―脊髄―

(1)　**脊髄**(せきずい)は，脊椎骨(せきついこつ)（←一般に「背骨」とよばれます）の中にある円柱状の中枢神経で，内側（髄質）が灰白質，外側（皮質）が白質です。

受容器で生じた興奮は，感覚ニューロンによって**背根**(はいこん)から脊髄に入ります。一方，運動神経は**腹根**(ふくこん)を通って脊髄から出ていきます。脊髄は，受容器や効果器と大脳をつなぐ役割を担うとともに，**脊髄反射**の中枢としてもはたらきます。

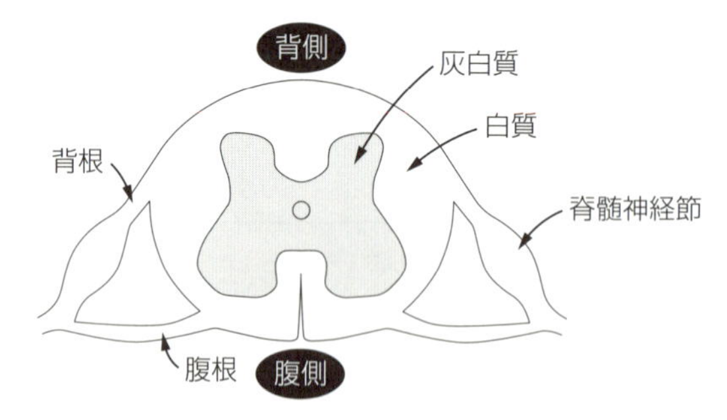

(2)　次のページの図を見てください。右手にボールが乗っている場合を考えてみましょう。右手の皮膚の圧点からの感覚ニューロンは右側の背根から入り，脊髄を頭部に向かいます。そして，延髄で交差して，左脳にある皮膚感覚の中枢に達します。

すべての感覚ニューロンが延髄で交差するわけではありません。右手に針が刺さった場合は……，皮膚の痛点からの感覚ニューロンが脊髄に入ると興奮の伝達経路を通って頭部に向かいますが，伝達経路は脊髄内で交差します。このように，交差する位置の違いはありますが，右半身の皮膚感覚は左脳に，左半身の皮膚感覚は右脳に伝えられることは覚えておきましょう！

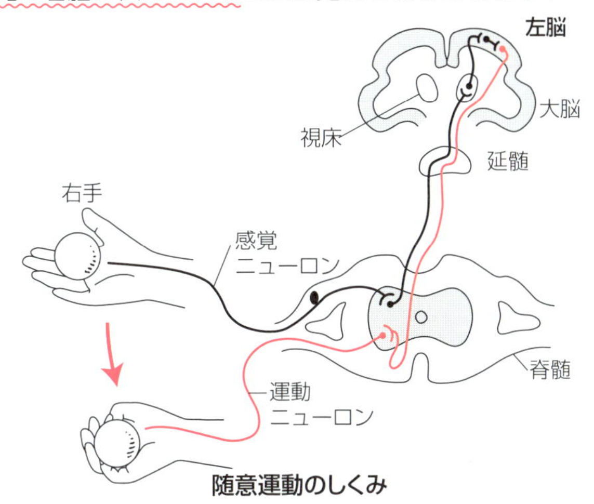

随意運動のしくみ

(3)　脊髄は反射中枢としてもはたらいています。熱いものに触れたときに思わず手を引っ込める**屈筋反射**（くっきん）やひざ下の部分をたたくと足が跳ね上がる**膝蓋腱反射**（しつがいけん）などが代表的な脊髄反射です。

膝蓋腱反射の**反射弓**（はんしゃきゅう）（←反射の経路）を見てみましょう！　膝蓋腱の部分をたたくと太腿（ふともも）の表側の筋肉が伸ばされ，これを**筋紡錘**（きんぼうすい）が受容します。興奮した感覚ニューロンは灰白質で運動ニューロンに興奮を伝達し，興奮した運動ニューロンが太腿の表側の筋肉を収縮させ，足が跳ね上がります。

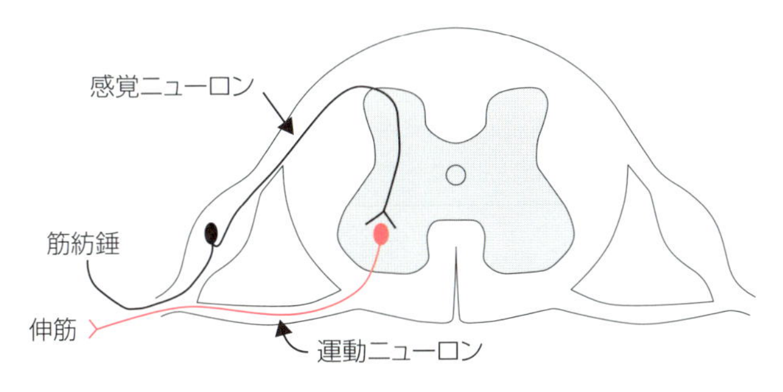

このように，反射弓を構成するニューロンの数が少ないので，すぐに反応が起こるんだよ！

➡演習7にチャレンジ！

第6章　動物の環境応答

骨格筋の収縮

目の前にクマが現れた！

もちろん，ダッシュで逃げます！

このように，筋肉は突然，
大量の ATP を必要とする器官なんですよ！

単に ATP を多く消費するんではなく，
突然 ATP を多く消費することが特徴なんですね。

❶　筋肉の構造

(1)　骨格筋は，**筋繊維**という多核細胞からなり，筋繊維の細胞質には**筋原繊維**というタンパク質の束がいっぱい詰まっています。筋原繊維は**筋小胞体**という小胞体に包まれていて，筋小胞体は内部に Ca^{2+} を蓄えています。さらに……，筋小胞体は細胞膜が窪んでできたＴ管という管と接しています。

Ｔ管のＴは transverse（＝横断する）の頭文字！
「筋小胞体の間を横断している管」というイメージだね。

骨格筋や心筋の筋繊維にある筋原繊維を顕微鏡で見てみると，暗く見える**暗帯**と明るく見える**明帯**が交互に連なった縞模様が見られるので，これらの筋肉は**横紋筋**とよばれます。

心筋以外の，内臓で見られる筋肉（消化管や血管の筋肉）は，縞模様が見られない平滑筋ですね。

明帯の中央には **Z 膜**という仕切りがあり，Z 膜と Z 膜の間は**サルコメア**（筋節）といい，筋原繊維はサルコメアがくり返されたものなんです。

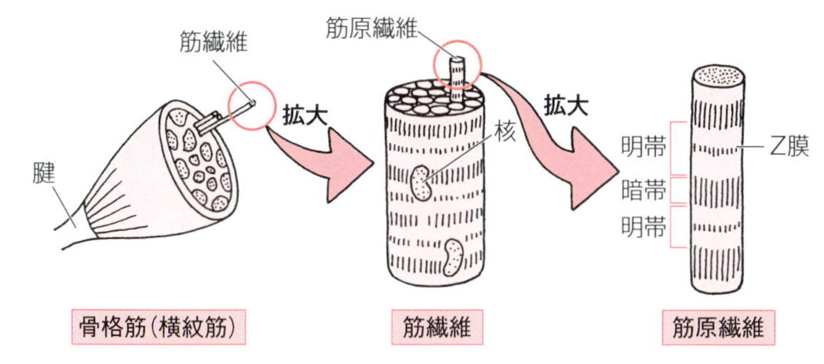

(2)　サルコメアの構造を見てみましょう！　Z 膜の両端に**アクチンフィラメント**が結合しており，アクチンフィラメントの隙間にはまるように太い**ミオシンフィラメント**が存在していますね。

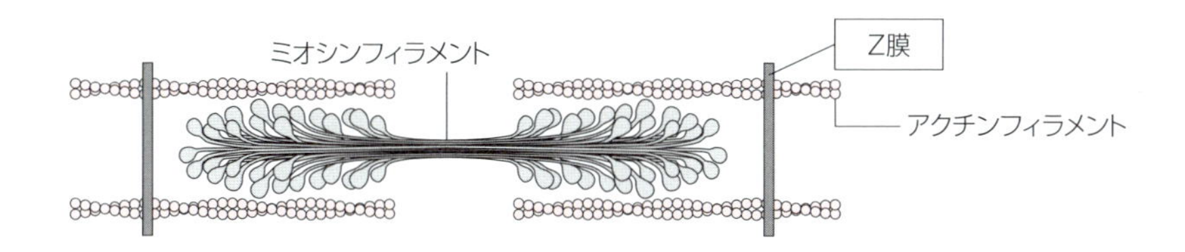

ミオシンフィラメントの両側にある突起みたいな部分はなんですか？

ミオシンフィラメントはモータータンパク質である**ミオシン**が束ねられたものです。ミオシンには ATP 分解酵素としてはたらく**ミオシン頭部**（とうぶ）という部分があり，ミオシン頭部がこの突起です！

❷　筋収縮のしくみ

(3)　筋収縮のしくみを見てみましょう！　筋収縮は次の❶～❹のしくみがくり返されて起こります（次のページの図）。

❶アクチンと結合しているミオシン頭部に ATP が結合すると，ミオシン頭部がアクチンから離れる。
❷ ATP が分解されて，ミオシン頭部が変形する。
❸ミオシン頭部がアクチンに再び結合する。
❹ミオシン頭部から ADP が離れるとともに，ミオシン頭部が曲がり，アクチンフィラメントをサルコメアの中央に向かってたぐり寄せる。

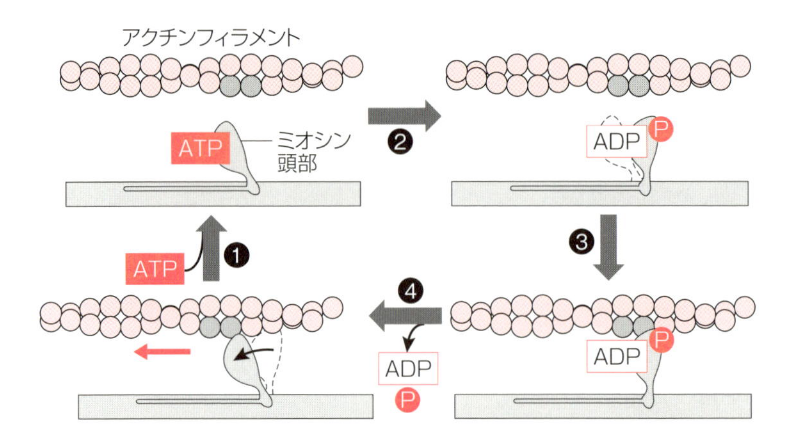

myo- はギリシャ語の「筋肉」という意味です。ミオシンの他に，筋肉に含まれるミオグロビンなどの語源です。

(4)　アクチンフィラメントはアクチンが繋がった細胞骨格でしたね！　筋肉が弛緩しているときは，アクチンに**トロポミオシン**というタンパク質が結合しており，ミオシン頭部がアクチンに結合できなくなっています。

アクチンフィラメント

(5)　筋繊維が興奮すると，興奮が筋小胞体に伝わり，筋小胞体の膜にあるチャネルが開いて Ca^{2+} が細胞質基質中に放出されます。アクチンフィラメントのトロポミオシンには所々に**トロポニン**っていうタンパク質が結合しているでしょ？　Ca^{2+} はこのトロポニンに結合するんですよ！

すると，トロポミオシンの構造が変化して，アクチンとミオシン頭部が結合できるようになります。

そうすると，(3) の説明にあったしくみで筋収縮を起こせるんですね！

筋繊維の興奮がなくなると，Ca^{2+} ポンプによって Ca^{2+} は筋小胞体に取り込まれ，再びトロポミオシンがアクチンに結合します。

❸ 筋収縮とエネルギー

(6)　筋繊維内にはどれくらいのATPがあると思う？

そうですねぇ，筋肉はいっぱいATPをつかうから，かなり多く蓄えられているかなと思います。

残念，不正解！　ほんの数秒間の収縮で尽きてしまう程度のATPしか含まれていないんです。でも，筋繊維には**クレアチンリン酸**という物質が蓄えられており，クレアチンリン酸からADPにリン酸を渡すことでATPを速やかに合成することができます。

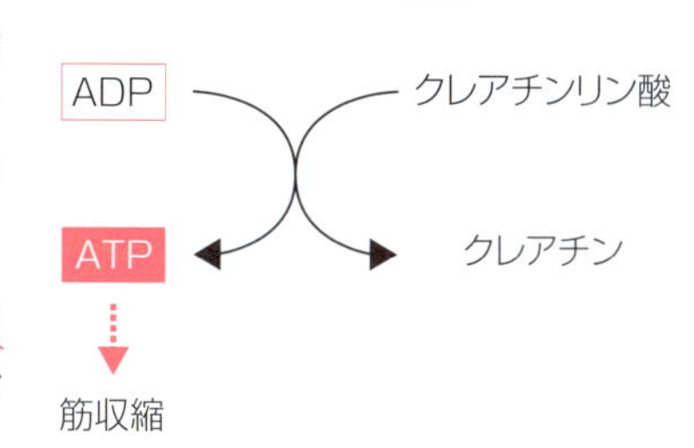

❹ 単収縮と強縮

(7)　骨格筋を運動神経と接続した状態で取り出し，運動神経に1回の刺激を与えると，**単収縮**という0.1秒間ほどの収縮が起きます。今度は，短い時間間隔で連続的に刺激を与えると，単収縮どうしが重なり合って単収縮よりも大きく持続的な**強縮**という収縮が起きます。運動するときに行う通常の筋収縮は強縮です。下の図は単収縮や強縮を記録したものです。

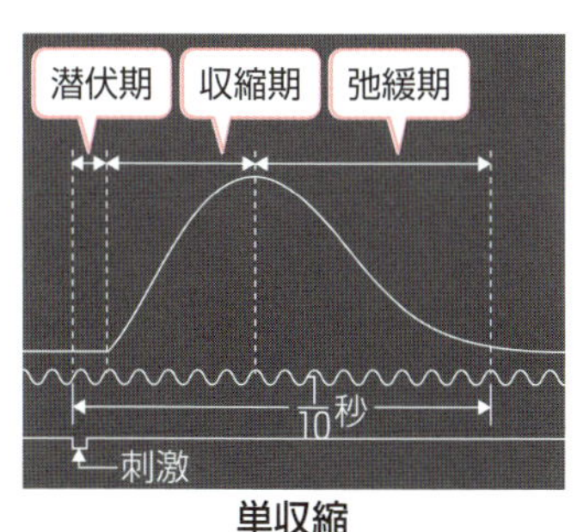

単収縮

刺激

単収縮　不完全強縮　強縮

単収縮と強縮

(8)

単収縮と強縮の意味はわかったんですけど，
前ページの図はどうやって記録した図なんですか？

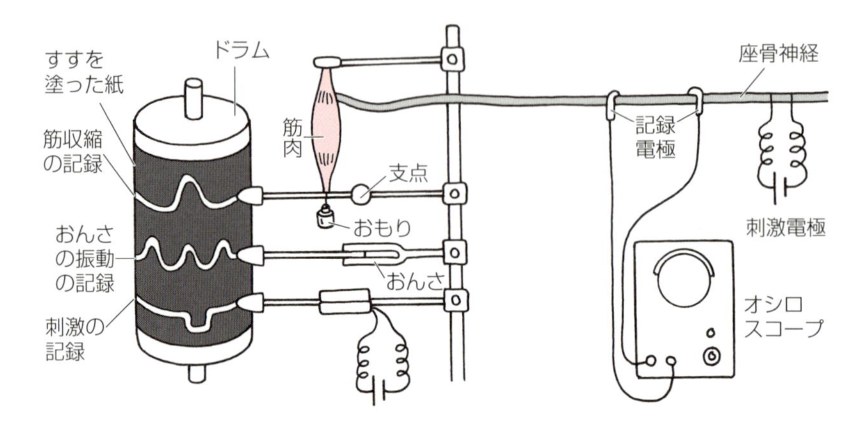

上の図のような装置で記録したんだよ。筋肉が収縮すると筋肉の下側に接続している棒が「クイッ」と引き上げられるでしょ？　すると，ドラムに巻きついている紙に山型の模様が描かれるよね。(7) で紹介した図は，このように筋肉が直接描いた図なんだよ。

➡演習8にチャレンジ！

動物の行動　—生得的行動—

歩くときに「次は右足を出して，左手を出して……」っていちいち考える？

さすがに，それはないですね。

同じような動作をリズミカルにくり返す場合，無意識にくり返せるような神経回路が中枢にあるんだよ。

(1)　動物の行動は2種類に分けられます！

1つは，遺伝的にプログラムされた**生得的行動**(せいとくてきこうどう)です。これは，親から習ったり，他の個体の真似をしたりしなくてもできる行動です。もう1つは，経験によって行動を変化させる**学習**(がくしゅう)による行動（習得的行動）です。

❶　かぎ刺激

(2)　動物に特定の行動をとらせる刺激のことを**かぎ刺激**といいます。具体例を見てみましょう！

イトヨという淡水魚の雄は，繁殖期になると腹部が赤くなり，縄張り(なわばり)をつくります。ここに他の雄個体が入ってくると縄張りを守るための攻撃をします。この攻撃行動は『腹部が赤いものが見えること』がかぎ刺激となって起こるんです。ですので，下側が赤いものであれば，形が全然違っても攻撃行動が起こります。

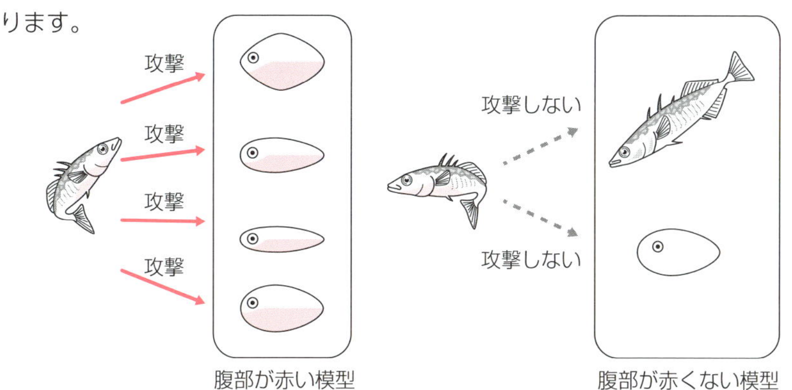

❷ 行動の連鎖

(3) 動物の行動は1つの反応だけで完結するとは限りません。

求愛行動のように，ある行動が次の行動を引き起こし，さらにその行動が次の行動を引き起こし……と，行動が一定の順序で連鎖的に起こることも多くあります。

❸ 定　位

(4) 動物は，環境中の刺激によって，からだを特定の方向に向けることがあり，これを**定位**（ていい）といいます。カイコガの雌個体が分泌した**性フェロモン**（せい）を雄個体が受容すると，雌個体の方に向かって進んでいきます。これは定位の代表例ですね。

フェロモンの濃度が下がると，ジグザクと歩いたり，クルクルと回りながら歩いたりして，再びフェロモンが受容しやすくなるように進むんですよ！

うまくできているんですね。
他にどんな定位があるんですか？　興味がわいてきました!!

ホシムクドリのような渡り鳥が太陽の位置を基準に飛び立つ方向を決めているのも代表的な定位です。あと……，メンフクロウは，獲物（えもの）が動いたときに立てる小さい音を頼りに餌の位置を認識し，襲いかかります。これも定位です。

❹ コミュニケーション（ミツバチのダンス）

(5) あとはコミュニケーション！　これも生得的行動によるものが多い。先ほど紹介したフェロモンは，化学物質によるコミュニケーションです。

動作によるコミュニケーションとしてはミツバチのダンスが超重要です！餌場をみつけた働きバチが巣に戻ると巣の中でダンスをして，仲間に餌場の情報を伝えます。

餌場が近いとき（約50～100m）には**円形ダンス**（右の図）を行います。餌場が遠くなると，**8の字ダンス**（次のページの図）を行います。

8の字ダンスは餌場までの距離と方向を伝えますが，円形ダンスは「近くに餌場があるぞ！」という情報のみを伝えるんですよ。

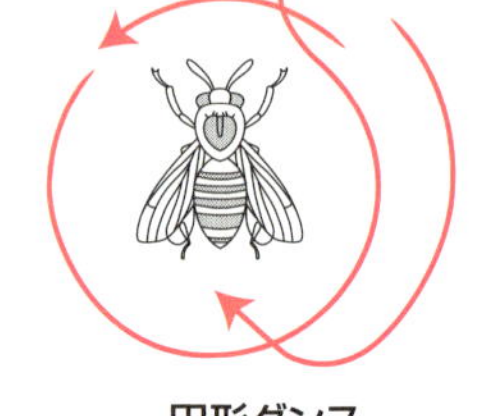

円形ダンス

8の字ダンスの情報を読み取れるようになりたいでしょ？
そんなに複雑ではないので，(6)と(7)を読んでみてください。

(6)　8の字ダンスは真っ暗な巣の中で，垂直方向に行われます。8の字の中央部分を進むときはお尻をプリプリと振りながら進みます。このとき，真上（＝重力と反対の方向）が太陽の方向，尻を振りながら進む方向が餌場の方向，ダンスの中心が巣と，3者の位置関係を示しています。

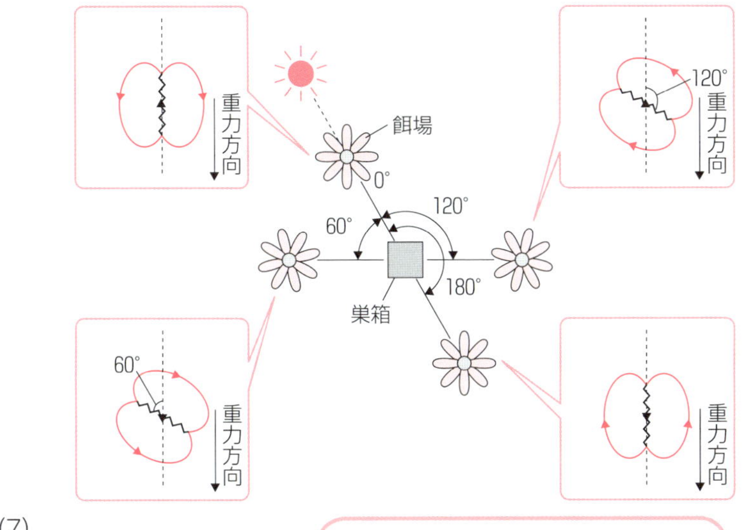

(7)

あれ？　餌場までの距離の情報も
伝えているんじゃないんですか？

ダンスのスピードが餌場までの距離の情報になるんです！　下のグラフからわかるように，餌場までの距離が長くなるほどダンスがユックリになるんですよ。

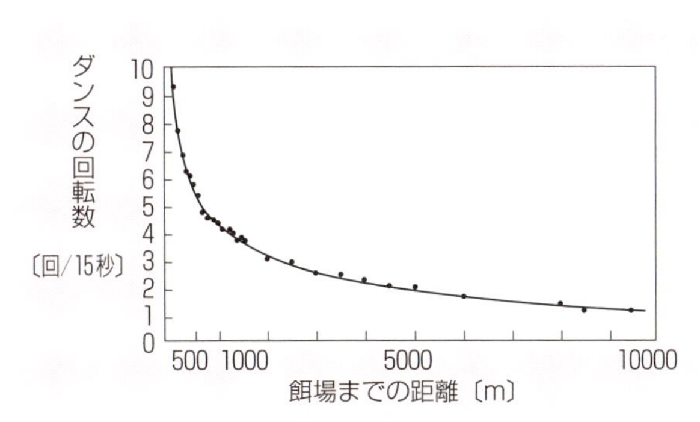

動物の行動　―学習―

両生類の後期原腸胚の縦断面図を描いてみて！

余裕です！

すばらしい！　何回も描いてスラスラ〜っと描けるようになったんだね。それは**試行錯誤**（しこうさくご）とよばれる学習行動ですよ！

❶ 慣　れ

(1)　動物は，害のない刺激をくり返し受けると，その刺激に反応しなくなることがあります。このような学習は**慣れ**（な）といいます。

日常会話で使う「そろそろ学校に慣れてきたねぇ！」みたいな意味とは違いますよ。

軟体動物のアメフラシは，背中にある水管という部分に刺激を与えるとえらを引っ込める反射が起きます。しかし，水管に弱い刺激をくり返し与えていくと……，反応が徐々に小さくなり，ついには反応しなくなります。

(2)　アメフラシのえら引っ込め反射の反射弓は下の図の通りです。刺激をくり返すと，感覚ニューロンから放出される神経伝達物質の量が減少し，興奮の伝達が弱まることが慣れの原因です。

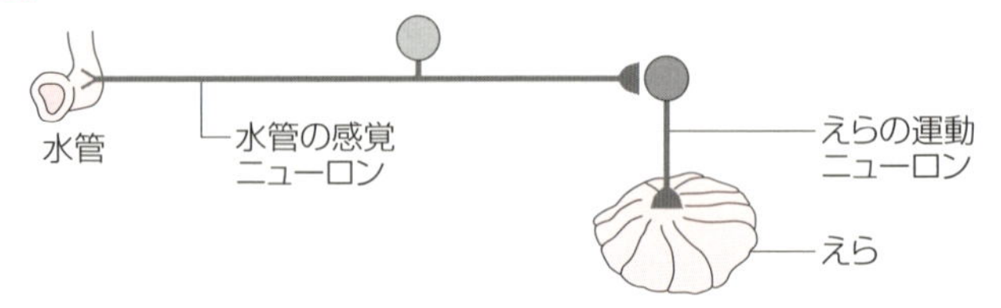

神経伝達物質の放出量が減少するのはなぜですか？

感覚ニューロンの軸索末端にあるシナプス小胞の数が減少することが大きな要因です。あと，軸索末端にある電位依存性カルシウムチャネルが不活性化することで，シナプス小胞と細胞膜が融合しにくくなることも重要な要因です。

このえら引っ込め反射の反射弓には，尾部からの興奮を伝える介在ニューロンの影響を受けるんです！

❷ 脱慣れと鋭敏化

(3)　慣れを起こしたアメフラシの尾部に刺激を与えると，水管の刺激に対するえら引っ込め反射が回復します。この現象を**脱慣れ**といいます。また，さらに強い刺激を尾部に与えると，通常では反射が起こらないような弱い水管への刺激に対しても敏感に反射をするようになります。この現象は**鋭敏化**といいます。

尾部からの興奮を伝える感覚ニューロンは，介在ニューロンに興奮を伝達します。この介在ニューロンは水管の感覚ニューロンの軸索末端とシナプスを形成しています（下の図）。

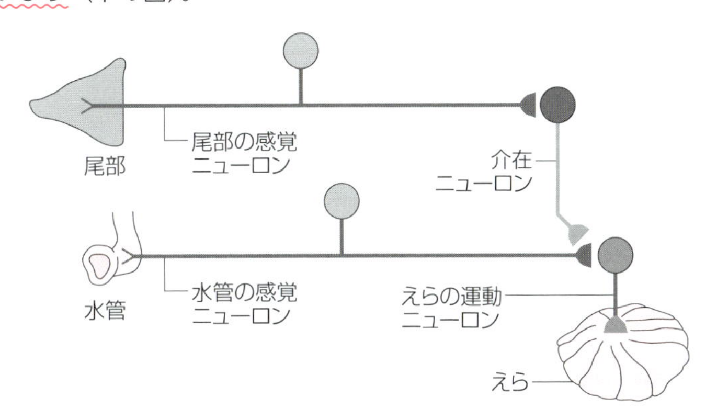

(4)　尾部を刺激すると，介在ニューロンから**セロトニン**という神経伝達物質が放出され，これを水管の感覚ニューロンの軸索末端にある受容体に結合します。すると，水管の感覚ニューロンの軸索末端の電位依存性カリウムチャネルが不活性化し，生じた活動電位が通常よりも長時間持続するようになります。その結果，電位依存性カルシウムチャネルが長時間開き，多くの Ca^{2+} が流入することで，神経伝達物質の放出量が増加し，伝達がパワーアップします。

通常はすぐに電位依存性カリウムチャネルが開くことで……，活動電位から静止電位に戻るんだから……，ナルホド!!

(5)　介在ニューロンからの興奮の伝達がくり返されると，水管の感覚ニューロンの軸索が分岐して，シナプスの数が増えて長期的な鋭敏化が起こります。このように，学習によってシナプスの伝達効率が変化することがあるんです！すごいでしょ？

❸ 刷込み

(6)　カモのヒナは，ふ化後間もない時期に初めて見た動く物体に愛着を形成し，追従します。このような，発育初期の限られた時期に行動に影響する記憶を形成することを**刷込み**（すりこ）といいます。刷込みの記憶は修正が難しくて，親鳥以外の物体を記憶してしまってたヒナは，その物体を追従します。

だから，ちゃんと上手にやれば，ヒナが僕を親鳥として認識し，僕を追い回すように刷込みを成立させられるんです！

❹ 古典的条件づけと試行錯誤

(7)　1つのでき事を記憶するだけなら大して難しくないですが，2つ以上のでき事を関連づけて記憶するっていうのはとっても難しいことなんです。関連づけ記憶の代表例として，**古典的条件づけ**（こてんてきじょうけん）があります。

　パブロフが行った有名な実験を紹介します。イヌに肉片を与えるとだ液が分泌されますが，これは生得的な現象ですよね。ところが，肉片を見せる直前に毎回ベルをチリンチリン♪と鳴らすようにすると，イヌはベルの音だけでだ液を分泌するようになります。

本来の刺激とは無関係な刺激によって反射が起こっているんですね。

　その通り！　古典的条件づけでは，本来の刺激（無条件刺激）によって引き起こされる行動が，もともと無関係だった刺激（条件刺激）によって引き起こされるように学習が成立するんです。

(8)　また，成功と失敗を何回もくり返す中で，自分の利益になるような複数の情報の組み合わせを記憶し，適切な行動ができるようになっていくことがありますね。こういう学習のしかたを**試行錯誤**（しこうさくご）といいます。受験勉強にもこういう側面があるよね？

　報酬や罰に応じて，試行錯誤によって自身の利益となるような特定の行動を自発的に行えるようになることを**オペラント条件づけ**（じょうけん）といいます。

operantは「自発的」という意味です。僕たちの行動にも，オペラント条件づけによるものが多く存在していますね。

➡演習9にチャレンジ！

知識を定着させるための徹底演習

演習1　p.170～p.174の復習

問　ニューロンに関する記述として最も適当なものを，一つ選べ。

① 脊椎動物の神経繊維の多くはシュワン細胞が何重にも巻きついた無髄神経繊維である。

② 静止状態のニューロンでは，Na^{+}が細胞内に流入することによって細胞内が負に帯電している。

③ 膜電位が静止電位の状態から正の方向に変化することを脱分極という。

④ 複数の神経が束になったものを神経繊維という。

演習2　p.175～p.178の復習

問　興奮の伝導と伝達に関する記述として最も適当なものを，一つ選べ。

① 軸索の細胞内において，活動電流は静止部から興奮部に向かって流れる。

② 有髄神経繊維では，髄鞘の部分のみで興奮が発生する。

③ 軸索末端にCa^{2+}が流入すると，シナプス小胞がシナプス前膜と融合し，神経伝達物質が放出される。

④ 神経伝達物質を受容したシナプス後細胞に起こる脱分極を，IPSP という。

演習3　p.179～p.181の復習

問　眼の構造に関する記述として最も適当なものを，一つ選べ。

① 黄斑は盲斑よりも鼻側に存在している。

② 光は水晶体（レンズ）とガラス体で屈折し，網膜上に像を結ぶ。

③ 網膜において，視神経細胞はガラス体側に存在してる。

④ 錐体細胞は光の色の区別に関わる視細胞で，桿体細胞よりも閾値(いきち)が低い。

演習4　p.182～p.184の復習

問　眼のはたらきに関する記述として最も適当なものを，一つ選べ。

① ロドプシンは錐体細胞に含まれる視物質で，ロドプシンの合成にはビタミンAが必要である。

② 明所に入ると，虹彩の内側にある環状の筋肉が収縮し，瞳孔のサイズが小さくなる。

③ 遠くを見るとき，毛様筋が収縮し，チン小帯が緊張することで，水晶体が薄くなる。

④ 網膜の耳側にある視細胞からの情報を伝える視神経は，眼球を出たあとに交さして反対側の大脳に接続する。

演習5　p.185～p.187の復習

問　耳の構造とはたらきに関する記述として最も適当なものを，一つ選べ。

① 鼓膜の振動は，耳小骨によって増幅されてうずまき管に伝えられる。

② ユースタキー管（耳管）は，内耳と鼻腔を繋いでいる。

③ 低音ほどうずまき管の入り口側の基底膜にある聴細胞を興奮させる。

④ 半規管はからだの傾きを，前庭はからだの回転を認識する受容器である。

演習6　p.188～p.189の復習

問　脳に関する記述として最も適当なものを，一つ選べ。

① 間脳・中脳・小脳をまとめて脳幹という。

② 大脳の皮質は，ニューロンの細胞体が多く集まった灰白質である。

③ 視覚の中枢は大脳の前頭葉に存在している。

④ 延髄には心臓の拍動の調節などを行う自律神経の最高中枢がある。

演習7　p.190～p.191の復習

問　脊髄に関する記述として最も適当なものを，一つ選べ。

① 脊髄の髄質は，ニューロンの神経繊維が多く存在している白質である。

② 感覚ニューロンは腹根を通って脊髄に入り，運動ニューロンは背根を通って脊髄から出ていく。

③ 右半身の皮膚の痛点からの興奮の伝達経路は，脊髄内で交差して左脳に興奮を伝える。

④ 膝蓋腱反射では，筋紡錘で受容した興奮が大脳の随意運動中枢を経て，筋肉に運動興奮が伝えられる。

演習8　p.192～p.196の復習

問　骨格筋の収縮に関する記述として最も適当なものを，一つ選べ。

① 筋繊維内には筋原繊維があり，筋小胞体に包まれている。

② 筋原繊維において，Z膜は暗帯の中央に存在しており，Z膜とZ膜の間はサルコメア（筋節）とよばれる。

③ 筋原繊維が収縮する際，Ca^{2+}がアクチンフィラメントを構成するトロポミオシンに結合する。

④ ミオシンはクレアチンリン酸を分解して，利用することができる。

演習9　p.197～p.202の復習

問　動物の行動に関する記述として最も適当なものを，一つ選べ。

① 動物に特定の行動をとらせる刺激のことを適刺激という。

② ミツバチの8の字ダンスは，餌場までの距離が短いほど遅くなる。

③ 昼間に飛行するホシムクドリなどの渡り鳥が，太陽の位置を基準に飛び立つ方向を決める現象は定位の一種である。

④ 無害な刺激をくり返し受けることで，その刺激に反応しなくなることを鋭敏化という。

解答

演習1　③

➡ ②K^+が細胞外に流出することによって，細胞内が負となります。これが静止電位です！　④複数の神経繊維が束になったものが神経でしたね。

演習2　③

➡ ④は IPSP ではなく EPSP です！　①については，細胞内では興奮部が正になっており，活動電流は興奮部から静止部に向かって流れます。

演習3　③

➡ ②光は角膜と水晶体で屈折して網膜上に像を結びます。④錐体細胞は明所でのみはたらける閾値の高い視細胞ですね。

演習4　②

➡ ①はロドプシンが含まれる視細胞は桿体細胞です。④については，「耳側」を「鼻側」にすれば正しい記述となります。

演習5　①

➡ ②ユースタキー管（耳管）は中耳から出ていますね。ユースタキー管は中耳と鼻腔を繋いでおり，気圧調節を担っています。

演習6　②

➡ ③視覚中枢は大脳の後頭葉にあります。④自律神経の最高中枢は間脳の視床下部にありますね。

演習7　③

➡ ①・②脊髄の髄質は灰白質で，感覚ニューロンは背根から脊髄に入ります。③については，191ページをよ～く見直してみよう。

演習8　①

➡ ②Z 膜は明帯の中央にあります。④ミオシンはクレアチンリン酸を直接つかうことはできません。

演習9　③

➡ ①は適刺激ではなく，かぎ刺激です。④は慣れについての記述ですよ。

第7章　生態と環境

1 個体群　—個体群とそのサイズ—

ここでは，キャベツ畑のキャベツだけに，注目しましょう。

ミミズとかモグラとかは，いったん無視ですね！

キャベツのみで構成される集団内に……，
「食う食われる」みたいな関係ってないでしょ？

キャベツがキャベツを食べたら……，ホラー映画です。

❶ 個体群と生態系

(1)　ある地域で生活する同種個体の集まりを**個体群**といいます。実際には，複数種の生物が生活していますね。そこで，ある地域の複数の個体群をひとまとめにして**生物群集**，さらに**非生物的環境**も合わせたものが**生態系**です。

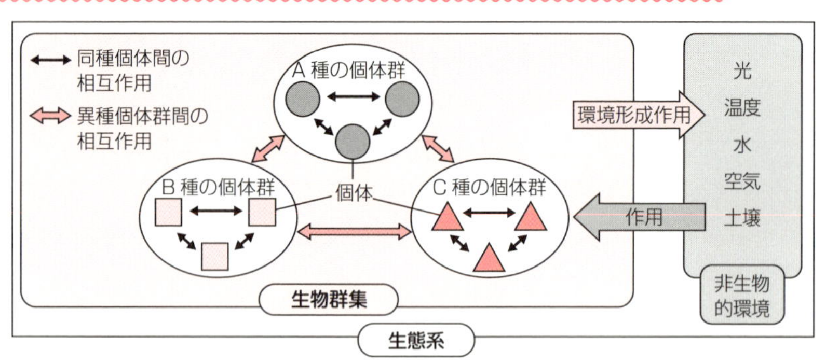

❷ 個体群内の個体の分布

(2)　個体群内での個体の分布様式として，次のページの3種類が代表的なものです。

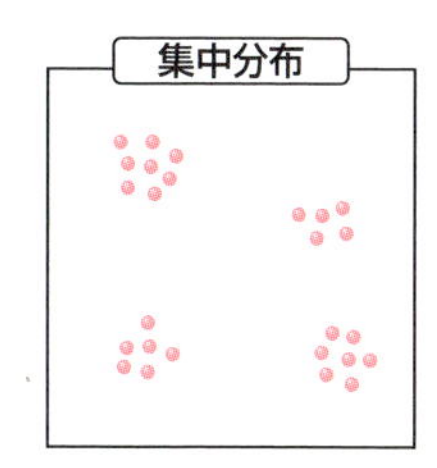

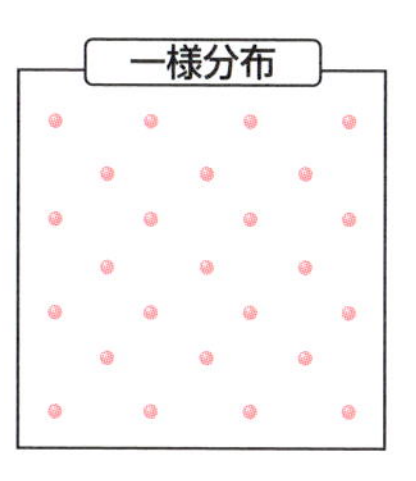

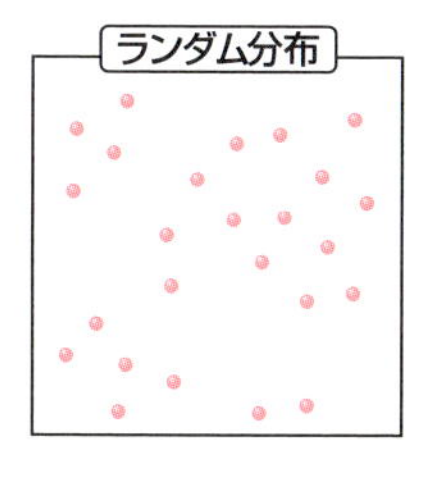

集中分布をとるのは，どんな個体群かな？

えぇ～っと……，砂漠のオアシスに植物が集中して生えているイメージとか，どうでしょう？

とてもよいイメージです。資源が集中している場合，そこに個体が集中しますよね。また，資源を巡る競争の結果として他個体を避けるようになる生物では，一様分布のようになることがあります。

❸ 個体群密度

(3) 個体群を考える際には，生活空間あたりの個体数である**個体群密度**（こたいぐんみつど）が重要になります。個体群密度は次の式で表されます！

$$\text{個体群密度} = \frac{\text{個体数}}{\text{生活空間の面積または体積}}$$

対象となる生物によって，適した個体数の調査法が異なります。移動力の小さい動物や植物に対しては**区画法**（くかくほう）が用いられます。区画法では，調査する地域に一定サイズの区画をつくり，その中の個体数を調べます。そして，その結果から地域全体の個体数を推定します。区画法は下の図のイメージだよ！

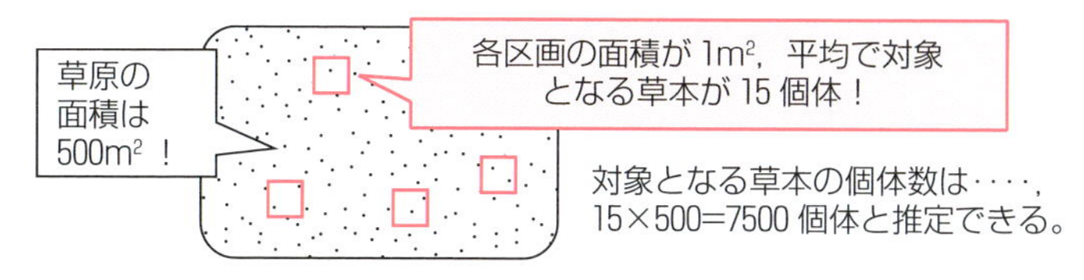

理屈は簡単でしょ？

❹ 標識再捕法

(4)　よく動く動物に対しては**標識再捕法**（ひょうしきさいほほう）を用います。まず，標識再捕法のイメージを次の例題でつかみましょう！

例題

　箱の中にボールが（全部数えるのがイヤになるほど）いっぱい入っています！　とりあえず，50個を取り出して目印をつけ，箱に戻しました。よ～くかき混ぜて，適当に60個取り出したところ……，その中に12個，目印のついたボールがありました。箱の中のボールは全部で何個と推定できるでしょう？

　箱の中のボールの数をN（個）とすると，目印のついたボールの割合は$\frac{50}{N}$となります。もちろん，2回目に取り出した60個のボールの中での目印のついたボールの割合はもちろん$\frac{12}{60}$です。

よくかき混ぜて，適当に取り出しているということは，両方の割合は等しいとみなせますね。

　その通り！　$\frac{50}{N}=\frac{12}{60}$ですから，$N=250$と求められます。この発想を実際の移動能力をもった動物に応用するんです！　標識再捕法の演習問題は章末（234ページ，演習1）にありますので，やってみてください♪

❺ 個体群の成長

(5)　個体群を構成する個体数が増加することを個体群の成長といいます。この様子をグラフにしたものが**成長曲線**（せいちょうきょくせん）です。個体群密度が低いうちは指数関数的にドンドン増殖しますが，個体群密度が高くなると餌の不足，生活空間の不足，環境の汚染などにより増殖が鈍っていきます。資源は有限ですから，ある環境における個体数には上限値があり，この上限値を**環境収容力**（かんきょうしゅうようりょく）といいます。

右の図はショウジョウバエの成長曲線だよ！　実際の成長曲線はこのようなS字状のグラフになるんです。

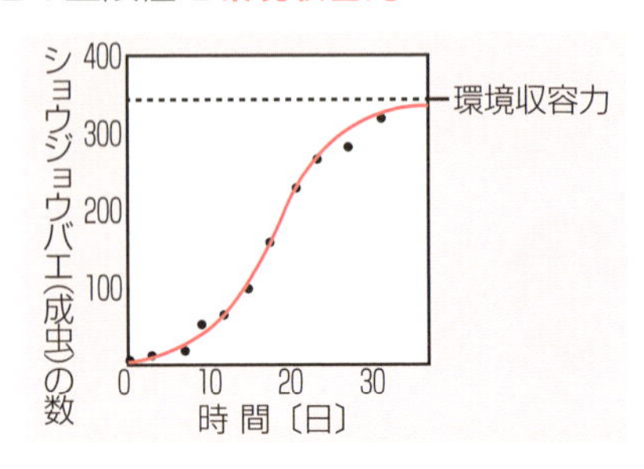

❻ 密度効果

(6)　個体群密度が変化することで，個体の性質（成長速度，出生率，形態的特徴など）が変化することがあり，これを**密度効果**といいます。密度効果の例を見てみましょう！

ダイズの種子を様々な密度で撒いたとしましょう。発芽して……，しばらくすると高密度の集団では個体間で光を巡る**競争**が起きますよね？　競争に敗れた個体は枯死し，生き残った個体もあまり大きくなれません。一方，低密度の集団では多くの個体が十分な光を受けてスクスク育ちます。ですから，低密度の集団の方が，個体数は少ないですが，各個体が大きく育っているので集団全体としての重量は高密度の集団とほとんど変わらなくなります。これを**最終収量一定の法則**といいます。

(7)　次は，動物における密度効果の例を見てみましょう。トノサマバッタの例が面白いと思います！　個体群密度の低い環境で育ったトノサマバッタの幼虫は，長い後肢をもって単独生活するようになります。一方，個体群密度の高い環境で育った幼虫は，からだのサイズに対して翅が長く，集合性の高い性質をもつようになります（下の図を参照）。

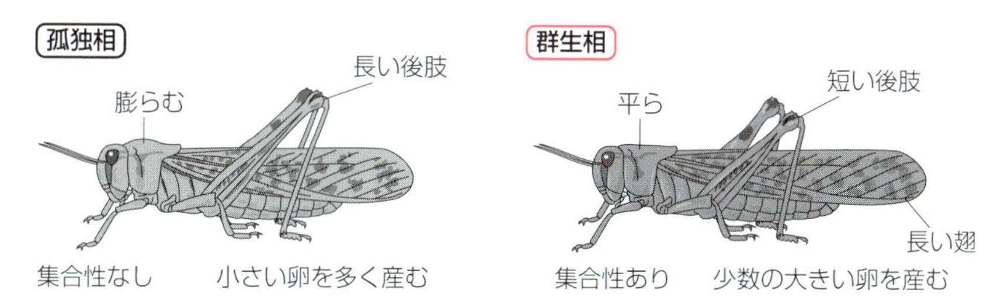

低密度で育ったタイプが**孤独相**，高密度で育ったタイプが**群生相**です。

もはや，同じバッタとは思えませんね！

確かに！　このように，密度効果によって形態などにまとまった変化が起こる場合を特に**相変異**といいます。要するに「スッゴイ密度効果」のことを相変異というイメージです。

⑦ 年齢ピラミッド

(8)　個体群には「赤ちゃん」から「大人」まで様々な年齢の個体が含まれますよね。個体群を構成する個体について，年齢ごとに積み上げて図示したものを**年齢ピラミッド**といいます。年齢ピラミッドを見れば個体群がこれから成長するか衰退するかなどを推測することができるんです！

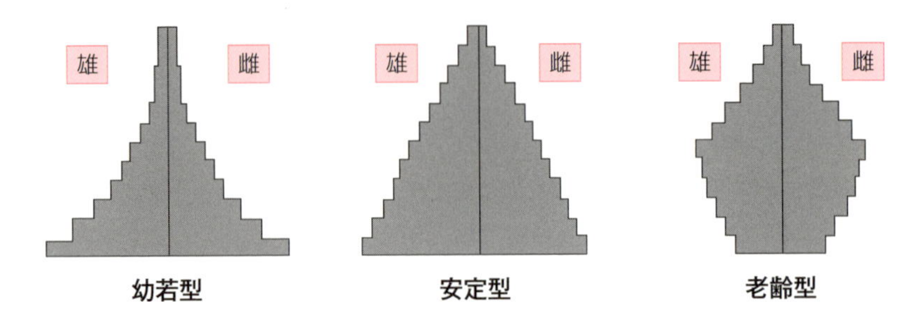

日本の年齢ピラミッドって見たことありませんか？

少子化の問題を説明するときなどに見かけますね！

日本の年齢ピラミッドは典型的な老齢型です。今後，人口が減少していくことが予想できますよね。

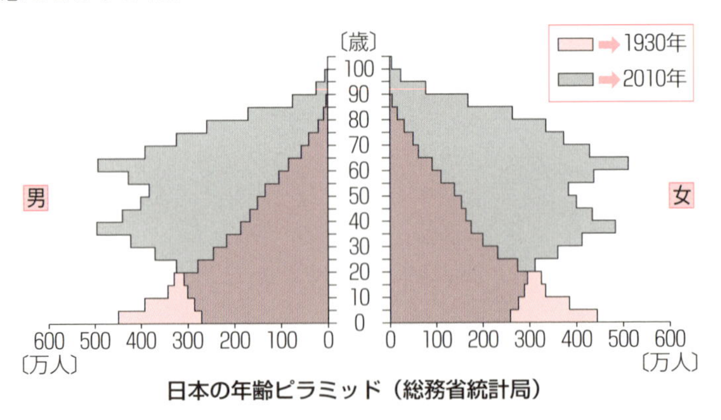

日本の年齢ピラミッド（総務省統計局）

❽ 生命表と生存曲線

(9)　同時期に生まれた集団の個体数が，成長にともなって変化する様子を示す表を**生命表**(せいめいひょう)といいます。そして，生命表をグラフにしたものが**生存曲線**(せいぞんきょくせん)です。

　生存曲線は各年齢における死亡率の違いによって，**晩死型**(ばんしがた)（A），**平均型**(へいきんがた)（B），**早死型**(そうしがた)（C）の3種類に大別されます。よ〜く見て分析すると，生存曲線からはいろいろなことが読みとれますよ！

アメリカシロヒトリの生命表

発育段階	初めの生存数	期間内の死亡数	期間内の死亡率(%)
卵	4287	134	3.1
孵化幼虫	4153	746	18.0
1齢幼虫	3407	1197	35.1
2齢幼虫	2210	333	15.1
3齢幼虫	1877	463	24.7
4〜6齢幼虫	1414	1373	97.1
7齢幼虫	41	29	70.7
前蛹	12	3	25.0
蛹	9	2	22.1
羽化成虫	7	7	100.0

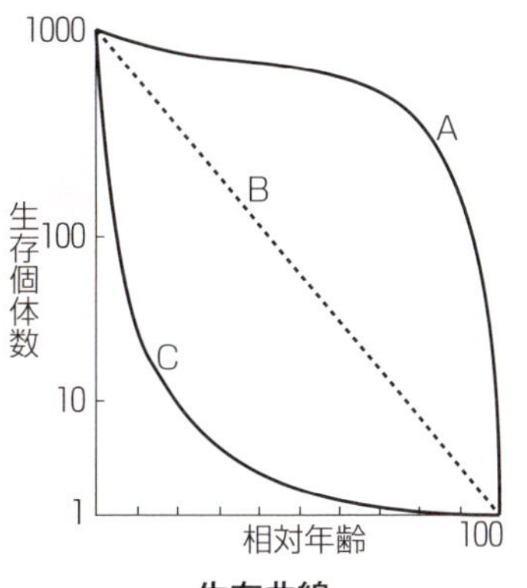

生存曲線

(10)　晩死型になる生物は……，初期の死亡率が低いでしょ？　これは親が子をシッカリと保護しているからです。哺乳類などがこのタイプになることが多いです。シッカリと保護するかわりに，産子数は少なくなります。

確かに，産子数が10万個体もいて，シッカリと保護するなんて物理的に無理ですもんね！

　早死型は，親の保護がほぼないかわりにものすごい数の子や卵を産みます。魚類や貝類などがこのタイプになり，年齢ピラミッドは幼若型になります。平均型は，生涯にわたって死亡率がほぼ一定です。小型の鳥類，は虫類などがこのタイプになります。

平均型は「死亡率が一定」です。死亡数ではなく，死亡率が一定です。いいですね？　死亡率が一定ですよ!!　もう一度だけ叫んでおきましょう。「平均型は死亡率が一定〜！」

➡演習1にチャレンジ！

第7章　生態と環境

2 個体群　―種内関係―

電車で長椅子タイプの座席の場合，両端に座る人が多いよね。

一様分布ですね（笑）

そうだね！　いきなり知らない人の横にピタッと並んで座らないよね。復習は完璧みたいだね。

友達とは集中分布ですよ，もちろん！

❶ 資源と競争

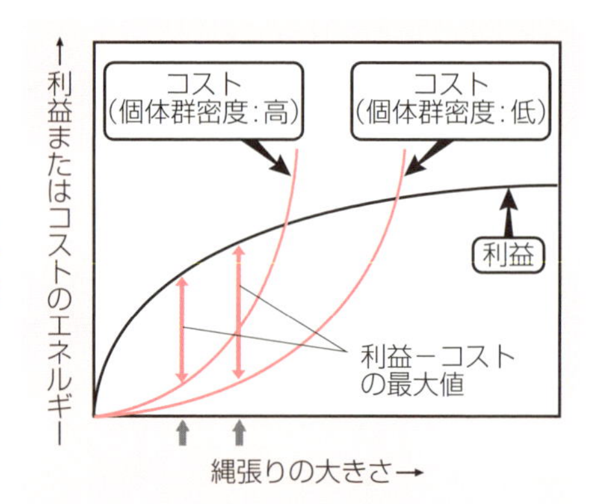

(1)　個体群における個体間の関係について考えましょう。餌，生活場所，配偶相手などの**資源**は有限ですので，これを巡って**種内競争**が起こりますよね？

動物では，**縄張り**をつくって資源を確保しようとする場合が多くあります。縄張りに同種の他個体が侵入してくると追い払って縄張りを防衛します。例えば，縄張りにより餌を独占する場合，むやみに大きな縄張りをつくっても食べられる餌の量には限界がありますので，利益は頭打ちになります。一方，縄張りが大きいほど防衛にコストがかかります。そこで，動物は自然と「利益とコスト」の差が最大になるような最適なサイズの縄張りをつくるんですよ，すごいですよね～？

上の図中の⬆が最適な縄張りのサイズを示しています。

❷ 群　れ

(2)　個体群密度が高い場合には，縄張りの防衛のコストが高すぎて縄張りを維持しにくくなります。すると，縄張りを放棄して**群れ**をつくる場合があります。また，もともと縄張りをつくらずに群れて生活する動物もいますね。

ところで，群れをつくる場合，どれぐらいの個体の群れをつくるのが効率よいんでしょうか？　多ければ多いほどよい……，なんてことはないですよね。

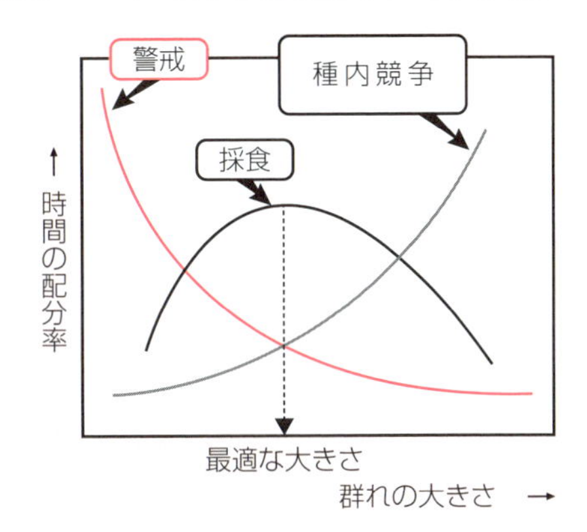

(3)　右の図は，群れの大きさ（＝群れを構成する個体数）によって，3種類の時間配分がどう変化するかを示しています。

群れが大きくなるほど，各個体が警戒のためにつかう時間は少なくてすみます。しかし，食物などの資源を巡る種内競争時間が増えてしまいます。結局，1日の活動時間のうちで**警戒時間**と**種内競争時間**を除いた時間が**採食時間**となり，採食時間が最大となるような群れの大きさが，最適な大きさとなります。

(4)

個体群内に秩序（←ルール）があれば種内競争を緩和できます！　そもそも喧嘩にならにようなしくみをつくるんです！

例えば，群れの中に優位と劣位の順位がある場合を**順位制**といいます。順位が決定すると，順位に従って行動するようになるので争いが減少します。また，ミツバチやシロアリなどの昆虫では，群れの中に明確な分業がみられます。このような昆虫を**社会性昆虫**といいます。

女王バチとか働きバチとかですね!?

❸ 社会性昆虫の血縁度と包括適応度

(5)　ミツバチの働きバチは生殖能力をもたない雌で，**ワーカー**ともよばれます。ワーカーは女王バチの利益のために行動しますね。このような他個体の利益のための行動は**利他行動**といいます。

利他行動が存在するのは，なぜでしょうか？
自分の利益にならない行動が進化するって不思議！

少し先取り学習になるけど……，生物の進化を考える際，ついつい「自分がどれだけ子孫を残せるか」に注目しちゃうよね？　でも，現実には「自分と同じ

遺伝子が子孫にどれだけ広まるか」が大事なんだよ。だから，自身が子孫を残せなくても姉妹関係にある女王バチがものすごくイッパイ子孫を残してくれれば進化的には OK なんです！

(6)　ワーカーについてもう少しシッカリと説明します。ここで大事になるのが**血縁度**(けつえんど)です。血縁度は，注目する2個体が遺伝的にどれくらい近縁かを示す指標となります。

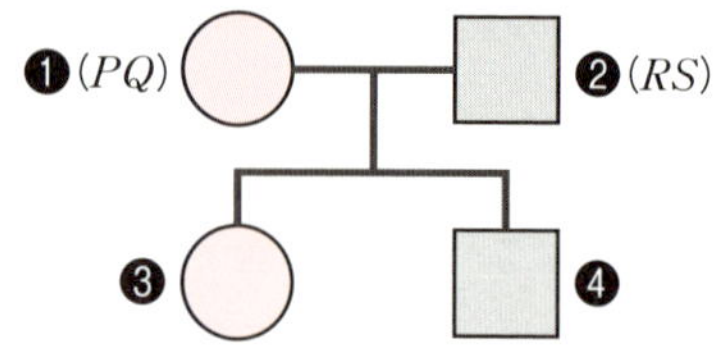

まずは，通常の$2n$の生物で考えましょう！　右の家系図で○が雌，□が雄，雌親（母）の遺伝子型がPQ，雄親（父）の遺伝子型がRSです。

まず，❶と❸……つまり，親子の血縁度を求めましょう。❶の母が❸の娘に「遺伝子Pもっている？」と聞いたとしましょう。

❸が遺伝子Pをもっている確率は $\frac{1}{2}$ ですね！

正解です！　遺伝子Pをもつ確率は $\frac{1}{2}$ ですね。「遺伝子Pを $\frac{1}{2}$ 個もつと期待される」というような解釈でも基本的に OK ですよ。遺伝子Qについても同様に $\frac{1}{2}$ ですので，両者の血縁度は $\frac{1}{2}$ です。

もし，2つの対立遺伝子でこの確率が異なる場合には，平均をとったものが血縁度となります。

(7)　では，❸と❹のような兄弟・姉妹間の血縁度です！　話をスッキリさせるために❸の遺伝子型をPRとしましょう（注：他の遺伝子型と仮定しても結果は同じになります！）。先ほどと同様に，❸が❹に「ねぇねぇ，遺伝子Pをもっている？」と聞きますね。

❶から受け継いでいるか，いないか……，なので，$\frac{1}{2}$ ですね！

その調子です。遺伝子Rについても同様ですから，兄弟姉妹間での血縁度も $\frac{1}{2}$ となります。

この血縁度がミツバチの利他行動の説明になっているんですか……？

では，リクエストにお応えして次のページでいよいよミツバチを扱います！

(8)　ミツバチの核相は雌が$2n$で雄がnなんです！　基本的に女王（$2n$）のみが減数分裂をして卵（n）をつくり，これが受精すると雌（$2n$）が発生し，受精しないと雄（n）が発生します。

予想外の性決定のしくみで，ちょっとビックリしています!!

生じた受精卵（$2n$）から生じる雌の中から選ばれし個体が女王バチに，他の個体が働きバチにあるので，ある世代の女王バチと働きバチは姉妹ということになります。

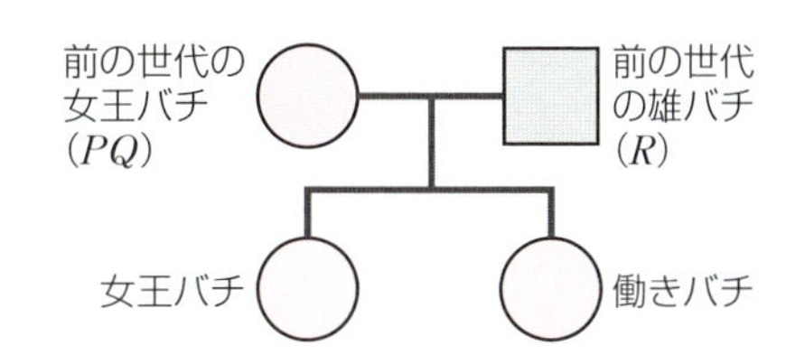

(9)　上の図を用いて，同世代の女王バチ（姉）と働きバチ（妹）の血縁度を求めてみましょう。女王バチの遺伝子型を（PR）とします。

働きバチも絶対に遺伝子Rをもっていることに注意しようね！

「妹よ，遺伝子Pをもっているか？」については，妹がもっている確率$\frac{1}{2}$です。一方，「妹よ，遺伝子Rをもっているか？」については，絶対にもっています。平均すると，血縁度は……$\frac{3}{4}$ですね！

ミツバチの姉妹間の血縁度が，一般的な$2n$の動物の兄弟姉妹間の血縁度よりも大きいことがポイントなのかしら？

(10)　ある個体がどれくらい自分の子を残せるかを**適応度**（てきおうど）といいます。そして，自分の子以外であっても自分と同じ遺伝子をもつ子をどの程度残せるかを**包括適応度**（ほうかつてきおうど）といいます。包括適応度が大きくなるような遺伝子は子孫に伝わって広まりやすいため，進化において有利になります。

働きバチは女王バチの世話を一生懸命して，女王バチが多くの子孫を残せるようにしています。そうすることで，自身が子を残せなくても，包括適応度を大きくすることができますね。

➡演習2，3にチャレンジ！

第7章　生態と環境

3 個体群間の相互作用

異種間での競争が生じた場合，
競争に勝った側はどんな気持ちかな？

「よっしゃー，ガハハ！」みたいなうれしい気持ちですか？

違うんだな！　「あぁ，競争しんどかった～（涙）
まぁ負けるよりマシか……」というイメージなの！

勝った側なのに，なんか意外です！

❶ 生態的地位と共存

(1)　生物群集において，ある生物が必要とする食物や生活空間や時間といった資源の種類や資源の利用のしかたをまとめて**生態的地位**（**ニッチ**）といいます。難しい用語ですので，少しずつイメージをつかんでいきましょう。
(2)　種Aと種Bの生態的地位が極めて似ている場合，どうなるでしょう？　同じ場所で，同じ時間に同じような食物を食べて……

「邪魔だよ～！　その餌をよこせよ!!」って
争いになりそうですね。

そうそう！　生態的地位が非常に近い種が同じ場所にいると**種間競争**が起こってしまう可能性が高いんです！　強烈な種間競争が起こると，一方の種がその空間から排除されてしまう場合があります。これを**競争的排除**といいます。
(3)　冒頭の会話にもある通り，種間競争は勝ったとしても競争にエネルギーや時間を費やしており，損失になってしまうんだよ。だったら，種間競争をなるべく緩和して，できれば回避したいと思わない？

そこで，生態的地位を本来のものからズラすことで種間競争を緩和する場合が多くあります。例えば，食べる餌を変えてみたり，生活空間をちょっと変えてみたりするんです。

さらに生態的地位の近い種と共存する場合に，単に生活空間などを変えたりするだけでなく，形質の変化をともなって生態的地位を変える場合あり，この現象を**形質置換**といいます。

僕は，本当はもっとくちばしが長いはずなんだけど……，種間競争を避けるために，形質置換してくちばしが短くなったんだよ！

❷ 被食者 - 捕食者相互関係

(4)　次は，**被食者 - 捕食者相互関係**，いわゆる「食う - 食われる」の関係だよ。もちろん，食われる側が**被食者**で，食う側が**捕食者**ね。被食者と捕食者の個体数の変動の様子を示した下のグラフを見てみよう！　何か気づくことはないかな？

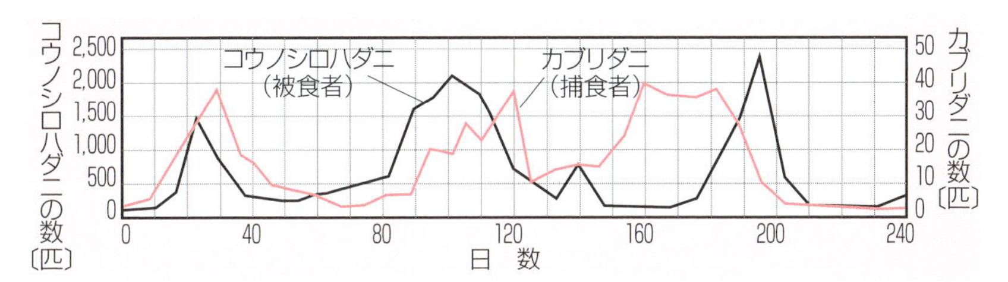

両者の増減のタイミングが，ちょっとずれています！

その通り！　もうちょっと正確にいうと，捕食者の個体数変動の方が少し遅れているよね。被食者が増えると「餌が増えてうれしい！」と捕食者が増える。被食者が減ると「餌不足だ……」と捕食者が減る。

❸ 共生と寄生

(5)　自然界には種間関係によって双方に利益がある場合があり，この関係を**相利共生**といいます。

第２章「10　窒素同化と窒素固定」で学んだ「マメ科植物と根粒菌の関係（⇒ p.64）」も相利共生ですね。

わかりやすい例を挙げると……，虫媒花をつける被子植物と花粉を運ぶ昆虫の関係なんかも相利共生！

被子植物は花粉を運んでもらえてうれしい！
昆虫は蜜をもらえるからうれしい‼

あと知っておきたい相利共生の例としては……，アリとアブラムシです。アブラムシの天敵はテントウムシなんです。アリはテントウムシからアブラムシを守ってくれるんだよ。そして，アブラムシはアリに対して栄養分を含む分泌物を与えます。

アブラムシ君，食物をくれてありがとう♥
お礼にテントウムシから守ってあげるね♪

アブラムシが食べたいんだけどな……
アリがいるから近よれないなぁ（涙）

(6)　一方のみが利益を受けて，他方は実質的な利益も不利益も受けない関係を**片利共生**（へんりきょうせい）といい，カクレウオとナマコの関係が有名ですね。カクレウオはナマコの体内に身を隠すんです。ナマコは……，特に利益も不利益もありません。

他にも，一方の種が他方の種から栄養分などを一方的に奪って不利益を与えるような関係である**寄生**（きせい）などもあります。利益を得る側が寄生者，不利益を被る側が**宿主**（しゅくしゅ）です。宿主の体表に寄生するダニや，体内に寄生するカイチュウ，宿主に卵を産みつける寄生バチなどが代表的です。虫が苦手な方にはレベル高いですので……，自己責任で，インターネットで画像検索してみるとよいでしょう！

あ……，私は……画像はパスでお願いします……（笑）

❹ 間接効果

(7)　種間関係は直接的なものばかりではなく，他の種を介して影響を及ぼす場合があり，この影響を**間接効果**といいます。1つ例をみてみましょう。

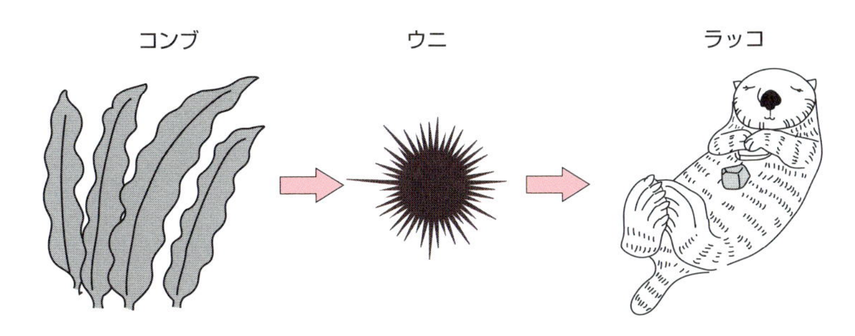

ウニがコンブを食べて，ラッコがウニを食べるんです。ラッコとコンブは直接的な関係はありませんね。しかし，ラッコが増えたとすると……，ウニが減少し，ウニによるコンブの摂食が減るので，コンブは増えます！　ラッコは間接的にコンブの食害を減少させるような作用を及ぼしていることになります。

この海域にシャチの大群が来て，ラッコを次々に食べてしまったとすると，コンブはどうなる？

え～っと，ラッコが減るので，ウニが増えて，コンブは減りますね。

大正解 !!

4 生物群集の構造

ここからは『生物基礎』の内容と関連のある分野です。

ちょっと不安！

もし，自信がないなぁ……という場合は，本シリーズの『生物基礎』を一読してください！　考察問題対策コーナーなどもありますし，役に立ちますよ。

さすが先生！　このスペースでちゃっかり宣伝してますね。

❶ 食物連鎖

(1)　生物群集とは何かについては208ページで解説ずみですね。生物どうしの被食者 - 捕食者相互関係によるつながりを**食物連鎖**(しょくもつれんさ)といいます。実際，生物群集を構成する生物は複数種の生物を食べるし，複数種の生物に食べられるし……と，食う食われるの関係は直線的ではなく，下の図のように網目状になっており，これを**食物網**(しょくもつもう)といいます。

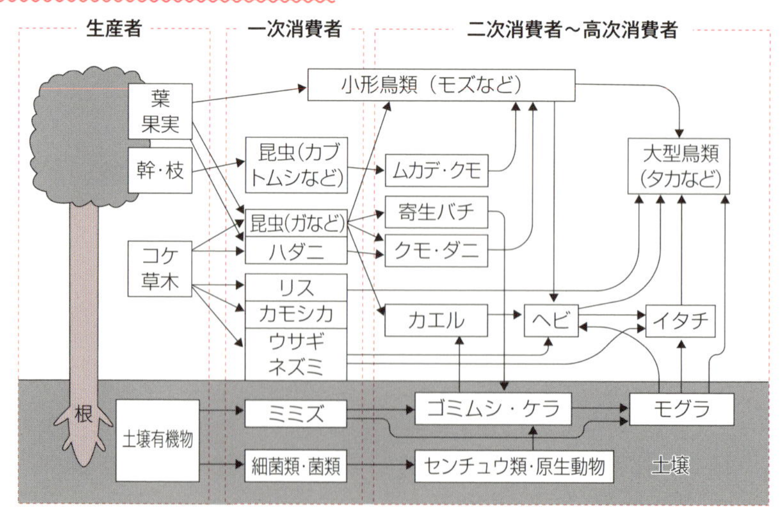

生物の遺骸や落葉・落枝から始まる食物連鎖は**腐食連鎖**とよばれます。

(2)　生物群集において，共通の資源を利用する複数の生物種が競争的排除を起こさずに共存している場合があります。

生態的地位を変えて共存するパターンとは違うしくみがあるんですね。

そうなんです！　他種が共存するしくみとして「捕食者の存在」「かく乱」の2つについて説明していきますよ。

❷ 捕食者の存在

(3)　海岸の岩場にすむイガイとフジツボは生態的地位が近く，捕食者がいない場合，フジツボが競争的に排除されます。

しかし，捕食者のヒトデがいると，イガイの個体群密度が高まらないので，フジツボが排除されず，両者が共存できます！

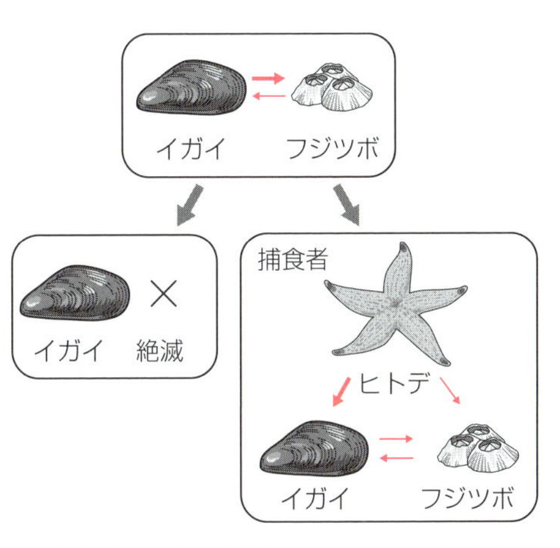

このように，上位捕食者の存在によって，**種多様性**を大きく保てることがあるんですよ。そして，岩場の食物網におけるヒトデのように，生物群集の種多様性を保ち，生態系のバランスを保つのに重要な役割を果たす上位捕食者を**キーストーン種**といいます。

❸ かく乱

(4)　台風，河川の氾濫のように生物群集の状態を乱す現象を**かく乱**といいます。大きなかく乱が頻繁に起こる場合，かく乱に強い一部の種しか生存できず，種多様性が小さくなります。一方，かく乱が非常に少ない場合，種間競争が激化して競争的排除が起こるので，種間競争に強い種ばかりになり，種多様性が小さくなります。

中規模のかく乱が一定頻度で起こると，かく乱に強い種も種間競争に強い種も含めて多くの種が共存できるようになります。

中規模のかく乱が生物群集の種多様性を大きくするという考えを，**中規模かく乱説**といいます。

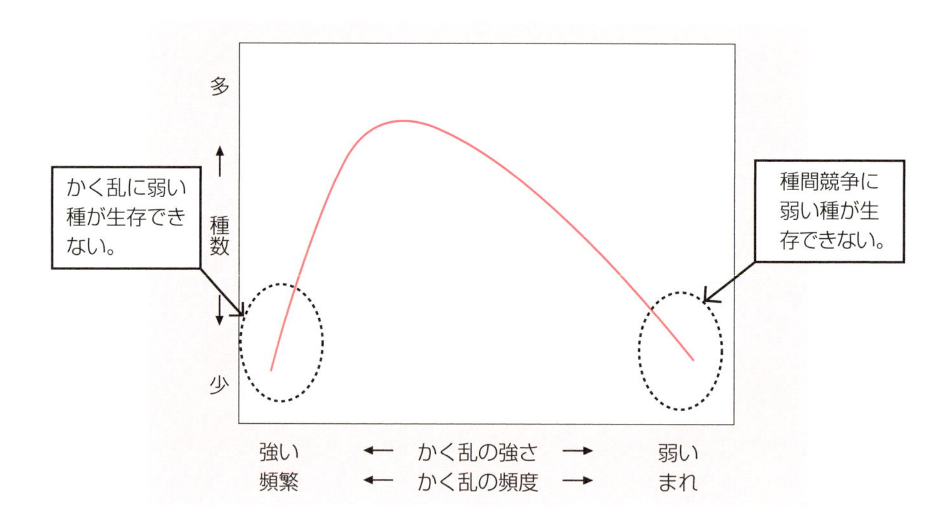

➡演習4にチャレンジ！

第7章　生態と環境

5 物質生産とその定量

生態系において，植物などの独立栄養生物を何という？

生産者（せいさんしゃ）です。

正解♪
では，従属栄養生物である動物や分解者のことを何という？

消費者です！　『生物基礎』の内容ですね……　同じシリーズの『生物基礎の点数が面白いほどとれる本』の宣伝するつもりですね。

(1)　生態系において生産者が光合成によって無機物から有機物をつくる過程のことを**物質生産**（ぶっしつせいさん）といいます。植物の物質生産は主に葉で行われることを踏まえて，どうやったら物質生産を増やせると思いますか？

葉をいっぱいつければ，いいんじゃないんですか？

間違ってはいないんだけど，多くの葉をつけると上側についた葉に光を遮（さえぎ）られてしまって，下側の葉には光が届かなくなるでしょ？

う～ん，ジレンマですね。

❶ 生産構造図

(2)　植物群集の同化器官（葉）と非同化器官（葉以外の茎・枝・花など）の空間的な分布状態を**生産構造**（せいさんこうぞう）といいます。

生産構造はどうやって調べるんですか？

層別刈取法（そうべつかりとりほう）という方法で調べるんだよ。層別刈取法では，まず高さごとの照度を測定しておきます。そして，植物群集を上方から順に一定の厚さの層別に切り分け，同化器官と非同化器官の質量を測定します！　この測定結果をグラフにして示した次のページの図を**生産構造図**（せいさんこうぞうず）といいます。

第7章 生態と環境

生産構造図の特徴は葉の形や配置によって決まります。

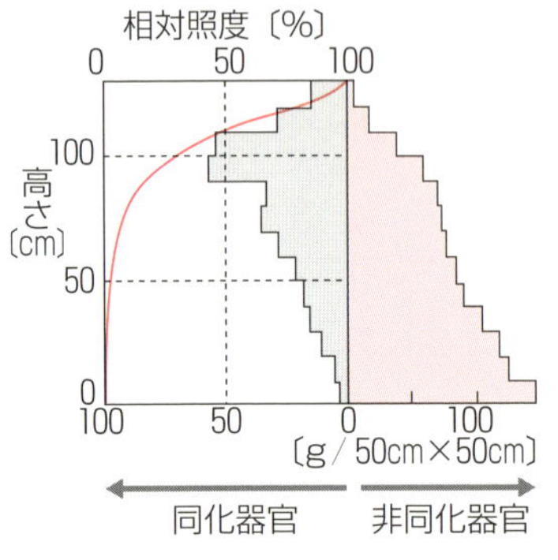

アカザの生産構造図（広葉型）

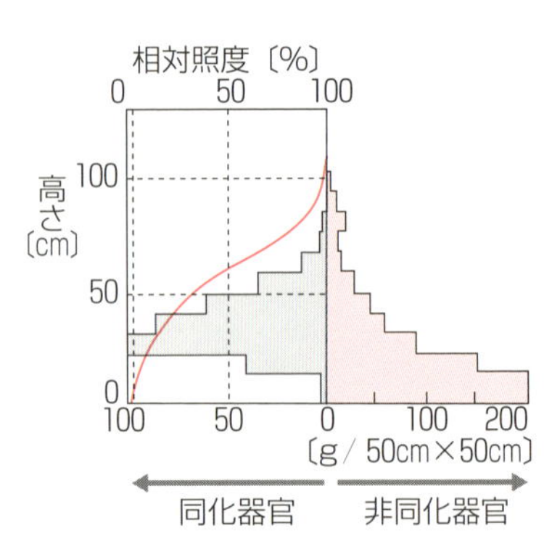

チカラシバの生産構造図（イネ科型）

(3)　草本の植物群集の生産構造図は，**広葉型**（こうようがた）と**イネ科型**（かがた）に大別されます。この生産構造図をじっくり見ていると……，植物群集の映像がイメージできてこないかな？

広葉型の植物群集では，高い位置に葉が多く分布していますが，低い位置にはほとんど葉がありませんね。これは高い位置に水平についた広い葉に光を遮られ，下層に光が届かないからです（下の左図のイメージ）。**アカザ**などが広葉型の代表例です。

一方，イネ科型の植物群集では，下層に多くの葉が分布していますね。これは，茎の低い位置に細長い葉が斜めについているからです（下の右図のイメージ）。**チカラシバ**やススキなどがイネ科型の代表例です。教科書やインターネットで写真を見てみましょうね。

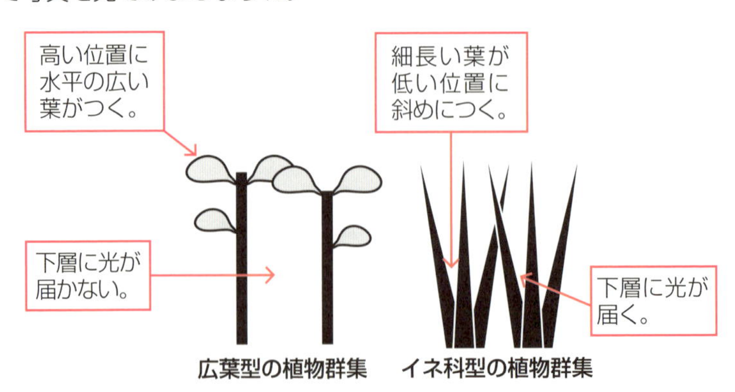

生産者と消費者の物質収支

❶ 生産者の生産量と成長量

(1)　一定面積内に存在する生物量を**現存量**といいます。大雑把にいえば，有機物の重さですね。また，一定面積内の生産者が光合成で生産する有機物の総量を**総生産量**といいます。総生産量の一部は呼吸で消費され，生産者の生命活動に用いられます。この量を**呼吸量**といいます。そして，総生産量から呼吸量を差し引いたものを**純生産量**といいます。

(2)　生産者のからだの一部は，一次消費者に食べられたり，落葉・落枝などで失われたりします。これらの量をそれぞれ**被食量**，**枯死量**といいます。純生産量から被食量と枯死量を引いた残りが，生産者の**成長量**，つまり生産者の現存量の増加分となります。

「**成長量＝純生産量－（被食量＋枯死量）**」という関係だよ。この関係を図にしたものが下の図です。

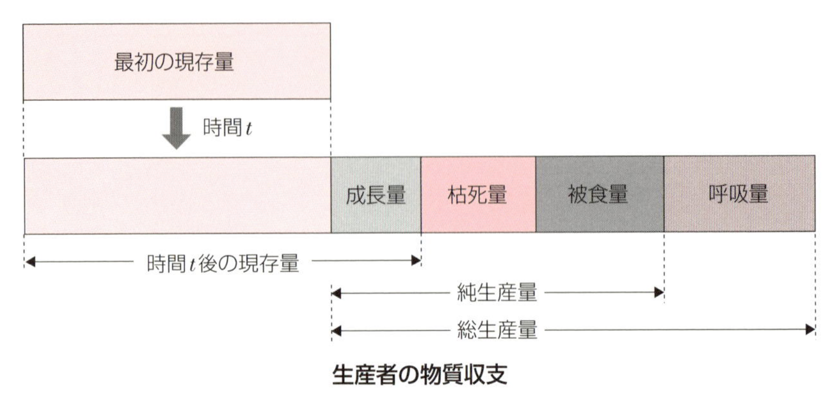

生産者の物質収支

❷ 消費者の同化量と成長量

(3)　次は消費者である動物について考えてみましょう！　動物が食べた量を**摂食量**（せっしょくりょう）といいます。食べた有機物をすべて消化・吸収することはできませんね。ですから，摂食量から**不消化排出量**（ふしょうかはいしゅつりょう）（←うんちの量）を引いた分が実際に吸収される量で，これを**同化量**（どうかりょう）といいます。

「**同化量＝摂食量－不消化排出量**」という関係だよ。

消費者の同化量は生産者の総生産量に相当します。ですので，同化量から**呼吸量**（こきゅうりょう），さらに**被食量**（ひしょくりょう）と**死滅量**（しめつりょう）を引いた残りが消費者の**成長量**（せいちょうりょう）となります。なお，消費者において，同化量から呼吸量を引いた量を**生産量**といいます。

「**成長量＝同化量－（呼吸量＋被食量＋死滅量）**」という関係だよ。この関係を図にしたものが次のページの図です。

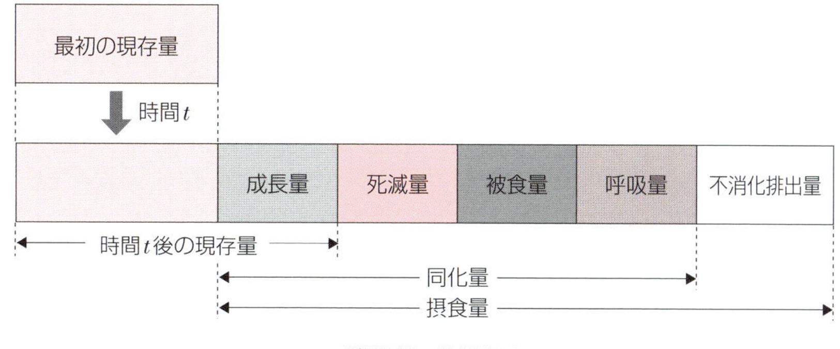

消費者の物質収支

(4)　軽い問題演習をしてみましょう♪

例題

問　ある地域の一次消費者について，最初の現存量が500kg，1年間の測定後の現存量が510kgであった。この1年間の摂食量が100kg，同化量が60kg，呼吸量が30kg，死滅量が5kgであった。この1年間の被食量と不消化排出量を求めよ。

いきなり解説でスイマセン！　不消化排出量は摂食量と同化量の差によって求まるので，100－60＝40kgです。被食量は同化量から呼吸量，死滅量，成長量を引けば求まります。現存量の変化から成長量は510－500＝10kgなので，被食量は60－（30＋5＋10）＝15kgとなります。公式の意味を正確に理解して覚えていれば楽勝ですね。

生態系全体の物質収支

生産者の物質収支も，消費者の物質収支も完璧だね。

公式を図で覚えると便利ですね！

今度は生産者も消費者も分解者も含めた，
みんなまとめた物質収支を考えますよ！

難しそうですが……，がんばります！

(1)　生産者の計算公式の図と消費者の計算公式の図を積み重ねたものが下の図です。一見，複雑ですが……。

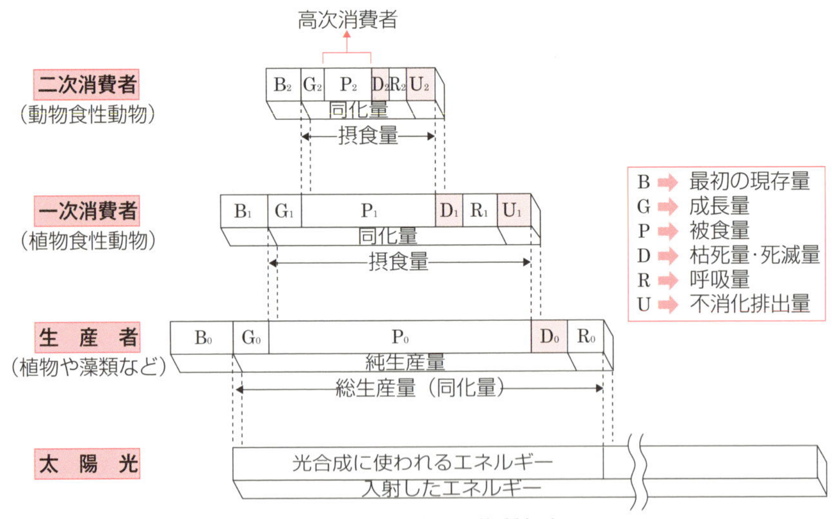

生物群集全体での物質収支

「前の栄養段階の被食量＝次の栄養段階の摂食量」
という関係がポイントだよ。

「生産者が20kg食べられました」ということは「一次消費者が20kg食べました」ということだよね。また，各栄養段階の枯死量，死滅量，不消化排出量は分解者の呼吸によって利用されます。物質は生態系内を循環しているので，遺体や排出物がさらに利用されて……，と続いていくんですね。

❶ 森林の物質収支の変化

(2)　『生物基礎』で学んだ森林の遷移について，もちろん覚えていますね？遷移の進行に伴う森林の物質収支を考えてみましょう。

上側のグラフは総生産量，呼吸量，純生産量の変化を示しています。下側のグラフは純生産量の変化だけを見やすく示したものです。

陽樹林になるまでの遷移の前半では，総生産量がグングン大きくなるので，純生産量も大きくなっていきます。

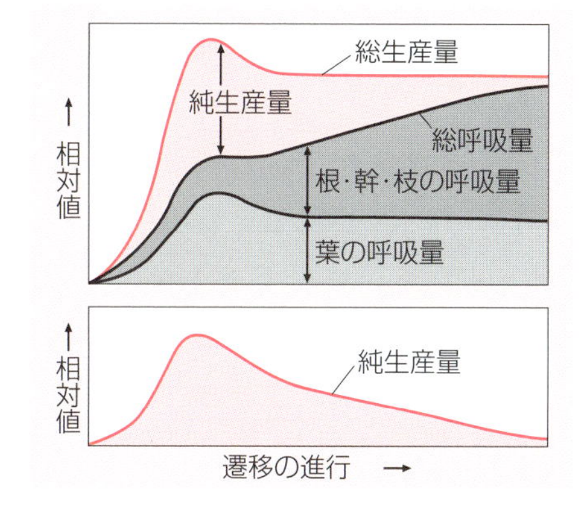

(3)　しかし，遷移の後半になると葉の量が一定になるため総生産量は増加しなくなります。一方，根や幹は増加していき，**極相**になると純生産量が非常に小さくなってしまいます。

結局，極相林ってあまり二酸化炭素を吸収していないことになるんですね！

その通り！　成長している途中の森林は二酸化炭素をドンドン吸収・固定しているんですが，成長しきった極相林は二酸化炭素をあまり吸収していません！

❷ 様々な生態系の物質生産

(4)　様々な生態系の物質生産を右の表にまとめました。表の数値の単位は kgC/(m^2・年)，1m^2あたり，1年に何 kg の炭素に相当する純生産量があるかです。

熱帯多雨林	0.8
サバンナ	0.45
湿原	1.3
外洋	0.13

湿原はすごく多いですね。

湿原の生産者は基本的に草本で，幹や根の呼吸量が小さいので純生産量は大きくなります。また，水不足に陥ることもなく，乾燥による気孔閉口があまり起こらないので水不足による光合成速度の低下が起こりにくいなど，様々な要因で湿原の純生産量が大きくなるんですよ。

➡演習5にチャレンジ！

8 生態系と生物多様性

(1)　地球上に存在する生物は多様です。この生物多様性は，「**遺伝的多様性**」「**種多様性**」「**生態系多様性**」という3つのレベル（＝階層）で考えられます。具体的に見ていきましょう。

(2)　同じ種の同じ形質に関わる遺伝子であっても様々な対立遺伝子があり，各個体のもつ遺伝子の組み合わせは非常に多様ですね。このような遺伝的多様性の大きな集団には寒さに強い遺伝子をもつ個体や，飢餓に強い遺伝子をもつ個体など，様々な個体が含まれる可能性が高く，環境の変化などで絶滅しにくくなります。

(3)　生態系には様々な種の個体群が含まれていますね。生態系における種の多さが種多様性です。一般に，種多様性の大きな生態系の方がかく乱などに対する**復元力**が大きくなります。また，多くの種が偏りなく存在するほど種多様性が大きな生態系と考えられます。

現在，人類が記録できている生物種が約190万種，未知の種はもっともっと，いると考えられています。しかし，人間の活動により多くの種が絶滅に追いやられ，種多様性は近年大きく減少してしまっていますね。

(4)　さらに，地球上には様々な生態系があります。荒原，草原，森林，湖沼，海，干潟……，様々な生態系が存在することで，多くの種が存在します。しかし，例えば，埋め立てによって干潟が失われてしまい，そこに生息していた生物が絶滅してしまうなど，やはり人間活動が生態系の多様性に対しても影響を及ぼしてしまっている現状があります。

生物多様性を低下させてしまう要因について考えてみよう。

(5)　まずは，大規模かく乱です。火山の噴火や大規模な山火事などによって以前の生物多様性が失われ，回復に膨大な時間を要したり，回復不可能になってしまったりします。

中規模かく乱によって多様性が保たれる場合がありましたけど，さすがに大規模かく乱はマズいのですね。

(6)　**外来生物**（がいらいせいぶつ）の侵入が原因となって生物多様性が損なわれることもあります。在来生物が，外来生物の捕食や競争などに対する防御機構をもたないために，外来生物が一挙に増えて生態系のバランスが崩れしまい，在来生物が絶滅に至ることもあります。**オオクチバス**，**マングース**……，『生物基礎』の教科書で様々な**特定外来生物**（とくていがいらいせいぶつ）が紹介されていましたね。

人間活動によって本来の生息場所から別の場所に移され，その場所で定着した生物が外来生物でしたね。

(7)　開発などによる生息地の分断化が原因で生物種が絶滅してしまうこともあります。個体群が分断化されると，小さな個体群（局所個体群）に分かれてしまい，それぞれの局所個体群における遺伝的多様性が小さくなる傾向があります。その結果，性比の偏りや**近親交配**（きんしんこうはい）などにより出生率が低下したり，環境変化や感染症などに対応できなくなったりする可能性が高まってしまいます。

近親交配って，何がダメなんですか？

近親交配っていうのは，血縁関係にある個体どうしの交配のこと。「血縁関係にある個体」っていうのは，共通の祖先がいる個体どうしっていうことだよ。

近親交配では，ホモ接合体が生じる可能性が高くなるんです。よって，有害な劣性（潜性）遺伝子のホモ接合体が生じてしまう可能性が高くなります。このような現象を**近交弱勢**（きんこうじゃくせい）といいます。

生態系からの恩恵（**生態系サービス**（せいたいけい））を今後も継続的に受け続けるため，生物多様性を保全していく必要があります。

➡演習6にチャレンジ！

知識を定着させるための徹底演習

演習1　p.208～p.213の復習

問　ある池の魚X種を投げ網で85匹捕獲し，標識をつけてから元の池に放した。その3日後，再度投げ網でX種を捕獲したところ，15匹の標識個体と30匹の非標識個体が捕獲された。この池のX種の推定個体数として最も適当なものを，一つ選べ。

①　170匹　　②　255匹　　③　510匹　　④　1275匹

演習2　p.208～p.217の復習

問　個体群に関する記述として最も適当なものを，一つ選べ。

①　生存曲線が平均型となる生物は，生涯にわたって各年齢あたりの死亡数がほぼ一定である。

②　個体群密度の低い環境で育ったトノサマバッタは，翅（はね）が長く飛翔力の大きな孤独相になる。

③　多くの個体が縄張りを形成する動物の場合，個体の分布様式は集中分布になる傾向がある。

④　群れの大きさが大きくなると1個体あたりの警戒時間は減少する。

演習3　p.214～p.217の復習

問　同一の両親から生まれたミツバチの姉妹間の血縁度として最も適当なものを，一つ選べ。

①　0　　②　0.25　　③　0.50　　④　0.75

演習4　p.218～p.224の復習

問　相利共生の関係にある種の組み合わせとして最も適当なものを，一つ選べ。

①　カクレウオとナマコ　　②　ウニとコンブ

③　ヒトデとフジツボ　　④　アリとアブラムシ

演習5　p.225～ p.231の復習

問　ある森林の生産者について，呼吸量が A，枯死量が B，被食量が C，最初の現存量が D，1年後の現存量が E であった。この生産者の純生産量として最も適当なものを，一つ選べ。

① A＋B＋C＋D＋E　② A＋B＋C－D＋E

③ B＋C＋D＋E　④ B＋C－D＋E

演習6　p.232～ p.233の復習

問　日本の特定外来生物として**誤っているもの**を，一つ選べ。

① ヤンバルクイナ　② オオクチバス

③ フイリマングース　④ ウシガエル

解答

演習1　②

➡ 全個体数を N（匹）とすると，$\frac{85}{N}=\frac{15}{15+30}$ という関係が成立します。

演習2　④

➡ ①は死亡数ではなく死亡率ですね。②トノサマバッタの翅が長いのは群生相の特徴。③縄張りを形成すると一様分布に近づく傾向があります。

演習3　④

➡ ミツバチは雄の核相が n であることに注意しましょう。不安がある場合は，217ページの解説をもう一度読みましょう！

演習4　④

➡ ①は片利共生，②と③は被食者 - 捕食者相互関係です。

演習5　④

➡ 1年間の成長量が E － D，純生産量は成長量と枯死量と被食量の和ですので，（E － D）＋ B ＋ C となります。

演習6　①

➡ ヤンバルクイナは沖縄の固有種で，絶滅危惧種です。

1 先カンブリア時代

「進化」はどんな分野っていうイメージ？

メッチャ暗記のイメージです……

もちろん暗記することもありますが，
結構アタマを使う分野です。

「暗記，暗記，暗記！」じゃないと聞いて，少し安心しました♪

(1)　地球は約46億年前に誕生しました。そこから5.4億年前までの時代を**先カンブリア時代**といいます。地球上に生物が誕生したのは約40億年前だろうと考えられています。

最初の生物はどんな生物なんですか？

さすがに原核生物です！　しかし，独立栄養生物なのか
従属栄養生物なのかについては，ハッキリとしていません。

❶ 化学進化

(2)　生物が誕生するためには有機物が必要です。原始地球で生物を構成する有機物がつくられる過程を**化学進化**といいます。まずは簡単な有機物が生じ，さらにタンパク質や核酸のような複雑な有機物が生じたと考えられます。

アメリカのミラーが化学進化についての重要な実験を行っています。1950年代当時に原始大気の成分と考えられていたCH_4，NH_3，H_2O，H_2を右の図のようなガラス容器に封入し，高電圧の放電を行った

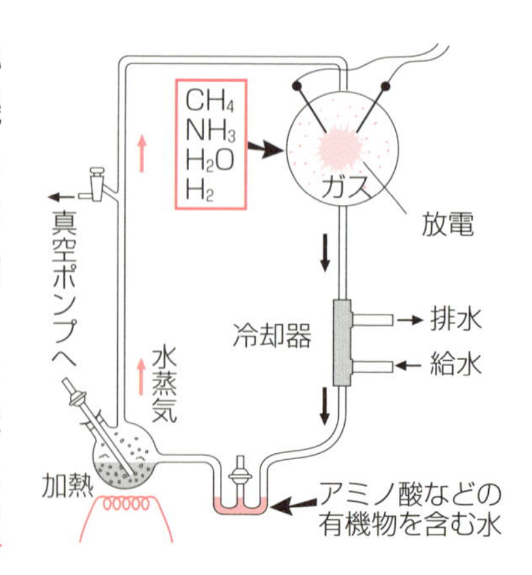

んです。その結果，アミノ酸などの有機物が生じました。原始地球で有機物がつくられる可能性を示したんです。なお，現在考えられている原始大気の組成で同様の実験をしても有機物が生じます。

❷ 自己複製とRNAワールド仮説

(3)　有機物ができただけでは，なかなか生物の誕生には至りません。生物になるためには「秩序だった代謝」を行う必要がありますし，「自己複製」もできないといけません。

代謝は酵素によって行われます。酵素はタンパク質ですので，遺伝子の転写と翻訳でつくられます。生物にとって「DNA・RNA・タンパク質」は必須です！

　ここで問題となるのは，DNA・RNA・タンパク質のどの物質から生命の歴史がスタートしたのか，ということです。現在では，RNAが最初の生命の遺伝情報を担っていたと考えられています！　このような仮説を**RNAワールド仮説**といいます。

最初がRNAワールドだったという根拠は何なんですか？

　HIV，インフルエンザウイルス，コロナウイルスのようにRNAが遺伝情報を担うウイルスがいますし，1980年代に触媒作用をもつRNAが発見されました。RNAが遺伝情報を担うことと，触媒能力の両方をもつことが，RNAワールド仮説が合理的と考えられる理由です。

❸ シアノバクテリアの繁栄

(4)　そんなこんなで（笑），最初の生物が誕生し，原始的な原核生物の中から化学合成細菌，光合成細菌なども現れました。そして，ついに……，光合成で酸素を発生させることのできる細菌であるシアノバクテリアが誕生しました！　シアノバクテリアが群生すると，**ストロマトライト**という層状の岩石が形成されます。約27億年前の地層からストロマトライトが発見されており，この頃には既にシアノバクテリアが繁栄していたと考えられます。

右の写真は，我が家にあるストロマトライトです。約17億年前の地層から見つかったものです。よく見ると層状になっているでしょ？

なお，初期のシアノバクテリアによって放出された酸素は，海水中の鉄と反応し，大量の酸化鉄を海底に沈殿させました。

❹ 共生説

(5) さぁさぁ，地球に酸素が発生しましたよ！

ということは，その酸素をつかって呼吸で大量のATPをつくる生物が現れるんですね！

そこからしばらくして，好気性の生物が誕生して，増殖していったと考えられています。その後，約20億年前に真核生物が誕生したと考えられています。『生物基礎』で学んだ「**共生説**（**細胞内共生説**）」が関わるところですよ！

本シリーズの『生物基礎の点数が面白いほどとれる本』をちゃんと読みました！
好気性細菌とシアノバクテリアが共生して，それぞれミトコンドリアと葉緑体になったという説ですね。

すばらしい！　ついでに，『生物基礎』の本の宣伝もありがとう（笑）ところで，共生の順番はどうなっているかな？

好気性細菌の共生が先になっていますね！
暗記した方がいいですか？

考えてごらん！　最初に葉緑体ができたとして，僕たち動物はどうやって進化するの？　獲得した葉緑体を捨てるの？　先に好気性細菌が共生したと考えるほうが合理的だね！　丸暗記ではないよね♪

(6)　共生説の根拠については，葉緑体とミトコンドリアのもつ以下の特徴が代表的です。

共生説の根拠

> ❶独立した二重膜に包まれている。
> 　➡共生する際に外膜ができたと考えるとつじつまが合う。
> ❷核 DNA とは異なる独自 DNA をもつ。
> 　➡これらの細胞小器官が他の生物だったと考えると合理的。また，近年，ミトコンドリアの DNA と葉緑体の DNA がそれぞれ好気性細菌とシアノバクテリアの DNA と近縁であることが示された。
> ❸細胞内で分裂によって増える。
> 　➡やはり，これらの細胞小器官が他の生物だったと考えると合理的。

近年「真核生物の祖先になった生物は嫌気性の**古細菌**ではないか？」と考えられています。古細菌については，第 9 章で扱いますよ。

　その後，真核生物が進化していき，約10億年前には多細胞生物が現れたと考えられています。

❺　全球凍結とエディアカラ生物群

(7)　約7億年前，地球に大変なことが起こりました！　**全球凍結**です！　北極や南極だけでなく，赤道付近の大陸まで厚い氷河で覆われてしまったんです。このときの全球凍結で多くの生物が絶滅したと考えられています。

　この全球凍結の時代を生き延びた生物が，全球凍結後の暖かくなった地球で急速に分布を広げ，多様化したと考えられています。

このときの全球凍結で生き延びた生物が私の祖先なんですね！そう思うと，感慨深い！

(8)　約7億年前の全球凍結が終わったあとにあたる，約6.5億年前の地層から，比較的大型の多細胞生物の化石が発見されました！　オーストラリアで発見された**エディアカラ生物群**（下の図）はその代表です。

こ……これらは何者ですか!?

クラゲと外見が似ているようなものもいますが，現生の生物との関係は不明なんです。

6　地質時代の分け方

(9)　約5.4億年前に先カンブリア時代が終了します。これ以降の地質時代は，出現する化石の種類の変化に基づいて**古生代**（こせいだい），**中生代**（ちゅうせいだい），**新生代**（しんせいだい）に分けられます。古生代が約5.4〜2.5億年前，中生代が約2.5億年〜6600万年前，新生代が約6600万年前から現在までです。

また，それぞれの「代」はさらに細かな「紀（き）」に分けられます。例えば，中生代は古い側から順に**三畳紀**（さんじょうき），**ジュラ紀**（き），**白亜紀**（はくあき）と分けられます。古生代以降については，次の「2　古生代の生物の変遷」から扱いますね！

➡演習1にチャレンジ！

2 古生代の生物の変遷

古生代の生物で知っているものある？

ハルキゲニアが好きです♪

マニアックだね～！
多くの学生さんはアノマロカリスって答えるんだけど……

ハルキゲニアの歩いている(？)姿を想像すると，
可愛くないですか？

(1)　古生代は古い側から**カンブリア紀**，**オルドビス紀**，**シルル紀**，**デボン紀**，**石炭紀**（せきたんき），**ペルム紀**に分けられます。とりあえず，これは覚えましょう。

(2)　カンブリア紀には様々な動物が出現しました。この現象は**カンブリア大爆発**（だいばくはつ）とよばれています。軟体動物，節足動物……，そして，僕たち脊椎動物も出現しました！

カンブリア紀の動物化石としては，**バージェス動物群**（どうぶつぐん）と**チェンジャン動物群**が有名です。

ハルキゲニアやアノマロカリスは
バージェス動物群の代表例ですね！

初期の脊椎動物は**無顎類**（むがくるい）といって，顎（あご）や歯をもっていなかったと考えられています。その後，無顎類の中からすぐれた遊泳力をもつ硬骨魚類や軟骨魚類が出現し，シルル紀からデボン紀にかけて繁栄しました。

デボン紀には様々な魚類がいたんですが，原始的な肺をもつ硬骨魚類から両生類が誕生したと考えられています。硬い骨格のあるヒレで這（は）い回れるようになって……，ヒレが肢に変化したんです！　下のすばらしい図を参照のこと！

先生の手描きですか？
シュールですね。

うるさいっ（涙）

(3)　さらに石炭紀になると，は虫類が出現しました。は虫類，鳥類，哺乳類は胚が**胚膜**（←羊膜，しょう膜など）という膜に包まれて発生します。このような動物は**羊膜類**といいます。

羊膜類の出現はいつ？　と問われたら，「石炭紀！」って答えるんだよ！

(4)　次は植物の進化！　オルドビス紀の地層から植物の胞子の化石が見つかっており，この頃から植物が陸上で生育していたと考えられています。

最古の植物の化石はシルル紀の地層から見つかった**クックソニア**です！　発見者のクックソンにちなんでつけられたんですよ。維管束はなく……2叉に分かれた茎の先端に胞子のう（←胞子をつくる袋）があります（右の図）。その後，維管束をもつ**シダ植物**へと進化していったと考えられています。

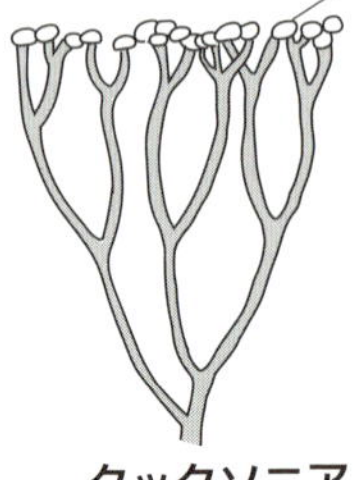

クックソニア

(5)　陸上植物は葉や根をもつようになります。そして，温暖な石炭紀になると……，シダ植物が巨大化します！　**リンボク**などの高さ数十 m を超えるシダ植物が大森林をつくり，繁栄しました。

石炭紀は温暖でとても「よい環境」だったんだね。我々が採掘している石炭の多くはこの時代のシダ植物の遺体なんだよ！

なお，デボン紀末には種子をつくる原始的な**裸子植物**が出現していました！

(6)　なお，ダニのような節足動物はシルル紀に陸上に進出し，石炭紀に入ると昆虫も陸上に進出しました。70cm にもなるトンボの化石や，2m を超えるムカデの化石なんかが発見されています!!

(7)　ペルム紀が……，すごいんです……ヤバいんです。ペルム紀末には地球規模で火山活動が活発化し，これがきっかけとなって地質時代最大の大量絶滅が起こりました。当時の地球上の生物の大半が絶滅してしまったといわれています。

この大絶滅をどうにかこうにか生き延びた生物たちが，中生代で繁栄することになります。

3 中生代・新生代の生物の変遷

中生代の生物で好きな生物は？

トリケラトプスですね♪

おっ！　うちの娘といっしょだ♪
kera- は「角」っていう意味で，角が３本でトリケラトプス！

皮膚の角質層のケラチンと同じ語源でしたね。
『生物基礎の点数が面白いほどとれる本』に書いてありました！

(1)　中生代といえば「種子植物の繁栄」「は虫類の繁栄」というイメージだよ！　**恐竜**がいた時代だね。

三畳紀には，哺乳類が出現しました。は虫類から……，ではなく，羊膜類の共通の祖先から哺乳類が生じた（下の図）と考えられています。

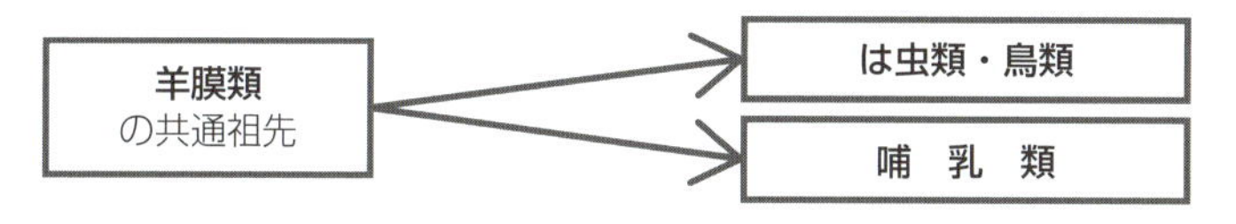

ジュラ紀には，鳥類が羽毛をもつ肉食の恐竜から誕生しました。また，鳥類とは虫類の中間的な形質を示す**始祖鳥**（しそちょう）の化石がジュラ紀の地層から発見されています。外見は鳥なんだけどね……。現在の鳥には存在しない歯や尾骨などがあるんだよ。

あと，海の中では軟体動物の**アンモナイト**が繁栄していたね！

(2)

哺乳類はこのころ，どんな進化をしていたんですか？
哺乳類の私としては気になります。

気になりますよね？　白亜紀になるまで，あまり多様化することもなく細々と（？）がんばっていたようですよ。白亜紀になると，**単孔類**（たんこうるい），**有袋類**（ゆうたいるい），**真獣類**（しんじゅうるい）（⇒ p.276）の祖先が現れ，恐竜などが滅びたあとの新生代に繁栄することになりますので，しばらくお待ちください♪

(3)　中生代の序盤は比較的乾燥していたんです。しかし，種子植物は乾燥した時期などを種子の状態でやり過ごすことができるため，乾燥した内陸部へも分布を広げられました。その結果，ジュラ紀には裸子植物の森林が多く出現しました。

また，白亜紀の前半には胚珠が子房に包まれている植物……，そうです，**被子植物**が出現していました。

(4)　今から約6600万年前，中生代が終わります。

な……何があったんですか？

またしても，大絶滅です。

それまで繁栄していた**アンモナイト**，恐竜が絶滅し，針葉樹も大幅に衰退してしまいました。現在では，メキシコに巨大な隕石が落下したことがこの大絶滅の原因と考えられています。

(5)　そして，ついに**新生代**です！　古第三紀は暖かかったため，世界中に熱帯多雨林ができたと考えられています。このとき，哺乳類がドンドンと**種分化**(←複数の種に分かれていくこと）しました。古第三紀末に乾燥化が進むと，森林が縮小して草原が広がりました。

古第三紀から新第三紀にかけての植物の変遷は，後々のヒトの進化を学ぶ上で重要になります！　ちょっと先取りしておくと……，古第三紀に霊長類が出現し，新第三紀に人類が出現したんだ！　またあとで学ぼう！

被子植物のスゴいところの一つとして，動物との相互関係（特に，共生関係）をもったことです！　昆虫などに花粉を運搬してもらったり，動物に種子を散布してもらったりね。このとき，被子植物と相互関係をもった動物とが互いに影響を及ぼし合いながら進化しました。このような進化は**共進化**（⇒ p.251）といい，共進化によって被子植物が多様化したと考えられています。

(6)　新第三紀には人類が出現しました。そして，いよいよ第四紀です。第四紀は，寒冷な氷期と温暖な間氷期とがくり返され，これによって生物の分布が大きく変化しています。そんな中でも哺乳類や被子植物は，様々な環境に適応して生活範囲を拡大していきます！

➡演習2にチャレンジ！

4 ヒトの進化

ヒトにはないけどゴリラにはある特徴，何かある？

ええっ!?　ヒトにある特徴なら簡単なのに……

いっぱいあるよ！「大後頭孔（だいこうとうこう）が背側にある」とか！

そんな「常識じゃゃん♪」みたいに言われても……

❶ 霊長類の出現

(1)　ヒトの進化の前半は「**霊長類**（れいちょうるい）の出現」です！

霊長類（←サルのなかま）の祖先は哺乳類の中の**食虫類**（しょくちゅうるい）のようなグループと考えられています。新世代になると，このグループが樹上生活を始め，樹上生活に適応していったんです。

樹上生活に適応したっていうことは，
具体的にどういう変化が起きたんですか？

まずは指です！　霊長類の指は，**拇指対向性**（ぼしたいこうせい）といって親指と他の4本の指が向かい合っているので，木の枝などを掴（つか）みやすくなっています。また，爪が**平爪**（ひらづめ）になっています。下の図のツパイの手（←原始食虫類に似ている）のような**かぎ爪**（づめ）ではちゃんと枝を握れませんね。

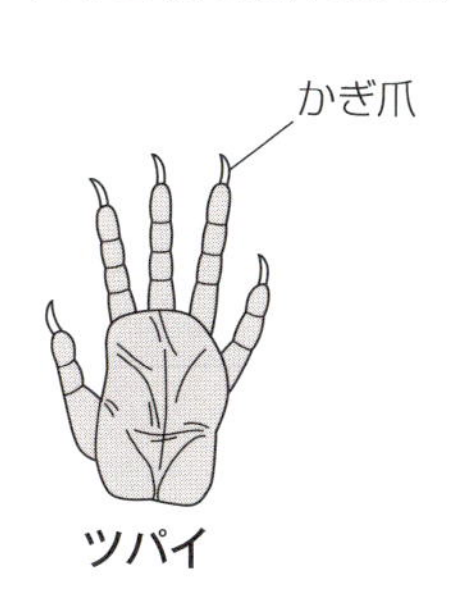

ツパイ

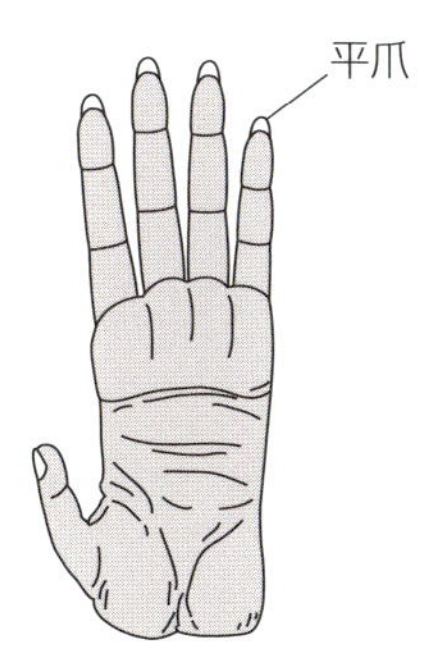

オランウータン

(2)　もう1つは眼です！

霊長類の眼は顔の前面にあります。すると，両眼で見れて立体視できる範囲が広くなります。これで「隣の枝にジャンプ！」とかがしやすくなりますよね。

また，霊長類は嗅覚よりも視覚に依存するように進化しました。

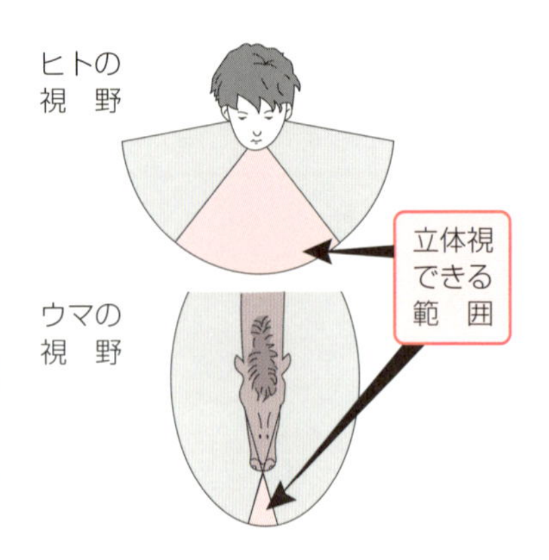

(3)　新第三紀の初期に，霊長類から**類人猿**が現れました！　現生の類人猿の中にはゴリラのように地上生活をするものもいますね。

類人猿は，ヒトに似た形態をもつ比較的大型の霊長類で，尾をもたないという特徴があります！

❷　ヒトへの進化

(4)　ヒトの進化の後半は「類人猿からヒトへの進化」です！

この進化の過程で何が起きたのかというと……，**直立二足歩行**です。直立二足歩行を行う点がヒトの特徴です。最古の人類の化石はアフリカの約700万年前の地層から発見されています。さらに，約420万～150万年前の地層からは**アウストラロピテクス**の化石が多数発見されています。これら初期の人類は**猿人**とよばれています。

チンパンジー，アウストラロピテクス，**ホモ・サピエンス**（現代人）の頭骨を比較した下の図と全身骨格を比較した次のページの図を見てみましょう！

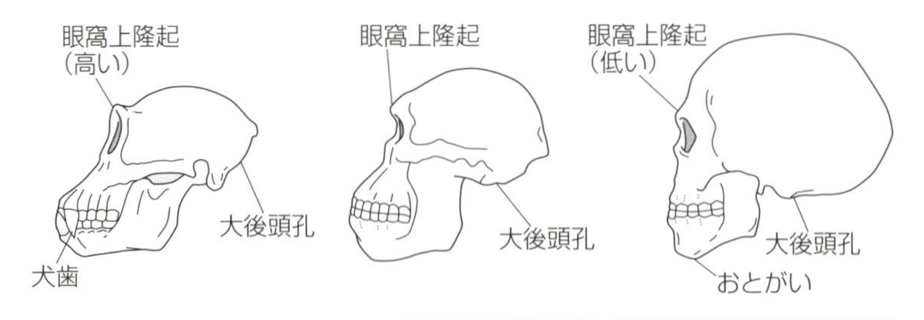

頭骨の比較

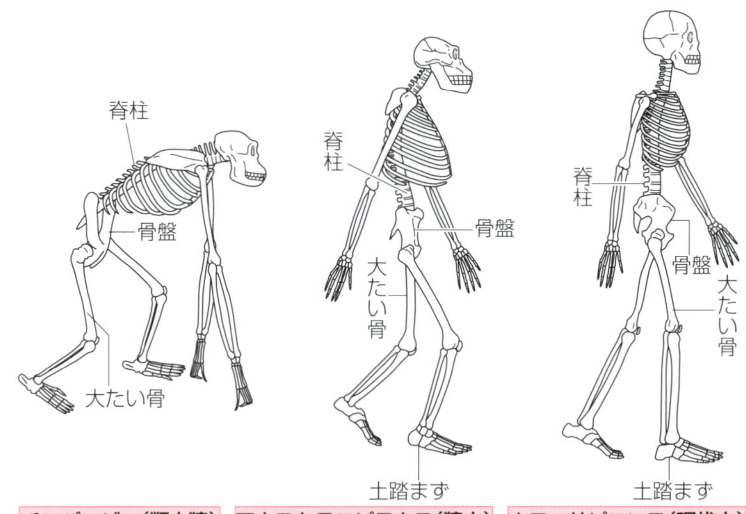

全身骨格の比較

(5)　頭骨を比較したら何がわかるかな？

大後頭孔っていうものの場所が違います！
そもそも大後頭孔が何か知りませんけど……

大後頭孔の説明からしないとね。頭骨には何か所も孔があり，大後頭孔は脊椎（←背骨のこと）が繋がっている位置の孔です。つまり，この孔には中枢神経が通っています。直立二足歩行をするには，頭骨の真下の位置で頭を支えないとシンドイでしょ？　よって，ホモ・サピエンスの場合，大後頭孔が頭骨の真下に存在します！

また，進化にともなって眼の上の骨の隆起（**眼窩上隆起**）が小さくなっています。さらに，ホモ・サピエンスでは，顎の先端がとがっていますね？　このとがった部分は**おとがい**といいます。おとがいは類人猿や猿人の顎にはありませんね。

(6)　全身の骨格を見てみましょう！

類人猿は腕が長い～！

正解です！　人類は直立二足歩行することで腕（＝前あし）を移動のために使わなくなりました。その結果，腕がコンパクトになり様々な作業に用いることができ，脳の発達に繋がったんです！　調子がいいですね，他にはどんな違いがあるかな？

何と言えばいいんだろう……，チンパンジーは猫背というか……

OK！　人類の脊椎はS字状に湾曲していて，直立二足歩行の衝撃を和らげてくれています。また，人類のあしには**土踏まず**（つちふまず）があるよね。これも直立二足歩行の衝撃を和らげてくれるんです。

また，この図ではわからないですが，類人猿からホモ・サピエンスへの進化の過程で**骨盤**（こつばん）が横に広くなっていくんです。骨盤が横に広くなることで，直立した姿勢で内臓を支えられるようになったんです！

このような変化にともない，大脳がドンドン発達していったと考えられています。

❸　ホモ・サピエンスの出現と拡散

(7)　アフリカで出現した人類がどのように世界に広がっていったのかを学びましょう。

約250万年前になると，猿人の中から**ホモ・エレクトス**などの**原人**（げんじん）が現れました。原人の化石はアフリカだけでなくアジアやヨーロッパでも発見されていますので，人類がついにアフリカ大陸から出たんですね。原人は形の整った石器を使い，火を使用していた証拠もあります。脳容積は約1000mLでした。猿人の脳容積はゴリラとほぼ同じで約500mLですので，脳容積が一気に大きくなったんです！

(8)　約80万年前には脳容積がさらに大きな**旧人**（きゅうじん）が現れました。そして，約30万年前の中近東からヨーロッパに**ネアンデルタール人**という旧人が広がりました。ネアンデルタール人は骨格が頑丈で，脳容積も大きく，ある程度の文化もあったようですが，寒冷化などの要因で約3万年前に絶滅しました。

(9)　そして，約30万年前，いよいよホモ・サピエンスが出現！

ミトコンドリアのDNAなどの解析から，ホモ・サピエンスの中でも，我々現生人類の直系の祖先は，約20万年前のアフリカで誕生したと考えられています。そして，その一部が約10万年前から世界各地に広がっていきました。

かつては数種類の人類が生息していたようですが，現在の人類はホモ・サピエンス1種のみとなっています。参考までに，ホモ・サピエンスが世界に拡散していった様子を示す図です！

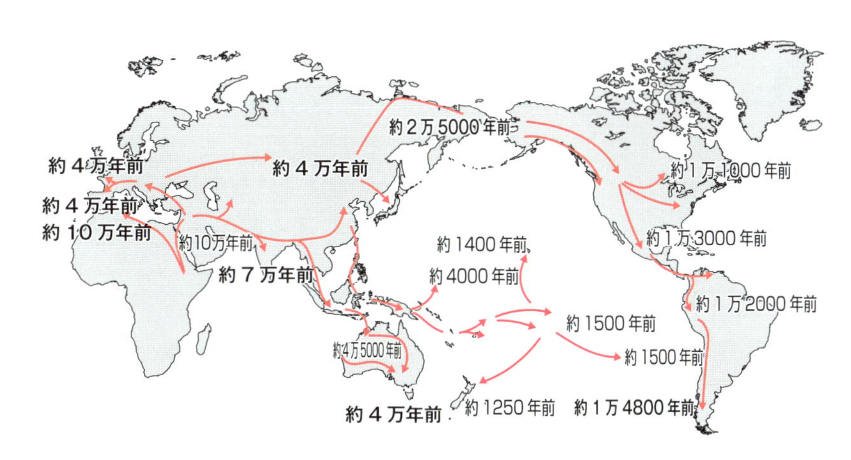

参考として，類人猿とヒトの関係を示した系統樹をのせておくよ！

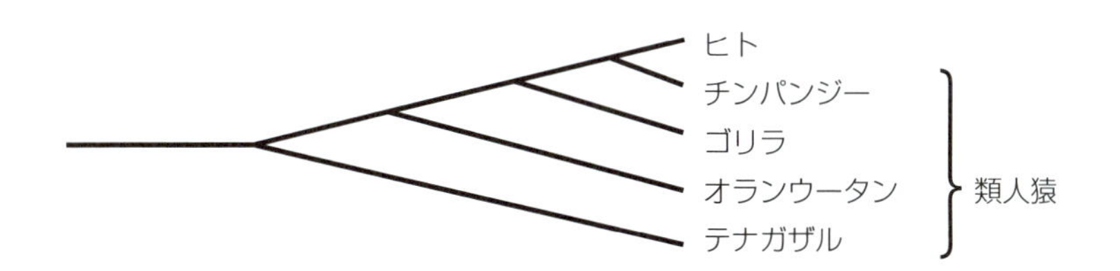

➡演習3にチャレンジ！

5 進化のしくみ

進化を身近に感じることってなかなかないよね？

私の好きなゲームの主人公が，昨日，進化しましたよ。

う〜〜ん，困った……，生物学の進化の話なんだけどなぁ。

さすがに，ゲームの話ではないだろうとは思っていました，すいません。

(1)　まず，そもそも「進化」とは何でしょう？

……生物が変化することでしょうか？

バツとは言えませんが不十分です。いやぁ，定義って難しいよね。進化というのは，何世代も経る中で生物の集団が変化していくことを指します。

「集団の中に新しい形質をもつ個体が１個体出現した！」というのは進化ではないんですよ。

また，進化は目的をもって進むものではありません。「より多くのエサを獲得するために……」「雌にモテるために……」というような進化はありません。

❶ 突然変異

(2)　進化は，集団の中で**突然変異**（mutation）が起き，生じた新しい対立遺伝子が**自然選択**や**遺伝的浮動**（⇒ p.252）といった要因によって集団内に広がることにより起こります。

集団内にみられる形質の違いは**変異**（variation）といいます。変異には**遺伝的変異**（←遺伝する変異）と**環境変異**（←遺伝しない変異）があり，遺伝的変異は突然変異によって生じます。

「血液型」などは遺伝的変異,「数学が得意」などは環境変異だね。

❷ 自然選択による適応進化

(3)　集団には遺伝的変異があり，生存や繁殖に有利なものや不利なもの，さらに中立的なものがあります。生存や繁殖に有利な形質をもつ個体は，多くの子孫を残すことができますね。これを**自然選択**といいます。自然選択の結果，有利な形質をもつ個体の割合が高まり，環境に**適応**した集団になっていきます。これを**適応進化**といいます。

(4)　自然選択による適応進化の例を見ていきますよ！

① **工業暗化**

イギリスに生息するガ（オオシモフリエダシャク）の体色には明色型と暗色型があり，もともとは大半が明色型だったんです。しかし，19世紀後半に工業地帯からの排煙が原因で，樹皮が黒っぽくなり，目立つようになった明色型の個体の多くが天敵に捕食されてしまいました。

その結果，工業地帯では9割以上のガが暗色型になったんです！　この現象を工業暗化といいます。

人間の活動が原因で，一気に適応進化が進んでしまったイメージですね。

② **共進化**

適応進化は「暑い」「暗い」といった非生物的環境への適応だけでなく，他の生物との関係に対して適応することがあります。このような，生物が互いに影響を与えながら進化する現象を**共進化**といいます！

右の図を見てみましょう！　マダガスカル島に生育している花(アンガレカム・セスキペダレランのなかま)の断面とその蜜を吸うガ(キサントパンスズメガ)の図です。

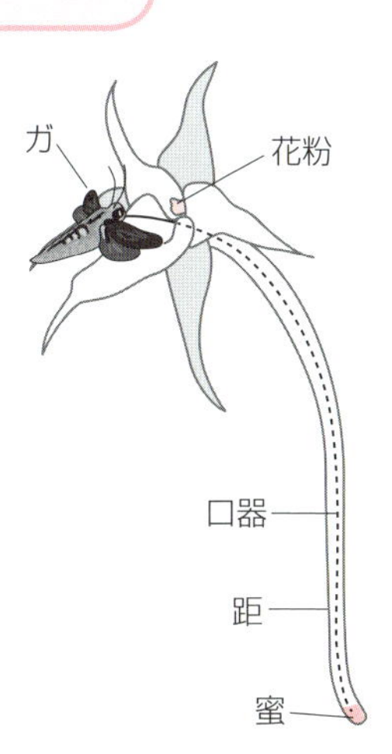

ガの口器は長すぎやしませんか？

この花は距という管の奥に蜜を溜めるんです。こんな位置にある蜜には，普通の口器では届かないですよね？　でも，たまたま長～い口器をもったガは蜜を吸えて有利だったので，口器が長くなるような適応進化をしたんですね。

第8章 生物の進化

一方，花の側からすると，距が長いほうがガに多くの花粉を付けることができて有利なので，距が長くなるような適応進化をします。結果として，ガの口器がドンドン長く，距もドンドン長くなるような共進化をしたんですね。

他の生物と似た色や形になる**擬態**，配偶行動において異性に選ばれるかどうかによる**性選択**も自然選択の代表例だよ。

❸ 遺伝的浮動

(5)　次は遺伝的浮動の説明です！　これを理解するためには，生物集団を**遺伝子プール**としてみられるようになっておく必要があります。

プールっていうのは，あの泳ぐプールですか？

まぁ，泳ぐわけじゃないけど，そのイメージかな。例えば，左下の「3個体の集団」があるよね？　この集団を右下のように「6個の遺伝子のプール」って考えるんだよ。

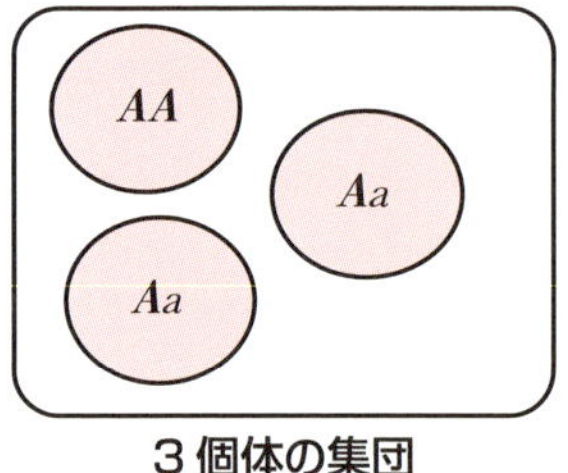

3 個体の集団

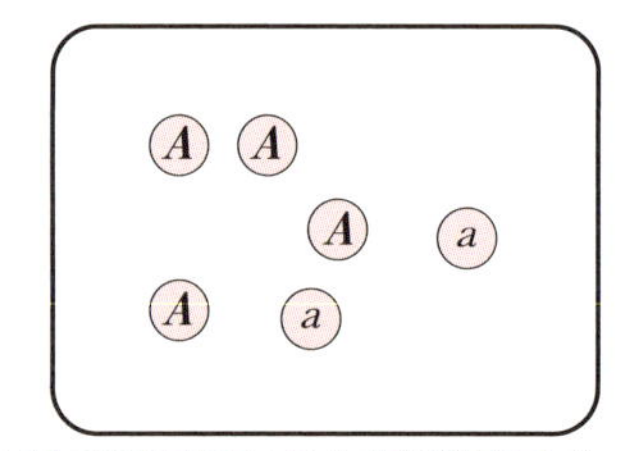

6 個の遺伝子からなる遺伝子プール

遺伝子プールを見ると，この集団における遺伝子 A の頻度が $\frac{2}{3}$ とわかるよね？　進化というものは「遺伝子プールを構成する遺伝子頻度が変化していくこと」と捕らえることができるんです。

(6)　遺伝的浮動というのは，偶然に遺伝子頻度が変化することです。すべての進化を適応進化で説明できません。だって，進化には偶然の影響が必ずありますからね。

小さい集団ほど偶然の影響を受けやすい。
つまり，遺伝的浮動は，小さい集団の方が起こりやすいんです！

(7)　新たな突然変異が起こり，DNA の塩基配列やタンパク質のアミノ酸配列が変化しても，形質に変化が起こらず自然選択を受けない場合が多くあります。このような突然変異を**中立な突然変異**といいます。

中立な突然変異によって生じた新たな対立遺伝子はその後どうなっていくでしょうか？　集団に広がらずに消えることが多いのですが，遺伝的浮動によって集団に広がることもあります。このようにして起こる分子レベルでの進化は**中立進化**とよばれます。

❹ 隔離と種分化

(8)　1つの種から新しい種ができたり，複数の種に分かれたりすることを**種分化**といいます。種分化は**隔離**によって起こります。

山脈や海などの形成によって遺伝子プールが分断されることを**地理的隔離**といいます。分断された集団はそれぞれの環境に適応しながら進化していきます。長い年月の間に遺伝的な差異が大きくなっていき，両者が交配できなくなる場合があります。このような状態を**生殖的隔離**といいます。生殖的隔離が成立すると，両者は別の種と考えられ，種分化が起きたことになります。

(9)　地理的隔離による種分化では，新たに生じる複数の種が異なる地域に分布する状態になりますね。このような種分化を**異所的種分化**といいます。

ガラパゴス諸島にはダーウィンフィンチという鳥が 14 種も分布しています。これは異所的種分化の代表例です！

一方，地理的隔離を受けていない状態で種分化が起こる場合もあり，これは**同所的種分化**といいます。

同じ場所にいるのに種分化が起こるって不思議ですね。

確かに不思議に感じるかもね。具体的なイメージをつかむために，次の例をいっしょに考えてみましょう！

ある昆虫Ｔは，植物Ａの果実に産卵し，幼虫がこの果実を食べます。この地域に植物Ｂが植えられ，一部の昆虫Ｔが植物Ｂの果実に産卵するようになりました。植物Ａと植物Ｂは果実が熟す時期が異なるので，植物Ａで育った個体と植物Ｂで育った個体が出会わなくなり，両者の間での交配が起こらなくなってしまいました！

あっ！　同じ場所にいるのに互いに交配できない２つの集団に分かれた状態になっていますね！

その通り！　このまま長い時間が経過すると，両者の間に生殖的隔離が成立する可能性があるよね。

(10)　植物では，異種交雑によって雑種が生じ，雑種個体の染色体数が倍加する倍数化により短期間に種分化が起こる場合があります。コムギの種分化などがこの代表例になります。

➡演習4にチャレンジ！

6 ハーディ・ワインベルグの法則

イギリスの数学者ハーディとドイツの医師ワインベルグがそれぞれ独立に導きだした法則ですよ！

二人とも，生物学者ではないんですね。

遺伝子プールがどのように変化するか，あるいは変化しないかを考える上で重要になる法則です！

(1)　次の5つの条件を満たす集団では，世代を経ても遺伝子頻度が変化しないことが明らかにされています。

遺伝子頻度が変化しない条件

❶　集団を構成する個体数が非常に多く，遺伝的浮動の影響を無視することができる。
➡遺伝的浮動による遺伝子頻度の変化が起こらない。
❷　個体によって生存力や繁殖力に差がない。
➡自然選択による遺伝子頻度の変化が起こらない。
❸　集団内で新たな突然変異が起こらない。
❹　注目している遺伝子について，**自由交配**（じゆうこうはい）（ランダムな交配）が行われている。
❺　他の集団との間で個体の移出入が起こらない。

この5条件が成立する集団では遺伝子頻度が変わらない，という法則を**ハーディ・ワインベルグの法則**といいます。なお，実際の生物集団では，この5条件が厳密に成立することはないので，生物集団は変化していくんです。

(2)　この5条件が成立している集団ってどんな集団だろう？

「**自由交配**で次世代を残し続けていて，遺伝子頻度が変化しない状態になっている集団」という感じでしょうか？

パーフェクトです！

5条件が成立している集団Xにおいて，対立遺伝子 A と a の遺伝子頻度をそれぞれ p，q とします。なお，頻度は総和が1になるような値ですので，$p+q=1$ です。この集団において，自由交配によって生じた次世代はどのような集団になるでしょう？

(3)　自由交配はランダムな交配ということです。つまり，遺伝子プールの中からランダムに遺伝子を2つ取り出して合体させるイメージです。A を取り出す確率が p，a を取り出す確率が q となるよね？

よって，集団Xで自由交配をして遺伝子型が AA，Aa，aa の子が生じる確率は……それぞれ p^2，$2pq$，q^2 になるよね。ということで，自由交配は次のような式の展開によって求められるんです！

$$(pA+qa)^2=p^2AA+2pqAa+q^2aa$$

なるほど，この式はそういう意味だったんですね！

(4)　集団Xは5条件が成立していますので，集団Xについても $AA:Aa:aa=p^2:2pq:q^2$ という関係だったことになります。この関係は非常に重要なので，公式のようにバンバン使っていきます。

はい，例題！　がんばってみよう！

例題

ある植物の花色について，赤花が優性（顕性），白花が劣性（潜性）で，赤花遺伝子と白花遺伝子をそれぞれ A，a とする。この植物のハーディ・ワインベルグの法則が成立している集団において，赤花の個体の割合が91%であった。この集団においてヘテロ接合体は何%かを求めよ。

この集団の遺伝子頻度について $A:a=p:q$ とします。ハーディ・ワインベルグの法則が成立しているので，遺伝子型が aa の白花個体の頻度は q^2 です。白花個体が全体の9%なので，$q^2=0.09$ という関係が成立し，$q=0.3$ とわかり，この集団の遺伝子頻度について $A:a=0.7:0.3$ とわかります。

ということは……

$AA:Aa:aa=(0.7\times0.7):2\times(0.7\times0.3):(0.3\times0.3)$
$=0.49:0.42:0.09$

っていうことですね。

その通り！　ということは，この集団におけるヘテロ接合体の割合は42%ということになりますね。

例題

ある植物の花色について，RR は赤花，Rr は桃色花，rr は白花である。この植物のハーディ・ワインベルグの法則が成立している集団において，桃色花の頻度が0.48であった。この集団において赤花の頻度を求めよ。なお，赤花の頻度は白花の頻度よりも大きいものとする。

$R : r = p : q$ とします。桃色花の遺伝子型が Rr なので，桃色花の頻度について $2pq = 0.48$ という関係が成立します。また，$p + q = 1$ ですので，この2つの式と，$p > q$ より，$p = 0.6$，$q = 0.4$ となります。よって，赤花の頻度は $p^2 = 0.36$ となります。

まずは，ハーディ・ワインベルグの法則が成立する（と考えられる）集団について計算ができるようにがんばろうね。

➡演習5にチャレンジ！

第8章　生物の進化

分子進化と中立説

いよいよ進化の最後の項目です！

分子進化と中立な突然変異が関係あるんですか？

タイトルから容易に想像できるね。

中立な突然変異ということは……
遺伝的浮動で考えるということですね。

(1)　形質の変化ではなく，DNAの塩基配列やタンパク質のアミノ酸配列といった分子レベルの変化が**分子進化**です。異なる生物どうしで同一遺伝子の塩基配列を比べると，注目している2種が分岐してからの時間に（ほぼ）比例して置換数（←異なる塩基の数）が増える，という傾向があります。この傾向は同一タンパク質のアミノ酸置換数を調べても同じ傾向になります。

(2)　左下の図は，ヒトと複数の生物が分岐した年代を示しています。また，右下の図はヒトと複数の生物とでヘモグロビンα鎖の置換しているアミノ酸の割合を比べた結果です！　ほぼ比例する関係が読みとれますね！

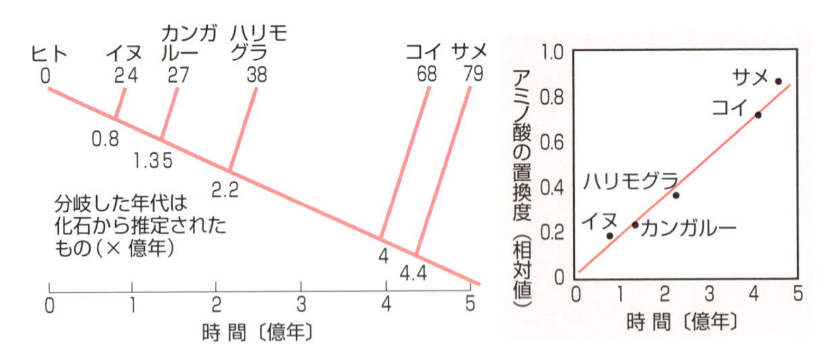

(2)　分岐後の経過時間と置換数がほぼ比例関係にあるということは，分子進化の速度がほぼ一定だからなんです。分子進化の速度は遺伝子の種類ごとにほぼ一定で，この分子進化の速度のことを**分子時計**とよびます。

置換数の大小から類縁関係を推定できますし，
分子時計をつかって分岐年代を推定することもできます。

(3)　分子進化はどのような突然変異が原因で進むと思いますか？

有利な突然変異で生じた遺伝子が，自然選択で
集団に広がったと思います。

う〜ん，残念！　分子進化のほぼすべてが中立な突然変異によって進むんです。実は，有利な突然変異っていうのは，極めてまれにしか起こらないんです。現実的に起こる突然変異は，不利なものか，または中立なものばかり。

不利な突然変異で生じた遺伝子はもちろん**淘汰**され，集団から排除されます。一方，中立な突然変異は遺伝的浮動によって集団に広がり，分子進化を進める場合がありますね。

分子進化は，中立な突然変異によって生じた遺伝子的変異が
遺伝的浮動によって集団に広がることで進むんです！

(4)　ここまでの内容が理解できていれば，分子進化の傾向も理解できます。重要な遺伝子，特に遺伝子における重要な部位における置換数を種間で比較した場合，他の部位に比べて少ない傾向があります。

重要な部位でも突然変異は起こりますよね？

そうです，突然変異はその部位が重要かどうかに関係なく平等に起こります。しかし，重要な部位に起こった突然変異は合成されるタンパク質の機能を低下させるような不利な突然変異になりやすいでしょ。一方，重要度の低い部位は突然変異が起きてもタンパク質の機能に影響しないことが多いんです。

つまり，突然変異が起こったとき，重要度の高い部位の方が不利な突然変異になりやすく，この変化は集団に広がりにくいんです。結果として，重要な部位の分子進化の速度が小さくなります。

メッチャ論理的で面白い！　なるほど！　なるほど!!

(5)　このような分子進化の傾向を踏まえ，**木村資生**は「分子進化の主な要因は突然変異と遺伝的浮動だ！」という**中立説**を提唱したんですよ。

➡**演習6にチャレンジ！**

知識を定着させるための徹底演習

演習1　p.236～p.240の復習

問　先カンブリア時代の生物進化についての記述として最も適当ものを，一つ選べ。

① 好気性細菌が群生することで，ストロマトライトが形成された。
② ミトコンドリアは好気性細菌が共生して生じたと考えられている。
③ エディアカラ生物群の生物は全球凍結によって絶滅した。
④ 先カンブリア時代の末期の地層から魚類の化石が発見された。

演習2　p.241～p.244の復習

問　次のできごとを古いものから並べた場合，4番目になるものを選べ。

① 鳥類の誕生　② 無顎類の誕生　③ シダ植物の出現
④ は虫類の誕生　⑤ 被子植物の出現　⑥ 哺乳類の誕生

演習3　p.245～p.249の復習

問　類人猿とは異なるヒトの特徴として最も適当なものを，一つ選べ。

① 眼窩上隆起が発達している。　② 平爪をもつ。
③ 眼が顔の側面についている。　④ おとがいが存在する。

演習4　p.250～p.254の復習

問　複数の生物種どうしが互いに影響を与えながら進化する現象を意味する用語として最も適当なものを，一つ選べ。

① 収束進化　② 工業暗化　③ 共進化　④ 性選択
⑤ 遺伝的浮動

演習5　p.255～p.257の復習

問　ある植物の花色について赤花が優性（顕性），白花が劣性（潜性）である。この植物のハーディ・ワインベルグの法則が成立している集団において，白花個体の割合が16％であった。この集団における赤花遺伝子の頻度として最も適切なものを，一つ選べ。

① 0.16　② 0.40　③ 0.60　④ 0.84

演習 6　p.258～ p.259の復習

問　下表はＡ～Ｄの4種が共通でもつタンパク質について，アミノ酸置換数を比較した結果である。この結果に基づいて作成した下の系統樹の★の位置に該当する生物として最も適当なものを，一つ選べ。

	A	B	C	D
B	8	0	12	4
C	12	12	0	12
D	8	4	12	0

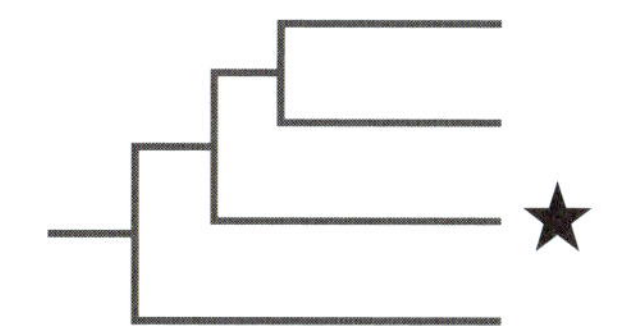

① A　　② B　　③ C　　④ D

解答

演習 1　②

➡ 魚類の出現は古生代のカンブリア紀です。エディアカラ生物群は全球凍結のあとに繁栄しています。

演習2　⑥

➡ 古い順から並び替えると「②→③→④→⑥→①→⑤」となります。

演習3　④

➡ ②は類人猿と共通の特徴，①，③はヒトの特徴ではありません。

演習4　③

➡ ①の「収束進化」は異なる生物が同じような環境に適応進化した結果として，似た特徴をもつようになることです。

演習5　③

➡ 遺伝子記号をA（a），$A:a=p:q$とすると，$q^2=0.16$という関係が成立します。よって，$q=0.40$となり，$p=1-q=0.60$です。

演習6　①

➡ 置換数が最も少ないＢとＤが最も近縁です。また，どの種とも置換数が最も多いＣがどの種からも最も遠縁となります。よって，系統樹は右のようになります。なお，ＢとＤが逆でもOKです。

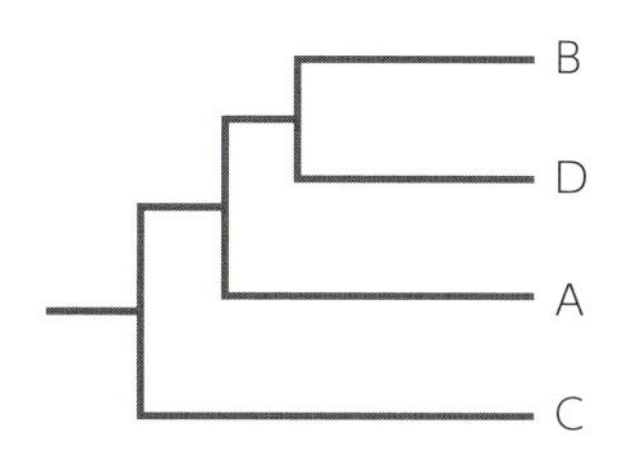

第9章　生物の系統

1 生物の分類

僕の出身地知ってる？

いや，さすがに知らないです。

僕の出身地は日本だよ♪

日本であることはわかりますよ！　何県かとか，何市かとかそういうことじゃないんですか!?

(1)　様々な生物を共通性にもとづいてグループ分けすることを分類といいます。分類する際のグループには様々なスケールのものがあり，これを分類の階層といいます。

例えば……，ライオン，ウニ，ミミズを分類するならば，「ライオンは**脊椎動物**(せきついどうぶつ)！」となりますが，ライオン，ウマ，マウスを分類するならば「ライオンは**脊椎動物**！」では分類できません。この場合，「ライオンは**食肉目**(しょくにくもく)！」などが適当な分類ですね。このように，状況に応じて適切な階層に分類する必要があります。僕が海外に行ったときは「日本出身！」でいいけど，日本でしゃべるときは「長野県出身」とかが，ふさわしいよね。

❶ 分類の単位

(2)　生物を分類する上で基本となる単位は**種**(しゅ)です。種は共通した特徴をもち，自然状態で交配して生殖能力を有する子孫をつくれる集団のことです。

交配でできた子が子孫を残せない場合は，別の種ということですね。

❷ 分類の階層

(3)　よく似た種をまとめて**属**(ぞく)，さらによく似た属をまとめて**科**(か)……というように，どんどん大きな上位の分類階層が出てきます。順番に，「**種**(しゅ)→**属**(ぞく)→**科**(か)→**目**(もく)→**綱**(こう)→**門**(もん)→**界**(かい)」という階層です。ライオンで考えると，下位の階層から順に

「ヒョウ属→ネコ科→食肉目→哺乳綱→脊索動物門→動物界」となります。

従来，生物の系統関係は形態や発生過程などを比較することで研究されていましたが，現在はDNAなどの比較により研究されるようになっています。

❸ 二名法

(4)　イヌは英語ではdog，フランス語ではchien……，世界共通の名前がないと研究するうえで不便です。世界共通の名前を**学名**といい，**二名法**という方法でつけられます。二名法は，属の名前の後ろに**種小名**をつけて表す方法です(下の表参照)。

和名	属名	種小名
ヒト	*Homo*	*sapiens*
ホッキョクグマ	*Ursus*	*maritimus*
ハイマツ	*Pinus*	*pumila*

種小名は種の特徴を表す語です。sapiensは「賢い」，*maritimus*は「海の」，*pumila*は「小さい」という意味！

❹ 生物の分類体系　―五界説と3ドメイン説―

(5)　生物を大きく分類したグループである界は**原核生物界**（**モネラ界**），**原生生物界**，**植物界**，**動物界**，**菌界**の5つとするのが一般的で，これを**五界説**といいます。これは直感的にわかりやすい分類で，原核生物，動物，植物，菌類，その他というイメージです。

ウーズらは，rRNAの塩基配列の情報に基づいて分子系統樹を作成すると，生物が3つのグループに分かれることを示し，それぞれを**細菌ドメイン**，**古細菌ドメイン**，**真核生物ドメイン**としました。この考え方を**3ドメイン説**といいます。

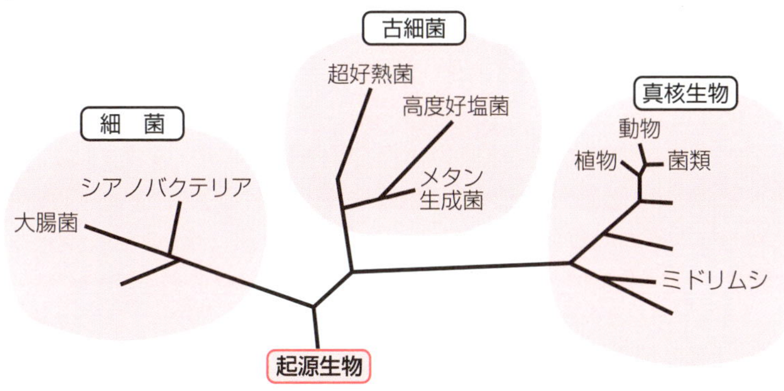

細菌ドメインと古細菌ドメイン

古細菌って，何が古いんですか？
普通の細菌より真核生物に近いのに不思議です。

古細菌は，高温の場所や酸素のない場所などの大昔の地球みたいな環境に生息しているので，何となく「古いんじゃないかな？」っていうことでついた名前なんだ！

実際は古くないのに……，なんですね！

(1)　**細菌ドメイン**は**バクテリアドメイン**ともいいます。どんな生物が含まれると思いますか？

大腸菌，乳酸菌……，肺炎双球菌などですね。

しっかり復習できていますね。窒素固定細菌（←**根粒菌**，**アゾトバクター**など），シアノバクテリア（←**イシクラゲ**など），光合成細菌（←**緑色硫黄細菌**など），化学合成細菌（←**硝酸菌**など）なども含まれますね。このように独立栄養生物もいれば，従属栄養生物もいます。また，一般に細菌は細胞壁をもちます。ただし，植物のようにセルロースでできた細胞壁ではありません。

シアノバクテリアは植物と共通のクロロフィル a をもち，
酸素を発生する光合成を行います。

(2)　**古細菌ドメイン**は**アーキアドメイン**ともいいます。古細菌は，細菌と同様に原核生物ですが，細胞膜や細胞壁の構成成分が異なったり，RNA ポリメラーゼの構造が異なったり……と，様々な違いがあることがわかっています。

古細菌は他の生物が生息できないような極限環境に生息していることが多く，熱水噴出孔周辺などに生息する**超好熱菌**，塩湖などに生息する**高度好塩菌**，酸素のない沼の地層などに生息する**メタン生成菌**（メタン菌）などが代表例ですね。

こんなきびしい環境に生息している古細菌の方が，
細菌よりも真核生物に近縁なんて不思議ですね。

3 真核生物ドメイン　—原生生物界・菌界—

原生生物界に属する生物は何があるかな？

先生が先ほど「その他」っていっていましたから……

偉いね！　そのイメージで考えてみよう!!

ミドリムシ！

ピンポーン♪

❶ 原生生物界

(1)　**真核生物ドメイン**は**ユーカリアドメイン**ともいいます。**原生生物**は，真核生物の中で動物・植物・菌類ではないものというイメージですので，単細胞生物やからだの構造が発達しない生物のことです。原生生物には，**原生動物**，**粘菌**，**藻類**などが含まれます。

原生生物は系統的に非常に多様で，動物に近い襟鞭毛虫，植物に近い緑藻，動物とも植物ともかなり遠い褐藻，卵菌などもいます。

(2)　原生生物の中で従属栄養の単細胞生物は原生動物とよばれます。**ゾウリムシ**とかです！　ゾウリムシは繊毛をもっているので，繊毛虫類というグループに属します。

粘菌は，ムラサキホコリなどの**変形菌**とキイロタマホコリカビなどの**細胞性粘菌**に分けられます。変形菌は，多数の核をもった1つの巨大な細胞である変形体という状態になり，ネバ～，ベト～と移動します！　細胞性粘菌は多くの細胞が集まった多細胞の状態でネバ～，ベト～と移動します。

移動の様子の表現は，どちらもネバ～，ベト～なんですね（笑）

(3)　次は藻類だよ！　ワカメとかコンブとか，身近な生物も多いね。

植物に最も近い藻類は**シャジクモ**で，植物はシャジクモのなかまから進化したと考えられています。シャジクモは，**緑藻類**と近縁と考えられており，ともにクロロフィルaとbをもちます。**アオサ**，**ボルボックス**，**シャジクモ**などが緑藻類の代表例です。緑藻類のなかでも特にシャジクモ類が植物と近縁であることがわかっており，植物はシャジクモ類のなかまから進化したと考えられています。

(4)　右の図は真核生物全体についての分子系統樹です。これを眺めながら読み進めてください！

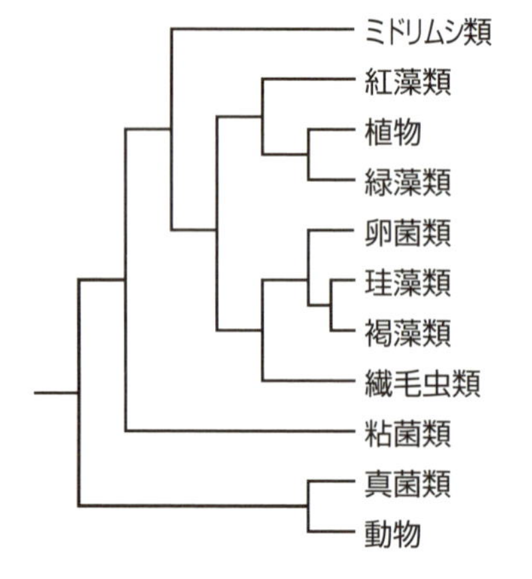

次は**紅藻類**（こうそう），赤っぽい藻類だよ！　テングサなどが代表例で，クロロフィルはクロロフィルaのみをもちます。

テングサは寒天やところてんの原料だよ！

そして，おなじみの**褐藻類**（かっそう）！　ワカメ，コンブなどが代表例で，クロロフィルaとクロロフィルcをもっています。

(5)　緑藻類，紅藻類，褐藻類の他に単細胞の藻類も存在しています。例えば，ハネケイソウなどの**珪藻類**（けいそう）とかツノモなどの**渦鞭毛藻類**（うずべんもうそう）です。これらはクロロフィルaとクロロフィルcをもちます。

あっ，我が家のバスマットは珪藻土（けいそうど）です！珪藻類と関係あるんですか？

そうそう！　珪藻土は珪藻の殻の化石からできているんだよ！

❷ 菌　界

(6)　さて，次は菌類！　カビとかキノコのイメージで，体外の栄養分を分解・吸収する従属栄養生物です。

菌類には**酵母**（こうぼ）のように単細胞生物もいますが，多くは多細胞生物です。遊走子という，べん毛（もう）で泳ぐ胞子をつくる**ツボカビ類**，子のう胞子という胞子をつくる**子のう菌類**，担子胞子という胞子をつくる**担子菌類**（たんしきんるい）があります。

子のう菌類の代表例はアオカビ，アカパンカビなどです。担子菌類の代表例はシイタケ，シメジなどです。

乾性遷移の初期に現れる**地衣類**って覚えている？
地衣類は担子菌類や子のう菌類が藻類と共生したものだよ。菌類が藻類に水を与え，藻類から有機物を受け取るという関係なんだよ。

➡演習1，2にチャレンジ！

第９章　生物の系統

真核生物ドメイン　―植物界―

いよいよ植物！

先生の大好きな植物ですね！

花はいいよね！　花のある生活ってすごくいい！

私もお花好きですよ！　ユリ……バラなんかも好きですねぇ。

❶　植物の分類

(1)　植物は**コケ植物門**，**シダ植物門**，**種子植物門**の3つの門に分けられます。植物はクロロフィル a と b をもっています。

コケ植物とは？

維管束をもたない植物です！

その通り！　コケ植物は，維管束をもたず，根・茎・葉の区別がなく，胞子で繁殖する植物だね。コケ植物はセン類（←**スギゴケ**など），タイ類（←**ゼニゴケ**など），ツノゴケ類（←**ツノゴケ**）に大別されます。

シダ植物は，維管束をもち，根・茎・葉の区別があり，胞子で繁殖する植物です。シダ植物はシダ類（←**ワラビ**，**スギナ**など）とヒカゲノカズラ類（←**ヒカゲノカズラ**）に大別されます。

種子植物は，維管束をもち，根・茎・葉の区別があり，種子によって繁殖する植物です。子房がなく，胚珠が裸出している**裸子植物**と胚珠が子房に包まれている**被子植物**に大別されます。また，裸子植物の胚乳は胚のう細胞の分裂でつくられるので核相が n という特徴がありますよ。

被子植物は，さらに子葉の枚数によって**単子葉類**と**双子葉類**に分けられます！

ユリは単子葉類，バラは双子葉類ですね。

❷ 生 活 環

(2)　植物を分類するとき，**生活環**(せいかつかん)に注目するとスッキリと分類することができるので，とっても便利なんだよ！

生物の一生を環状に表したものを生活環というんだけど，右下の図で具体的に説明します。

(3)　植物の生活環を右の図に示しました。受精によって生じた受精卵（$2n$）が体細胞分裂をして，複数の細胞からなる**胞子体**（$2n$）というからだになります。

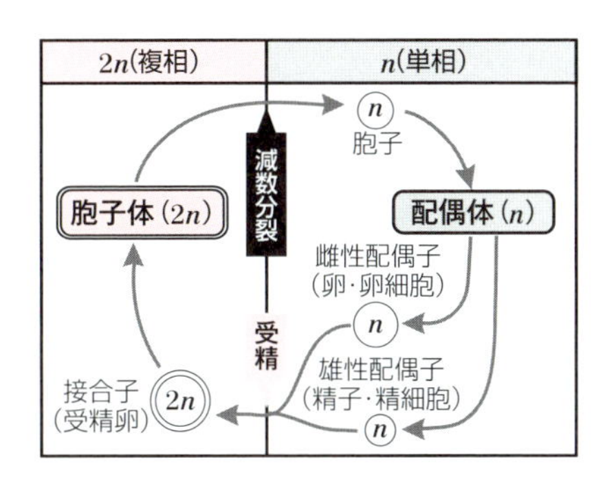

胞子体の細胞が減数分裂をすることにより**胞子**（n）ができ，これが体細胞分裂をして，複数の細胞からなる**配偶体**（n）というからだになります。配偶体には合体する生殖細胞である**配偶子**（n）が生じ，これが受精することで次世代の受精卵（$2n$）となります。

胞子体と配偶体のうち，通常目にする大きい方を，一般に「本体」といいます。

(4)　コケ植物の生活環を見てみましょう！

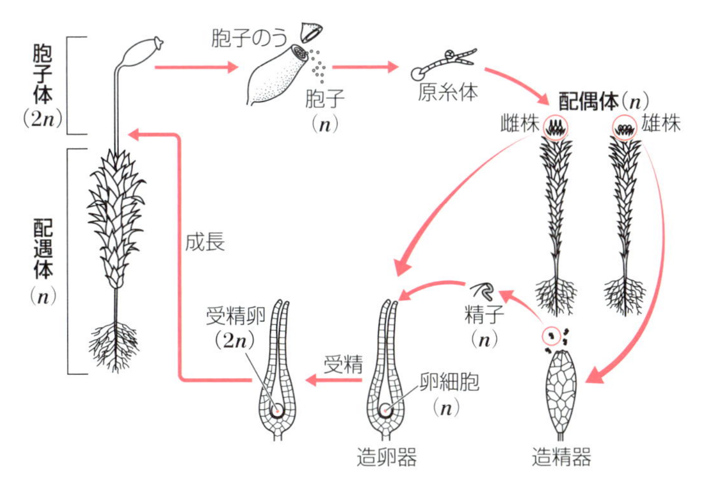

コケ植物の生活環

第9章 生物の系統

コケ植物の場合，本体が配偶体なんです。配偶体は葉緑体をもって光合成をします。しかし，胞子体は光合成ができないので，雌性配偶体の上に形成され，配偶体から栄養分をもらって生活します。また，配偶体が雄株と雌株に分かれて別に存在していることもチェックしておきましょう。

暗記モノがやってきた……，という感じですね。

(5)　次は，シダ植物の生活環を見てみましょう！

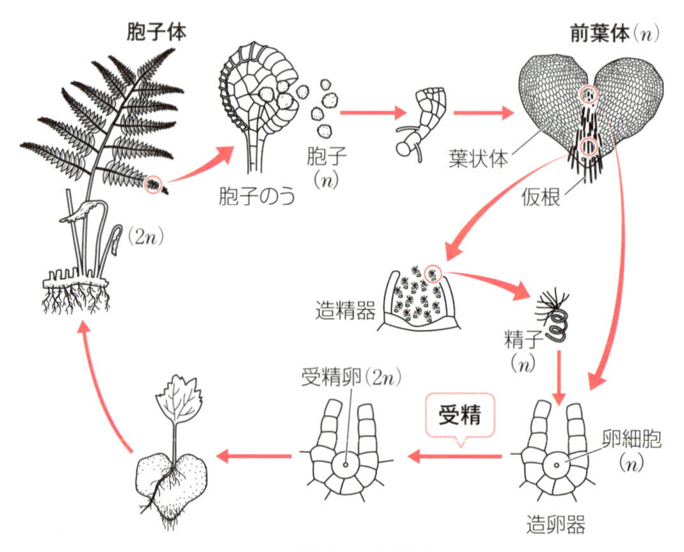

シダ植物の生活環

シダ植物の場合，本体が胞子体です。コケ植物と異なり，配偶体も胞子体も葉緑体をもって光合成をします。シダ植物の配偶体は**前葉体**（ぜんようたい）とよばれ，1つの前葉体に，精子をつくる造精器と，卵細胞をつくる造卵器の両方があります。

コケ植物のように配偶体が雄株と雌株に分かれていないんですね。

(6)　被子植物の生殖については第４章の141ページで扱っていますので，復習してくださいね。その知識を生活環と対応させたものが下の図です。

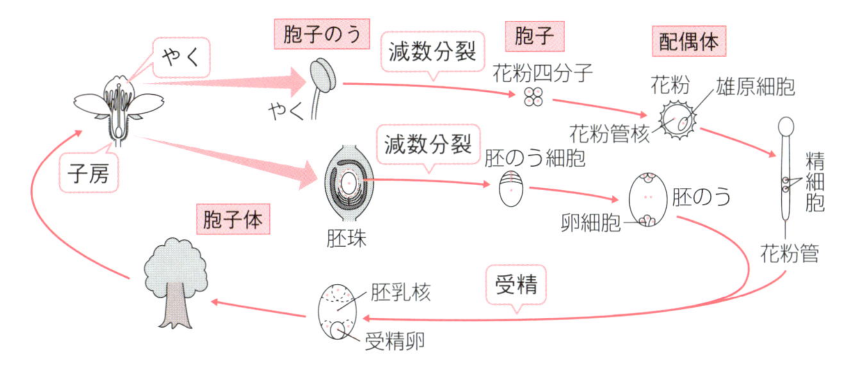

種子植物の生活環

減数分裂で生じる花粉四分子と胚のう細胞が胞子，それらの分裂で生じる花粉と胚のうが配偶体に相当するんです。そして，胞子体の方が圧倒的に大きいので，本体が胞子体ということがわかると思います。

➡演習3にチャレンジ！

5 真核生物ドメイン　―動物界―

ついにやってきました！　最終章の本当に最後の項目！

感慨深い！

「生物学面白いなぁ♪」って興味はもてたかな？

はい，興味をもったらドンドン勉強が進みますね！
生物の勉強メッチャ楽しいです。

(1)　動物は，細胞壁をもたず，外界から有機物を食物として取り込んで体内で消化する従属栄養の多細胞生物です。まず，動物は大きく3グループに分けます！　胚葉の区別がない**無胚葉動物**，外胚葉と内胚葉のみをもつ**二胚葉動物**，外胚葉・内胚葉・中胚葉をもつ**三胚葉動物**です。

(2)　いきなりですが，動物の系統樹をどうぞ！

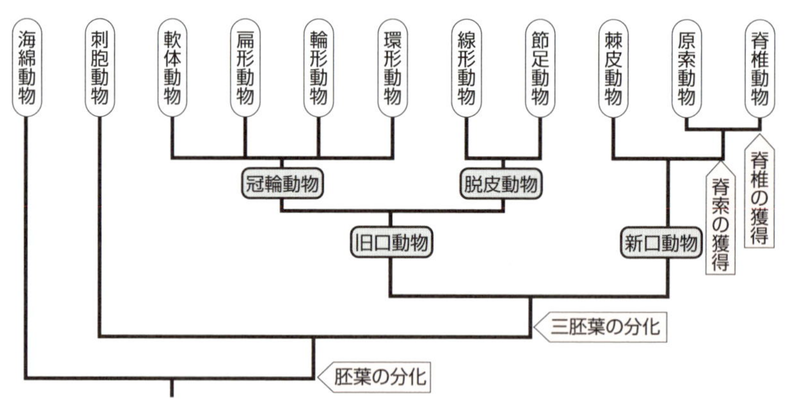

❶ 無胚葉動物

(3)　無胚葉動物は，**海綿動物**です。イソカイメンなどが代表例です。**えり細胞**という細胞がもつべん毛で水流を起こし，プランクトンを取り込みます。えり細胞は襟鞭毛虫という原生動物と非常によく似ており，動物の祖先は襟鞭毛虫のなかまと考えられています。

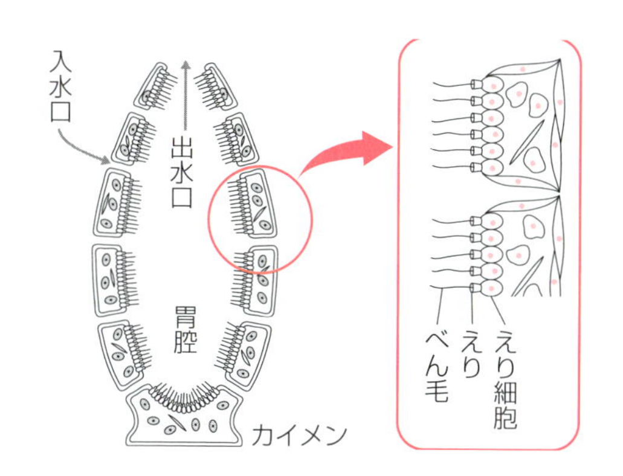

❷ 二胚葉動物

(4)　二胚葉動物は，**刺胞動物**などです。**ヒドラ**，**クラゲ**，**サンゴ**などが代表例です。消化管はありますが，肛門がなく……，口から食べて，口から排泄するというスタイル（？）です。

❸ 旧口動物

(5)　海綿動物と刺胞動物以外の多くの動物が三胚葉動物です。三胚葉動物は，原口がそのまま口になる**旧口動物**と，原口またはその付近に肛門ができ，反対側に口ができる**新口動物**に分けられます。

旧口動物は冠輪動物と脱皮動物に分かれるんですね……，脱皮動物は脱皮するんですか？

その通り。旧口動物は脱皮によって成長する**脱皮動物**と，脱皮をしない**冠輪動物**に分けられます。

① 脱皮動物

(6)　脱皮動物には**節足動物**，**線形動物**が含まれます。

節足動物にはエビやカニなどの**甲殻類**，クモやダニなどの**クモ類**，バッタやハエなどの**昆虫類**，ムカデ類などが含まれます。昆虫類に含まれる生物種数が非常に多く，「地球上で最も繁栄している生物は節足動物だ！」なんていう人もいます。

線形動物の代表例は，**センチュウ**やカイチュウなどです。水中や土壌中に生息するものもありますし，他の生物に寄生するものもあります。

センチュウの一種が原因となる病気を治療できる抗生物質を発見したことで，大村智が 2015 年にノーベル生理学・医学賞を受賞しました！

② 冠輪動物

(7)　冠輪動物には，**扁形動物**，**輪形動物**，**環形動物**，**軟体動物**などが含まれます。

軟体動物はタコとかイカとかですよね？
他は……，知らないです。

まぁ，普通はそんなもんですよ（笑）順番に見ていきましょう。

扁形動物は，扁平なからだなのでこんな名前なんですよ！　代表例は何といってもプラナリアです！　刺胞動物と同じく，消化管はありますが肛門がないスタイルです。そして，なんと……脳があります！

他の動物もどんどん紹介していきます。

(8)　輪形動物は，繊毛がからだのまわりに環状に並んでいることからこんな名前です！　代表例は**ワムシ**です。輪形動物は消化管がチャンと貫通しており肛門があります。

取り込む場所と排泄する場所が異なるスタイルなんですね（笑）

環形動物は有名な動物が多いんだよ！　代表例は**ミミズ**や**ゴカイ**などです。『生物基礎』の内容なんだけど，覚えているかな……。僕たちと同じ**閉鎖血管系**をもつんだよね！

知っておくべき冠輪動物の最後のグループは軟体動物！　**タコ**や**イカ**などの頭足類の他に，**サザエ**や**ハマグリ**のような貝のなかまが含まれます。からだは外套膜に包まれており，外套膜からの分泌物により硬い殻をもつものが多くいます。

イカやタコをイメージしてね。頭から足がはえているでしょ？
だから，イカやタコは頭足類ってよばれるんだよ！

❹ 新口動物

(9)　さぁ，新口動物だ！　**棘皮動物**，**原索動物**，**脊椎動物**の3つのグループを確認しよう！

原索動物と脊椎動物を合わせると，**脊索動物門**というグループになります。

棘皮動物は原口が肛門になる新口動物のなかで，脊索が生じないグループです。代表例は**ウニ**や**ヒトデ**です。棘皮動物は体内に水管という海水が通る管をもっており，水管は呼吸や循環，さらには運動などに関与しています。

「エビよりもウニの方が私に近縁なのかぁ〜！」って思いながら，お寿司を食べることになりますね。

(10)　原索動物は新口動物で，脊索が生じますが，脊椎ができません。代表例は**ホヤ**，**ナメクジウオ**です。脊椎動物と同じく管状の神経系をもちますが，脳と脊髄の分化はありません。

脊椎動物は新口動物で，脊索を生じますが最終的に脊索は退化します。そして，脊椎ができ，脳と脊髄が分化しますね。現生の脊椎動物は**無顎類**・**軟骨魚類**・**硬骨魚類**・**両生類**・**は虫類**・**鳥類**・**哺乳類**の7グループに分けるのが一般的です。

(11)　無顎類は，顎や胸びれなどをもたない原始的な脊椎動物で，**ヤツメウナギ**などが代表例です。軟骨魚類は**サメ**や**エイ**のなかまで，骨格が弾力のある軟骨でできています。硬骨魚類は一般的な魚類で，骨格の大部分が硬骨でできています。軟骨魚類には存在しない**うきぶくろ**をもっています。

両生類といえば……カエル以外で何を知っていますか？

イモリ，サンショウウオなどですね。
先生，オオサンショウウオのペンケースもってましたよね？

そうそう，京都に住んでいる人間としてオオサンショウウオの可愛さを世に広めようとね！　両生類は水中に産卵し，幼生までの期間を水中で，えらで呼吸をして過ごします。

は虫類は，ヘビ，ワニ，カメなどですね。は虫類・鳥類・哺乳類は**羊膜類**でしたね（⇒p.242）。また，は虫類は魚類や両生類と同様に**変温動物**です！

続いて，鳥類！　鳥類は前肢が翼になり，からだが羽毛で覆われた恒温動物です。近年，は虫類とかなり近縁であることがわかってきています。

そして，哺乳類です。体毛をもつ恒温動物で，乳で子育てをします。哺乳類は**単孔類**，**有袋類**，**真獣類**（有胎盤類）に分けられます。単孔類には**カモノハシ**などが属し，卵生（←産卵する）です。

カモノハシはオーストラリアの東部に生息していて，
見た目は可愛いけど，雄は毒をもっていて危ないんだよ！

有袋類は**カンガルー**，**コアラ**などだね。胎生（←出産する）なんだけど，胎盤が未発達で，未発達な子を出産し，雌親の腹部にある袋のなかで育ちます。

そして，発達した胎盤を通して母体から胎児に栄養分が送られ，母体内で子育てをしてから出産するグループが真獣類です。ウマ，ネズミ，ウサギ，ネコ，ゾウ，ウシ，クジラ，サル……，そして僕たちヒトが含まれます。

➡演習4にチャレンジ！

知識を定着させるための徹底演習

演習1　p.262〜p.267の復習

問　生物の分類についての記述として最も適当なものを，一つ選べ。

① 学名は，種小名の後ろに学名をつける二名法でつけられる。
② 同じ目に含まれる生物は，必ず同じ科に含まれる。
③ 同じ界に含まれる生物は，必ず同じドメインに含まれる。
④ 古細菌ドメインは細菌ドメインよりも真核生物ドメインと近縁である。

演習2　p.262〜p.267の復習

問　様々な生物についての記述として最も適当なものを，一つ選べ。

① 根粒菌は細菌ドメインに，イシクラゲは古細菌ドメインに含まれる。
② メタン生成菌は古細菌ドメインに，シャジクモは真核生物ドメインに含まれる。
③ ムラサキホコリは変形菌に，アオカビは担子菌に含まれる。
④ 紅藻や珪藻はクロロフィルaとクロロフィルcをもつ藻類である。

演習3　p.268〜p.271の復習

問　植物についての記述として最も適当なものを，一つ選べ。

① コケ植物は維管束をもたず，胞子体が本体となる。
② シダ植物は維管束をもち，配偶体と胞子体の両方が光合成を行うことができる。
③ 裸子植物は子房がなく，胚珠が裸出しており，核相が$2n$の胚乳を形成する。
④ 被子植物の花粉や胚のう細胞は，コケ植物やシダ植物の胞子に相当する。

演習4　p.272〜p.276の復習

問　右の図はヒト，バッタ，ウニ，センチュウ，プラナリア，ヒドラの分子系統樹である。プラナリアに該当する番号として最も適当なものを，一つ選べ。

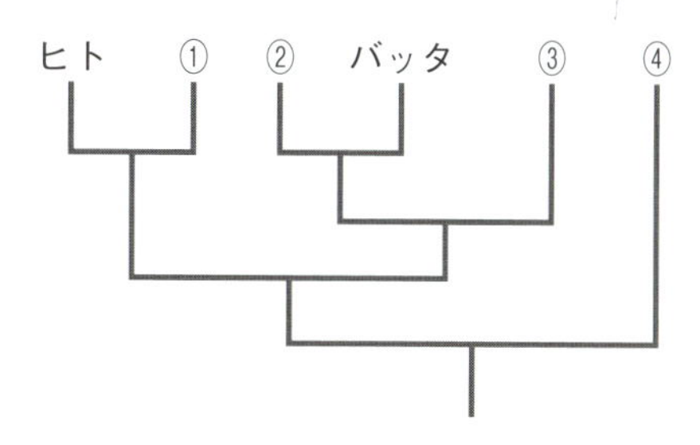

解答

演習1　④

➡ ②科よりも目の方が大きなグループなので，同じ目に含まれていても異なる科に含まれることがあります。③細菌と古細菌はともに原核生物界に含まれます。

演習2　②

➡ ①根粒菌，イシクラゲは細菌ドメイン，シャジクモは真核生物ドメインに属します。③アオカビは子のう菌です。

演習3　②

➡ ①コケ植物の本体は配偶体です。③裸子植物の胚乳は n，被子植物の胚乳は $3n$ ですよ！　④被子植物の花粉は配偶体に相当します。

演習4　③

➡ ヒト（脊椎動物）と最も近縁な生物は棘皮動物のウニです（①がウニ）。バッタ（節足動物）と最も近縁な生物はともに脱皮動物であるセンチュウ（線形動物）です（②がセンチュウ）。バッタと次に近縁な生物がともに旧口動物のプラナリア（扁形動物）です（③がプラナリア）。最後に，他のどの生物からも遠い④が刺胞動物のヒドラです。

スペシャル講義

最終章は実戦的な講義です！

考察問題って，なんだか難しそうです。

「よく考えよう！」「しっかり考えて！」「思考力をつけよう！」ではアドバイスにならないもんね。

そうなんですよ。一生懸命考えてもわからないから悩んでいるんです！　よろしくお願いいたします。

では，次の問題にチャレンジ！

例題 1

アキラとカオルは，オオカナダモの葉を光学顕微鏡で観察し，それぞれスケッチをしたところ，下の図1のようになった。

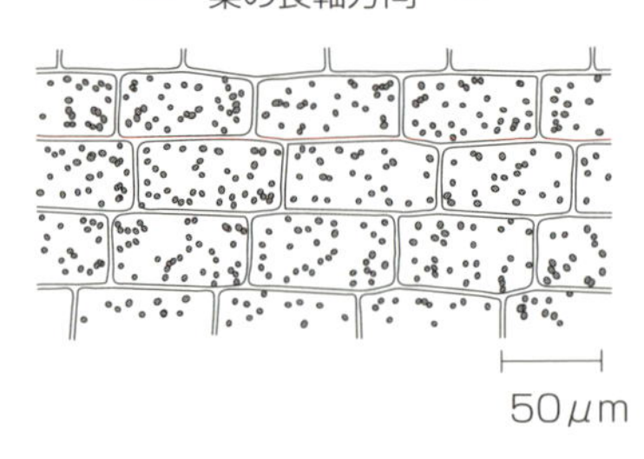

アキラのスケッチ

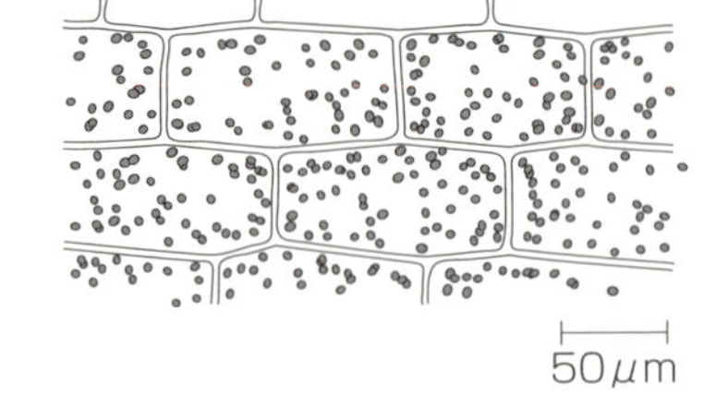

カオルのスケッチ

図1

アキラ：スケッチ（図1）を見ると，オオカナダモの葉緑体の大きさは，以前に授業で見たイシクラゲの細胞と同じくらいだ。実際に観察すると授業で習った共生説にも納得がいくね。

カオル：ちょっと，君のを見せてよ。おや，君の見ている細胞は，私が見ているのよりも少し小さいようだなあ。私のも見てごらんよ。

アキラ：どれどれ，本当だ。同じ大きさの葉を，葉の表側を上にして，同じような場所を同じ倍率で観察しているのに，細胞の大きさはだいぶ違うみたいだなあ。

カオル：調節ねじ（微動ねじ）を回して，対物レンズとプレパラートの間の距離を広げていくと，最初は小さい細胞が見えて，その次は大きい細胞が見えるよ。その後は何も見えないね。

アキラ：そうだね。それに調節ねじを同じ速さで回していると，大きい細胞が見えている時間の方が長いね。

カオル：そうか，観察した部分のオオカナダモの葉は2層でできているんだ。ツバキやアサガオの葉とはだいぶ違うな。

問　下線部について，二人の会話と図1をもとに，葉の横断面（次の図2中のP－Qで切断したときの断面）の一部を模式的に示した図として最も適当なものを，下の①～⑥のうちから一つ選べ。

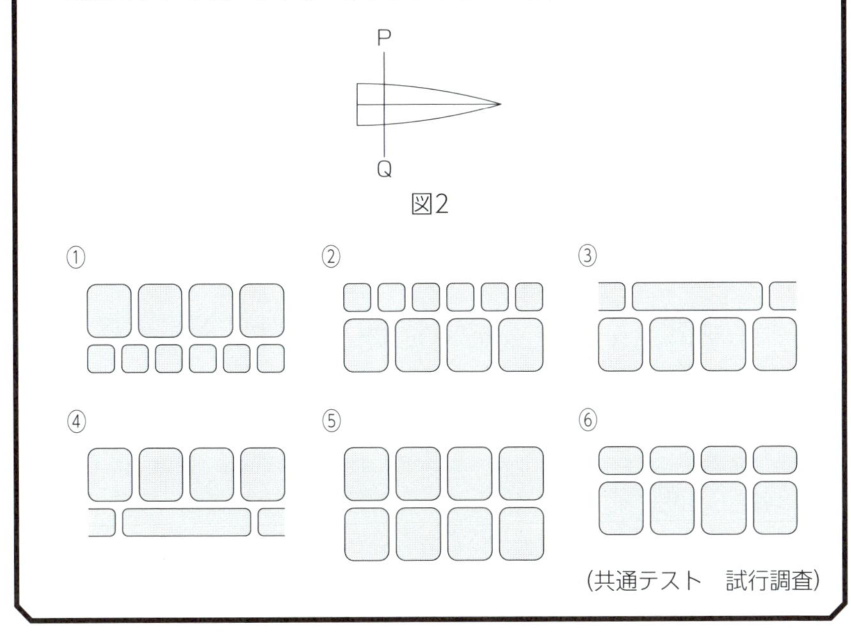

図2

（共通テスト　試行調査）

カオルの2回目のセリフが解答に直結する内容です。「対物レンズとプレパラートの間の距離を広げていく」という操作を映像でイメージできますか？次のページの図の（1）～（3）のように，対物レンズとプレパラートの距離（次のページの図中の赤い矢印）を広げていくと…ピントが合っている高さ（図中の●の部分）が少しずつ上にずれていきますね。

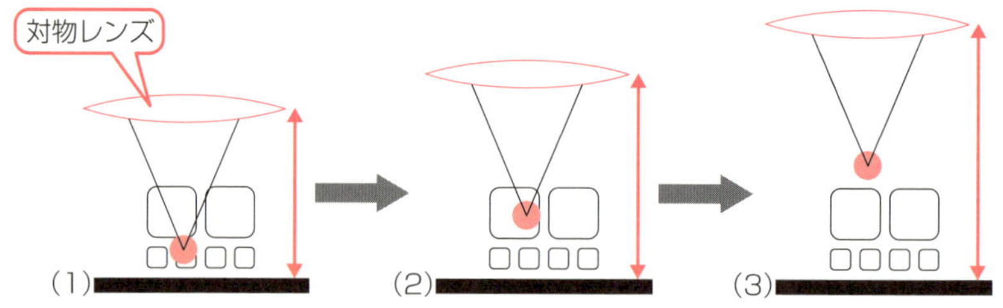

最初は小さい細胞が見えて（←（1）の状態），その次に大きな細胞が見えて（←（2）の状態），その後は細胞が見えない（←（3）の状態）ということはどういう状況なのかを模式的に示したものが上の図です。こんな感じの映像がイメージできれば OK です！

ポイント　映像として問題の状況をつかもう！

例題1の解答　①

実験や現象について，**「どういう状況なのかを映像としてつかむ」**ことが，考察問題を解く上での最大のポイントとなります。

例題 2

標準

文中の空欄に入る数値の組み合わせとして，最も適当なものを，下の①～⑧のうちから一つ選べ。

ヒトのゲノムは約30億塩基対からなっている。タンパク質のアミノ酸配列を指定する部分（以後，翻訳領域とよぶ）は，ゲノム全体のわずか1.5％程度と推定されているので，ヒトのゲノム中の個々の遺伝子の翻訳領域の長さは，平均して約［ア］塩基対だと考えられる。また，ゲノム中では平均して約［イ］塩基対ごとに1つの遺伝子（翻訳領域）があることになり，ゲノム上では遺伝子として働く部分はとびとびにしか存在していないことになる。

	ア	イ		ア	イ
①	2千	15万	②	2千	30万
③	4千	15万	④	4千	30万
⑤	2万	150万	⑥	2万	300万
⑦	4万	150万	⑧	4万	300万

（センター試験　本試験）

これは難しいですね。どういう計算式になるんだろう…

特に［イ］が難しいよね！　共通テストではどんな計算問題が出題されるのか，どのように対策すればよいのか，学んでいこう！

まずはコツコツと，できる作業から進めていきましょう。

ヒトのゲノムは約30億塩基対からなることは覚えていますね？　その1.5%がアミノ酸配列を指定しているんですね。ということは，アミノ酸配列を指定している領域は何塩基対ということになりますか？

$30\text{億} \times \frac{1.5}{100} = 4500$ 万塩基対ですね♪

正解！　計算方針が立たなくても，**ひとまず問題に与えられた数値で何か計算してみる**ことが大事です。

そして，［ア］(←個々の遺伝子のサイズが何対か）を求めましょう！　問題中の数値だけではどうにもならないですね。そんなときは，**教科書の中で紹介された重要な数値を使う可能性を疑いましょう**！　ヒトのからだの細胞にはDNAが46本，血糖濃度の正常値は0.1%，肝小葉には肝細胞が約50万個。さぁ，他にも一杯重要な数値がありました…。さぁ！　ほれっ！

ヒトの遺伝子の数は約2万個でしたね。約2万個の遺伝子の合計が4500万塩基対なんですよ。ということは，1個の遺伝子のサイズは…？

4500 万塩基対 ÷ 2 万塩基対 = 2250 塩基対ですね♪

うんうん，その計算方針だね。でも，よ～く選択肢を見てみよう。そんなに正確に計算する必要あるかな？　**計算問題は正しい式をつくれれば，基本的に暗算で解けます**。2250塩基対と計算せずに，「まぁ～，だいたい2000ちょいだな♪」でOKです。

ポイント　計算は大雑把に暗算を！

30億塩基対もあるDNAに，約2000塩基対の遺伝子があるんですよ。遺伝子なんて「点」みたいなものでしょ？つまり，30億塩基対のDNAに点が約20000個あるイメージです（次のページの図）。**映像として問題の状況をつかむ！**　ことがポイントでしたね。

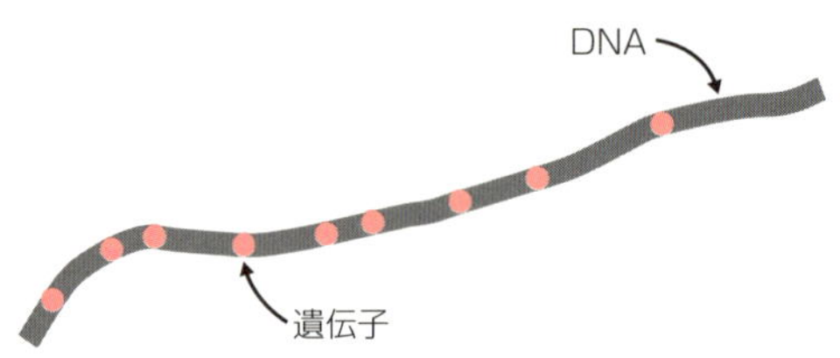

そうすると，遺伝子（←上の図中の赤い点）は平均すると何塩基対ごとにあることになりますか？　30億÷20000＝15万ですから，約15万塩基対ごとに遺伝子があることになりますね。

ポイント　映像として問題の状況をつかもう！

例題2の解答　①

共通テストの生物では，計算そのものが難しい問題は基本的に出題できません。例えば，対数を使うとか，三角比を使うとか，モル計算をするとか・・・
ですから，計算問題に対してすぐに「計算式をつくろう」となるのではなく，**どういう状況についての計算なのかをつかむことができれば，そこから先は算数レベルの計算をするだけになります！**

例題 3

多くの鳥類の雄は，繁殖期までに種に固有の音声構造をもつ歌（以下，自種の歌）をさえずるようになる。一部の鳥類では，若鳥が生後の一定期間に主に父鳥の歌を聴いて記憶し，生後の成長過程の一定期間に，記憶した歌と自らがさえずる歌を比較しながら練習をくり返すことで，自種の歌が固定する。

問　野外では，自種と近縁種の歌の特徴が混ざった歌（以下，混ざった歌）をさえずる雄が見つかることは，めったにない。その理由についての考察に関する次の文章中の［ア］～［ウ］に入る語句の組み合わせとして最も適当なものを，下の①～⑧のうちから一つ選べ。

雄の姿や歌が似ている近縁種どうしの巣が互いに近接すると，若鳥が近縁種の雄の歌を聴き，姿を見る機会が生じるため，互いに近縁種の歌を学習する可能性がある。種に固有の歌は，縄張り防衛のアピールや自種の雌に対する求愛であるため，混ざった歌をさえずる雄は，繁殖に［ア］しやすい。そのため，近縁種の歌を学習するような状況では，両種の個体群の成長は［イ］。これは，繁殖干渉とよばれる繁殖の機会を巡る種間の競争である。繁殖干渉は競争的排除（競争排除）をもたらすことがあり，近縁種どうしが共存し［ウ］なるので，近縁種の歌の学習はめったにないと考えられる。

	ア	イ	ウ
①	成功	促進される	やすく
②	成功	促進される	にくく
③	成功	妨げられる	やすく
④	成功	妨げられる	にくく
⑤	失敗	促進される	やすく
⑥	失敗	促進される	にくく
⑦	失敗	妨げられる	やすく
⑧	失敗	妨げられる	にくく

（共通テスト　本試験）

共通テストの１つの特徴として**「考察のプロセスについての記述に空欄が設置される」**というものがあります。

2020年までのセンター試験と比べると，共通テストの方が圧倒的に難しい実験や考察を要求する問題が出題されています。しかし，**難しい問題については，イキナリ「正しい結論を選べ！」とはならず，考察のプロセスについての記述が与えられたり，上手に結論に到達できるような会話文が与えられたりします。**

よって，自分の頭の中だけで無理に考えて悩むのではなく，与えられた考察プロセスについてのヒントにうまく乗れるようにしましょう。

本問は設問文に「野外では……混ざった歌をさえずる雄が見つかることは，めったにない。その理由について……」と問題提起がされています。

確かに，この疑問についてノーヒントで考えるのは厳しすぎますね！

混ざった歌をさえずる雄は繁殖に有利かな，不利かな？

混ざった怪しい歌をさえずっている雄に雌が惹かれるとは思えませんね！

そうだよね。だから，混ざった歌を学習してしまうような状況だと，繁殖がうまくいかなくなり，残せる子孫の数が少なくなってしまう可能性があります。結果として，近縁種どうしが共存しにくくなり，実際の野外では混ざった歌を学習しないように個体群が分布している考えられます。

かなり難しい考察が必要な問題でしたが，
誘導があるおかげで解きやすかったですね。

ポイント 問題の流れに上手に乗ろう！

例題3の解答　⑧

例題 4

思　標準　4分

干潟の砂の中にいる生物の密度や分布を調べるには，方形枠が用いられる。表は，この干潟に3種類の大きさの方形枠を重ならないようにランダムに10個ずつ置いたときに，その中にいたある生物の個体数を示したものである。表から推察される，この生物の個体の分布を示す図として最も適当なものを，下の①～⑨のうちから一つ選べ。

表

5cm 四方	1	0	2	0	3	1	1	0	0	2
10cm 四方	5	3	1	4	8	2	5	4	3	0
20cm 四方	16	18	17	12	14	15	13	15	18	19

①
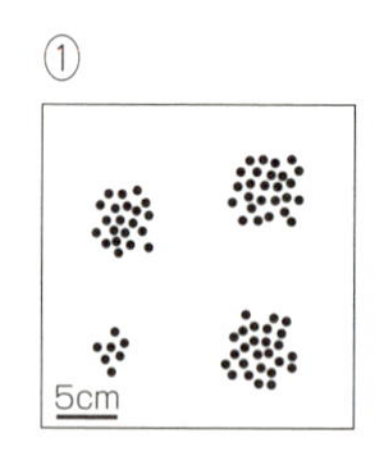

②
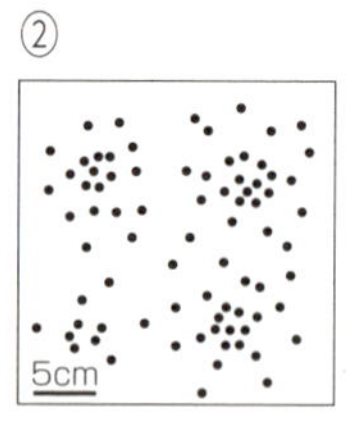

③
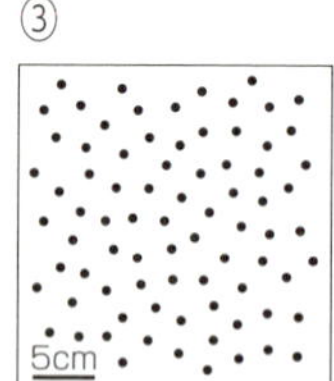

④
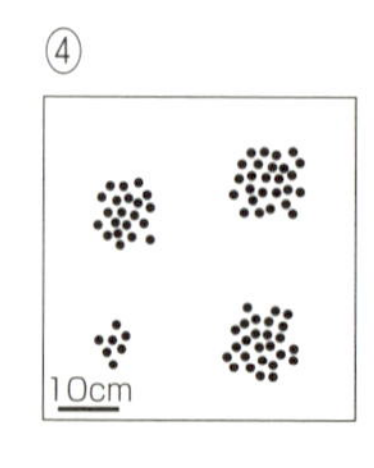

⑤
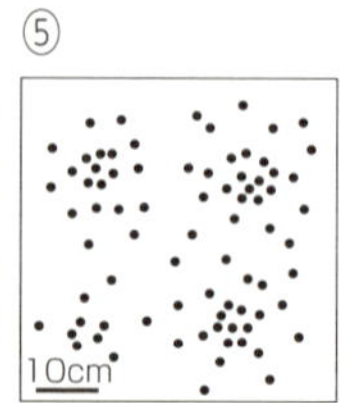

⑥
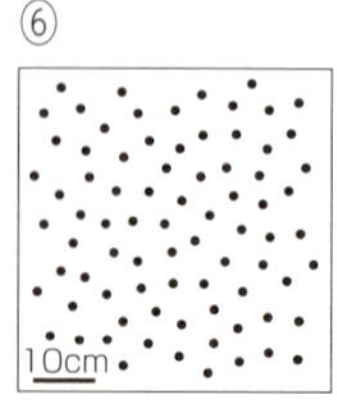

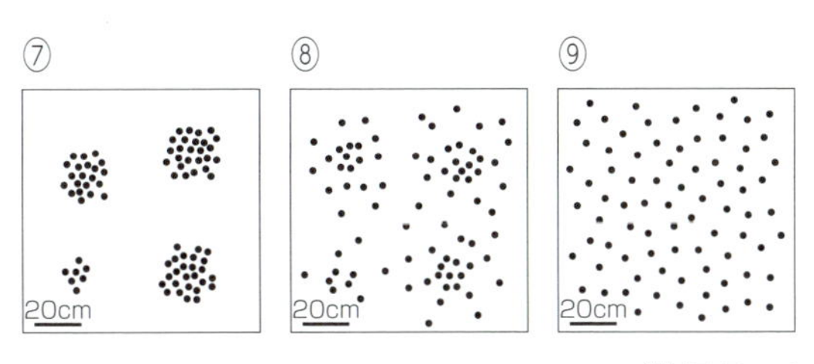

（共通テスト　試行調査）

まず，選択肢をいくつかに絞りたいですね！

そうそう！　**真剣に丁寧に吟味する選択肢の数を減らす**ことが重要だね。どの選択肢あたりを消去しようかな？

表の5cm 四方のデータを見てみましょう。5cm 四方の枠内の個体数は0のものも多く，最多でも3です。

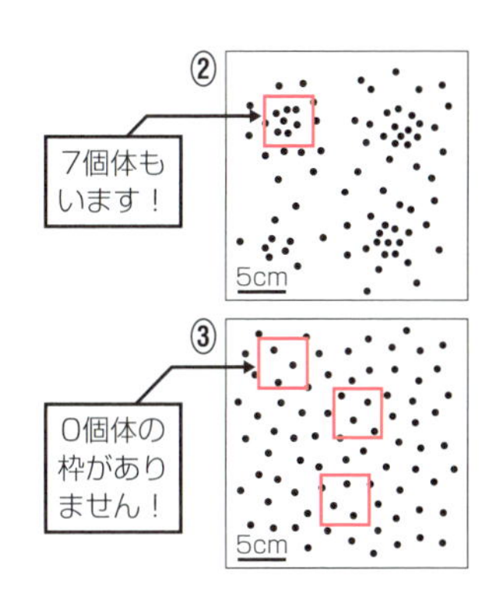

①や②だと5cm 四方の枠内の最大値が3であることに矛盾しますし，③だと個体数が0の枠が存在することに矛盾します。右の図のように，選択肢の中に枠を描き込んでみると判定しやすいですね！

同様に④や⑦の場合，それぞれ10cm 四方と20cm 四方の枠内の個体数が0の枠が多く存在してしまいますので，これも矛盾することがわかります。

選択肢がかなり絞れてきましたね！
⑧と⑨の選択肢に 20cm の枠を描き込んでみよう！

どこに枠を置いても 15 個体とか 17 個体も含まれる枠が設置できませんね。

そうすると，残る選択肢は⑤と⑥ですが，10cm 四方の枠を設置した場合，枠に含まれる個体数にバラつきがあることから⑥ではないことがわかります。もちろん，直接的に⑤を選びに行ってもよいのですけどね。

ポイント グラフや図に対してドンドン描き込んで考えよう！

例題4の解答　⑤

例題 5

標準

種子植物の花粉は，細胞壁が丈夫であり，湖沼や湿地などに堆積する土砂の中で分解されずに残りやすい。堆積物中の花粉の種類と量を分析することで，当時のバイオームに関する情報を得ることができる。

問　下の図は，中部地方の標高1000m 付近にある湿地の堆積物から産出した，常緑針葉樹であるコメツガ・オオシラビソと，夏緑樹（落葉広葉樹）であるブナ・ミズナラの花粉の量の相対的な変化を示している。約1万年前は地球が寒冷な時期から温暖な時期に変化する過渡期で，温暖化は最初の約1000年で進んだ。にも関わらず，その後，図のように，常緑針葉樹の花粉が検出できなくなるまでに約5000年，夏緑樹の花粉が出現するまでに約2000年かかり，両方の花粉がともに見られる期間は約3000年間も続いた。このようなデータが得られた原因に関する次のページの推論 **a** ～ **c** のうち，合理的でない推論はどれか。それらを過不足なく含むものを，①～⑥のうちから一つ選べ。ただし，この期間では，植物の性質に変化はなかったものとする。

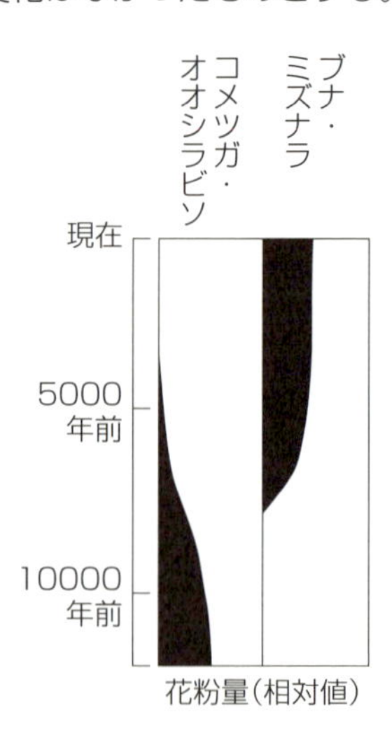

a　湿地付近のバイオームが変化したあとも，コメツガ・オオシラビソの花粉が標高の低い，暖かい場所から飛散してきたため。
b　コメツガ・オオシラビソとの競争が激しかったので，ブナ・ミズナラが湿地付近でなかなか優占できなかったため。
c　種子の散布距離の制約により，バイオームがゆっくりと入れ替わったため。

① a	② b	③ c
④ a，b	⑤ a，c	⑥ b，c

例題2の解説の中でも言いましたが，**「問題の状況を映像としてつかむ」**ことが非常に重要になる問題ですね。

『生物基礎』で学んでいる内容なので大丈夫だと思いますが，現在の本州中部の標高1000m付近には夏緑樹林が成立していますね。しかし，10000年前のこの場所はコメツガなどが優占する針葉樹林だったということが図から読みとれます。また，設問文中に「約1万年前は地球が寒冷な時期から温暖な時期に変化する過渡期」とありますので，1万年前は現在と比べて寒かったことが原因と予想できます。

温暖化は短期間で進んだのに，植物が入れ替わるのには長～い時間がかかったんですね……。確かに不思議ですね。

ノーヒントで考えるのはちょっと難しいね。
そういうときは，選択肢を読みながら考えてみよう！

まず**a**の記述を考えるよ！　調べているのは，標高1000mの場所にある湿地の堆積物に含まれる花粉だよね。**a**は，この湿地の周囲にはコメツガなどの針葉樹がいなくなってからも花粉がずっと飛んできていたという仮説だね。

なるほど！　植物がブナなどに入れ替わった後も花粉が飛んできた，という仮説ですね。よさそうです♪

ホンマに？　映像のイメージをチャンとした？　ちょっと，次のページの図を見てみよう。

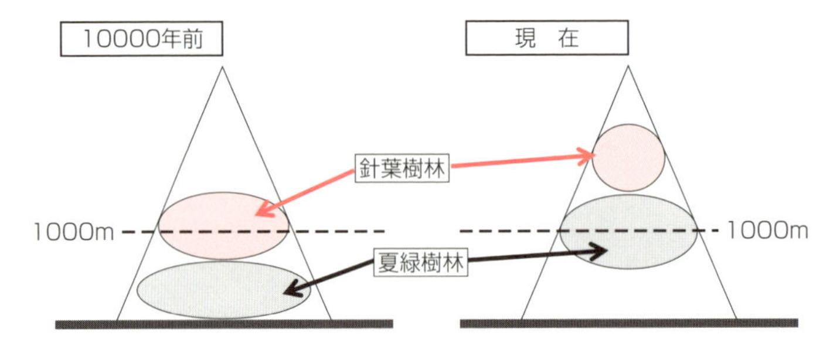

地球が温暖化したあとに，コメツガなどの花粉が飛んでくるとしたら，標高の高い寒い場所からでしょ。もったいないミスですね。アドバイスを再掲載します！

ポイント 映像として問題の状況をつかもう！

続いて b です。「コメツガとオオシラビソが意外としぶとかった」という仮説だね。その結果として，なかなかブナなどが優占できなかったという仮説に矛盾はなさそうです。

そして，最後が c です。「種子の散布距離の制約」の意味はわかりますか？

種子をどれくらい遠くまで飛ばせるか，でしょうか。
あっ，樹木って種子が大きいから風などで飛ばせませんね。

すばらしい！　草本の場合は種子が小さく，風で遠くまで種子を飛ばせるよね。タンポポとかのイメージだね。樹木の種子は風で飛ばせるサイズではありません。そうすると，何年もかけてブナが育ち，種子をボトッと落として…，その種子が発芽，成長して，何年も経ってから種子をつくってボトッと落として…，少しずつ少しずつ…，標高の高い場所に分布を広げていったイメージですね。そうすると，分布を広げるのにかなり時間がかかることがわかりますので，c の仮説も矛盾はなさそうですね。

例題5の解答　①

例題 6

次の顕微鏡像 a ～ e のうち，微小管の局在を示すものはどれか。観察された像の組み合わせとして最も適当なものを，次のページの①～⑧のうちから一つ選べ。なお，微小管は，黒塗りで示してある。また，図の縮尺は同じではない。

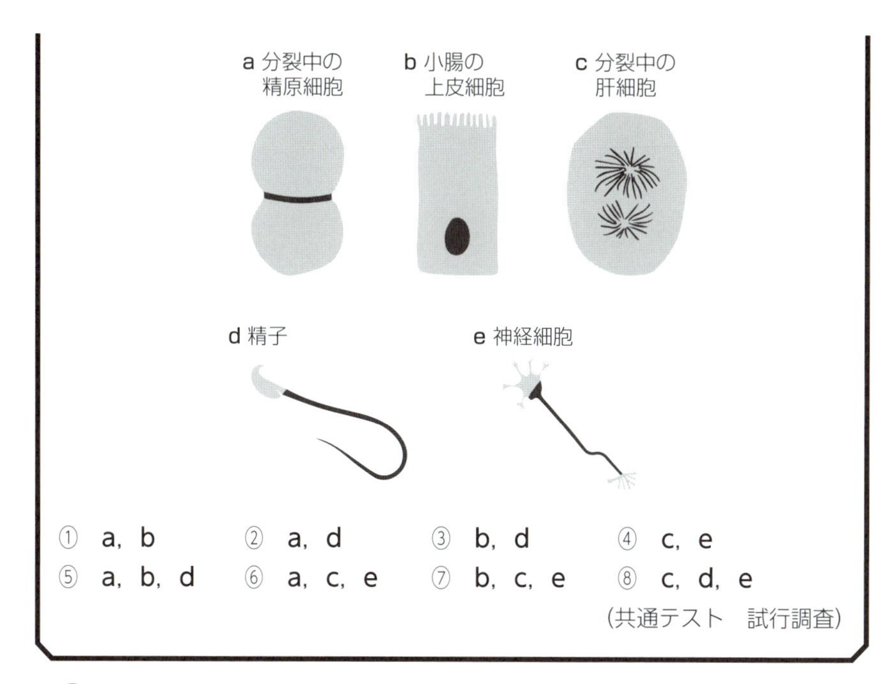

① a, b　② a, d　③ b, d　④ c, e
⑤ a, b, d　⑥ a, c, e　⑦ b, c, e　⑧ c, d, e

（共通テスト　試行調査）

正解となる選択肢を選べればOKだよ！

もちろん，当てずっぽうで正解してもダメです。学んだ知識や与えられたデータに基づいて選べればOKという意味です。共通テストの作問者はメッチャ賢い先生方ですので，たまたま正解することがないように工夫されて問題がつくられています。

細胞分裂の際に出現する**紡錘糸**が**微小管**であることは有名ですので，cは正解です。あっという間に①・②・③・⑤が消えましたね。さらに，繊毛やべん毛の運動が微小管と**ダイニン**のはたらきによって起こることを学んでいるでしょう。よって，dも正解ですね。

あれっ？　当てはまるのは⑧しかないですね。

そうなんです！「c，d」や「a，c，d」などの選択肢がありませんからね。べん毛運動に微小管が関わることはどの教科書にもちゃんと記載されているんですが，紡錘糸が微小管であることや，軸索での物質輸送に微小管が関わることは読み取りにくい教科書もあるので，「dはサスガにわかるでしょ？　あとは，cとeのどちらか一方でも微小管とわかれば解答できる！」というスタンスで作成された問題と考えられます。

ですから，仮にcとeの一方が微小管かどうかわからなくても，**正解を論理的に決められていればOK**なんです。もちろん，わからなかった選択肢については復習して，理解・定着させましょう。

例題6の解答 

多少，わからない内容が含まれていても正解を決めるというスタンスでもう１題やってみましょう。

例題 7

牛乳をはじめ，多くの哺乳類の乳にはラクトース（乳糖）が含まれている。乳糖は消化酵素の一つであるラクターゼによって消化されるが，ラクターゼのはたらきは個体の成長とともに弱まるので，成長した個体が大量に乳を飲むと，乳糖を消化しきれずに下痢をする。

問　下線部に関連して，このような現象が起こるしくみを説明した次の文章中の空欄に入る語句の組み合わせとして最も適当なものを下の①～④のうちから一つ選べ。

柔毛では乳糖は吸収されないが，乳糖がラクターゼによって分解されて生じるグルコースは吸収される。柔毛表面の細胞は，グルコースを［ア］輸送するタンパク質を発現しており，グルコースを小腸管内の濃度に関わらず取り込む。他方，未分解の乳糖が大量に大腸に入ると，大腸管内の浸透圧が高くなり，便の水分が吸収されにくくなる。さらに，大腸内の細菌による発酵で乳糖が代謝されて生じる［イ］などの影響で腹部が膨満することがある。

	ア	イ		ア	イ
①	能動	二酸化炭素	②	能動	酸素
③	受動	二酸化炭素	④	受動	酸素

（共通テスト　本試験）

柔毛表面の細胞がどんな輸送タンパク質をもっているのか知らないです～（涙）

大丈夫！　何とかなる!!

諦めずに読み進めていくと**「グルコースを小腸管内の濃度に関わらず取り込む」**という記述があります。小腸管内のグルコース濃度がとっても低くても取り込めるわけですので，濃度勾配に逆らった取り込みができると解釈できます。つまり，グルコースを**能動輸送**で取り込んでいることがわかります。

［ア］は，知識を要求しているのではなく，読解によって決める力を求めています！

大腸内の細菌がどんな発酵をしているのかなんて知らないですけど……，何とか正解を決めます!!

その意気込みです。［イ］はどうやって考えますか？

う～ん，さすがに発酵で乳糖を代謝して酸素が出てくることはないので，二酸化炭素ですね。

完璧です。［イ］は消去法で決めるのがよいですね。

ポイント　立ち止まらずに，トニカク正解を決めにいく！

例題7の解答　①

例題 8

問　ホルモンに関する記述として最も適当なものを次の①～④のうちから一つ選べ。

① バソプレシンは，尿の塩類濃度を低下させるはたらきをもつ。
② インスリンは，肝細胞がグルコースを放出することを促進する。
③ 糖質コルチコイドは，肝細胞内のタンパク質量を減少させる。
④ パラトルモンは，原尿からのカルシウムの再吸収を抑制する。

（オリジナル）

なんだか，どの選択肢も意地悪ですねぇ…

いやいや，別に意地悪なわけではないよ。でも，丸暗記しているだけの受験生にとっては厳しい選択肢だね。

バソプレシンのはたらきは何かな？

集合管に作用して，原尿からの水の再吸収を促進します。

正解！　普通はそう覚えているよね。バソプレシンのはたらきをチャンと理解できているかチェックしよう……。バソプレシンによって，尿量はどうなる？　尿の濃度はどうなるかな？　じゃあ，体液の濃度は？

原尿から水を再吸収すれば，尿量は減少するよね。そして，原尿からドンドン水が再吸収されていくと，尿の濃度が上昇する！　逆に，体液には水がドンドンと戻っていくので，体液の濃度は低下するね。

これらについて，すべて暗記しておくなんて無理！「水の再吸収が促進されるということは……？」と考えて理解し，**別の表現に言い換えられるかどうかがポイント**です。ということで，バソプレシンは尿の塩分濃度を上昇させるので，①は誤りです。②については，知識として暗記している人も多いでしょう。**インスリン**は血糖濃度を下げるホルモンですから，血液中から細胞内へとグルコースの取り込みを促進しますので，誤りですね。③も「言い換え」がポイントです。**糖質コルチコイド**が肝細胞に作用すると，タンパク質からグルコースがつくられ，血糖濃度を上昇させます。これを言い換えると……，肝細胞内のタンパク質の量は減少しますね。よって，③は正しい記述です。

最後に④です。**パラトルモン**は**副甲状腺**から分泌され，血中のカルシウム濃度を上昇させるホルモンでしたね。選択肢の記述を言い換えて考察しましょう。原尿からのカルシウムの再吸収が抑制されるということは，血中にカルシウムが戻ってこないということです。これでは血中のカルシウム濃度は上昇しませんね。よって，④も誤りとなります。

ポイント　難しい表現やデータは「言い換え」してみよう！

例題8の解答　③

例題 9

次の記述の正誤を判定せよ。

アフリカツメガエルの卵と腸の細胞とで，$\dfrac{\text{核の大きさ}}{\text{細胞の大きさ}}$の値を比べると，卵のほうが大きな値になる。

（オリジナル）

何ですか，この謎の分数は？

「言い換え」を駆使して考察してみましょう！

核の大きさですが，同じ生物の核ですので，基本的にはほぼ同じ大きさとみなしてよいでしょう。そして，細胞の大きさは…，卵のほうが圧倒的に大きいですよね？

この問題を言い換えてしまえば，結局のところ「卵と腸の細胞とではどっちが大きい？」という知識を問うだけの問題です。

もちろん，細胞の大きさは，腸の細胞より卵のほうが大きいです。よって，この分数の値については，卵のほうが小さい値になります。

「よく考える！」なんていう漠然としたイメージではなく，「言い換えてみよう！」という具体的な作戦を意識できれば，やさしい問題といえますね。

例題9の解答　**誤り**

例題 10

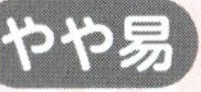

単位面積あたりの生産者の現存量を純生産量で割った値は回転時間とよばれる。熱帯多雨林と外洋の回転時間についての記述として最も適当なものを次の①～④のうちから一つ選べ。

① 熱帯多雨林の生産者の現存量の方が大きいので，回転時間は短くなる。
② 熱帯多雨林の生産者の現存量の方が大きいので，回転時間は長くなる。
③ 外洋の生産者の現存量の方が大きいので，回転時間は短くなる。
④ 外洋の生産者の現存量の方が大きいので，回転時間は長くなる。

（オリジナル）

「回転時間」なんて初めて聞いた言葉ですが……，何とかなるハズ！

熱帯多雨林の生産者は主に樹木です。そして，外洋の生産者は主に植物プランクトンですね。どちらの現存量の方が大きいでしょうか？

もちろん，熱帯多雨林です。植物プランクトンと樹木ですから，桁違いに樹木の方が大きいですよね。

そうすると，選択肢は①と②に絞れます。回転時間＝$\dfrac{\text{現存量}}{\text{純生産量}}$ですので，熱帯多雨林の回転時間の方が長くなりますね。

例題10の解答 

次は，グラフを用いた問題にチャレンジしましょう。グラフが出てきたら最初に何をしますか？

まず，グラフの形を見て……，

もちろんグラフの形も重要だよ。でも，絶対に意識してほしいのは**「縦軸と横軸の意味を分析すること」**です。そして，グラフの形を分析したり，重要な点を発見したり…と作業を進めます。軸の意味を間違えているとそれ以降の作業がすべて無意味になっちゃいますからね。では，次の例題を考えてみましょう！

例題 11

 **標準** 

ある植物 X について，4月上旬から時期をずらして種をまき，温度を一定に保った野外の温室で育て，芽が出てから開花までの日数を調べた。その結果が右の図である。なお，種をまいた時期に関わらず，種をまいた30日後に発芽したものとする。

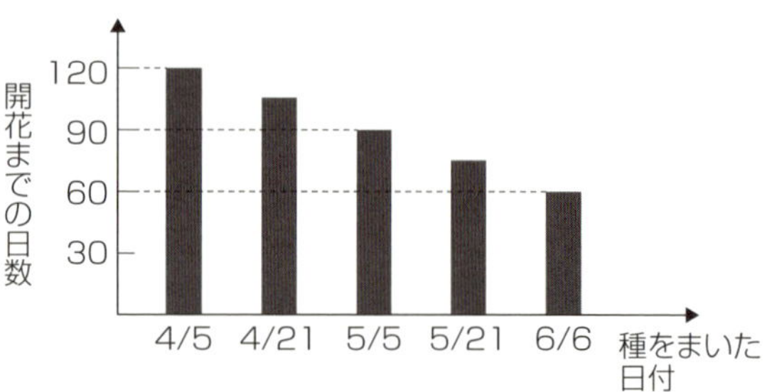

問　この実験結果に関する記述として最も適当なものを，次の①～④のうちから一つ選べ。

① 芽が出てから開花までの日数は，芽が出た時期によらず一定である。
② 開花した時期は，芽が出た時期によらず一定である。
③ 芽が出た時期が遅くなるほど，開花率が低下する。
④ 芽が出た時期が遅くなるほど，成長速度が小さくなる。

（オリジナル）

「棒グラフの長さが短くなっていく！」じゃなくて，軸の意味の分析ですね！

そのとおり！　軸の意味の分析っていうのがポイントです。

さて，縦軸の意味をどのように解釈しますか？　グラフを見て「…で，このグラフはどういうことを表しているの？？？」となったら，グラフを自分でかき換えてみたり，軸の意味を言い換えてみたりする必要があります。

本問の実験の様子を下のような図にしてみましょう！　図中の●は種をまいて30日後の芽が出た時期，❀は開花した時期です。

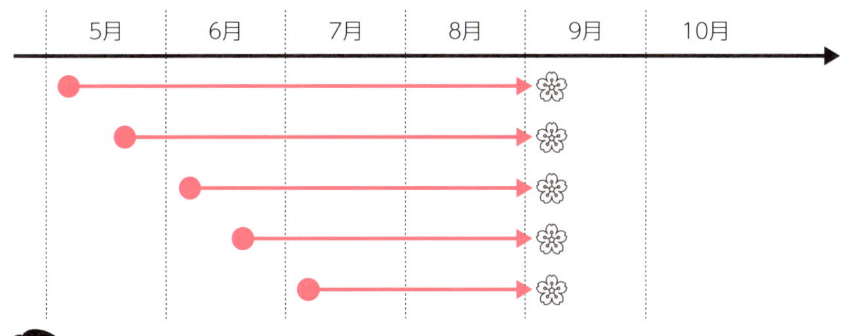

何がわかりましたか？

開花時期は全部同じです！

そのとおりです。グラフを解釈する際に，グラフをそのままの形で理解できる場合はラッキーです。現実には，様々な作業をしながらグラフを解釈していく必要があるんだということを納得していただけましたね。

読めば解ける問題ですので，「脳トレ」として取り組んでもらいました！

例題11の解答　②

例題 12

やや難

ハブに咬(か)まれた直後にハブ毒素に対する抗体を含む血清を注射した患者に，40日後にもう一度同じ血清を注射したと仮定する。このとき，ハブ毒素に対してこの患者が産生する抗体の量の変化を示すグラフとして最も適当なものを，次の①～⑥のうちから一つ選べ。

①
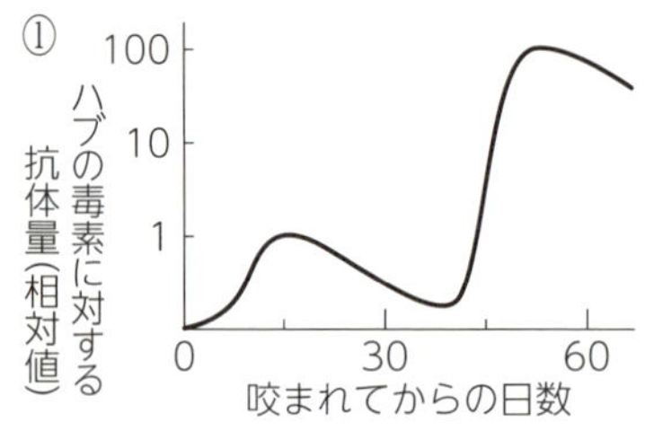

②
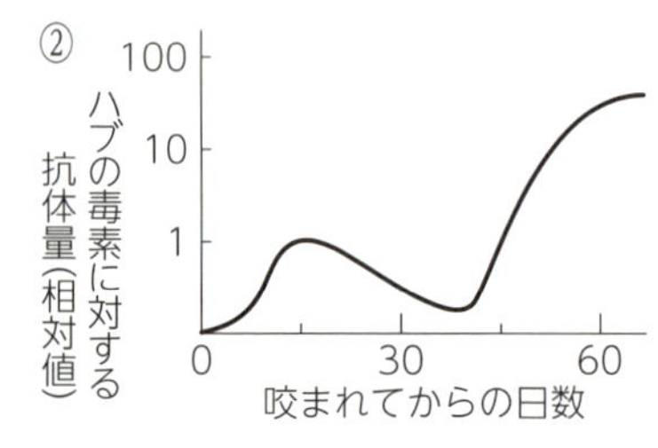

③
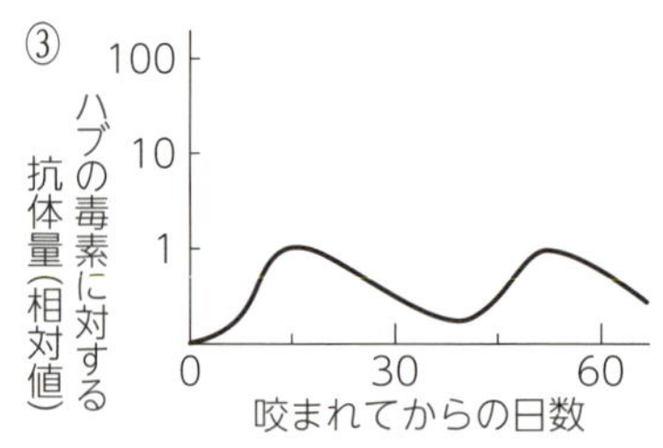

④
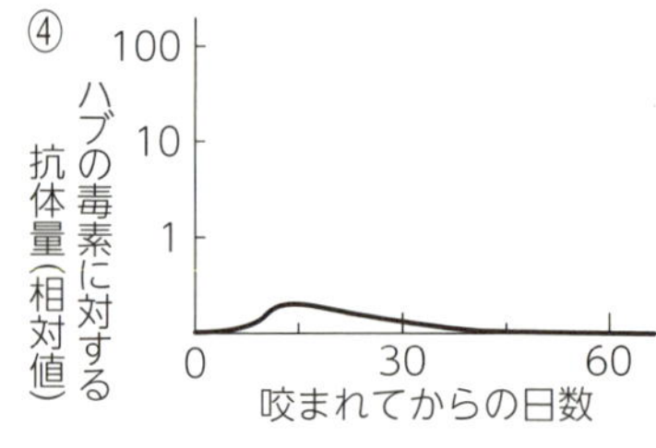

⑤
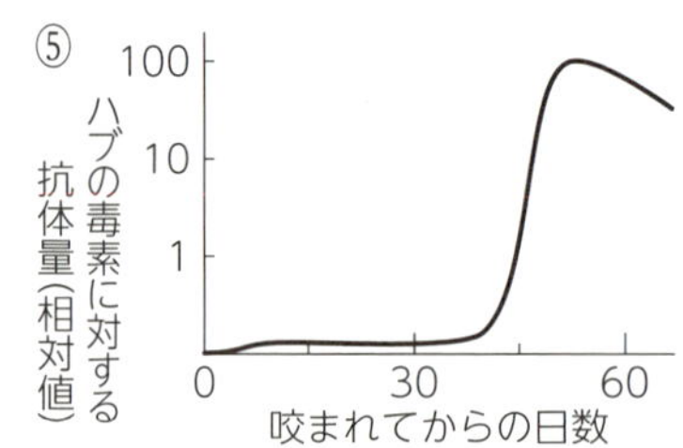

⑥
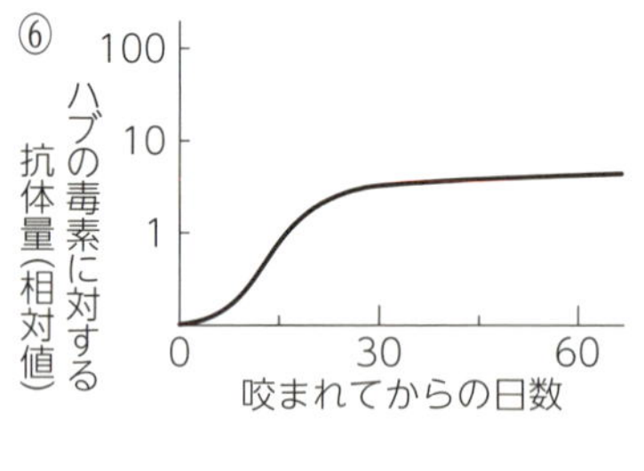

(共通テスト　試行調査)

おなじみのグラフですね。正解は①！

「…間違うだろうなぁ～」と思いました。この問題，正答率が10％にも満たなかった問題です。ほとんどの受験生が①を選んでしまったんですよ！

がーーーーーん！

軸の意味を確認しなきゃ！

この患者さんは，ハブに咬まれた直後に血清を注射されたんですよね？　そして，この血清に含まれていた抗体でハブ毒素を処理したんです。問題は，「患者が産生する抗体量」ですが，この患者さんは自分で産生した抗体によってハブ毒素を処理したわけではないんです！　よって，ハブに咬まれた直後，抗体がほとんど産生されていないグラフを選びます。

あぁ，わかってきた…。何かものすごく悔しい…

そして，ハブに咬まれてから40日のタイミングで「もう一度血清を注射した」んです！　もう一度ハブに咬まれたのではありません!!　ですから，ここではハブ毒素に対する抗体は産生されません。結局，この実験を通して，患者さんはハブ毒素に対する抗体をほとんど産生しないんです！　かなり，注意深く読んで，グラフの軸の意味を確認しないと，何となく雰囲気で①を選んでしまいます。ちょっと意地悪な問題ではありますが，今後に活かしてください！

ポイント　グラフは軸の意味を必ずチェックしよう！

例題12の解答　

次は，「読解要素の強い考察問題」にチャレンジしましょう。

例題 13

標準

ワモンゴキブリ（以下「ゴキブリ」という。）は，触角による匂いの感覚と口による味の感覚の２つを結び付ける学習と記憶の能力をもっている。この能力を調べる目的で，以下の行動観察実験を行った。行動の違いを量的にとらえる方法として，ゴキブリが２つの異なる匂いのそれぞれに留まる時間の長さを測り，その違いに着目した。

実験１　バニラの匂いもペパーミントの匂いも経験したことのないゴキブリを，１匹ずつバニラとペパーミントの２つの匂い源を置いた測定場に放し，個体ごとにペパーミントの匂い源を訪問していた時間の長さ（Tp）とバニラの匂い源を訪問していた時間の長さ（Tv）を測った。ペパーミントの匂いに引きつけられる度合い（誘引率）を，誘引率〔%〕$= \dfrac{Tp}{Tp + Tv} \times 100$で表して，図1のａを得た。図の横軸は誘引率，縦軸は誘引率10%ごとの区間に入った個体数を示してある。

実験２　ペパーミントの匂い源のそばに砂糖水を，バニラの匂い源のそばに食塩水を置いて，ゴキブリに1回だけ味を経験させ，1週間後に実験１と同じように２つの匂い源のみを与えて誘引率を測定したところ，図1のｂが得られた。

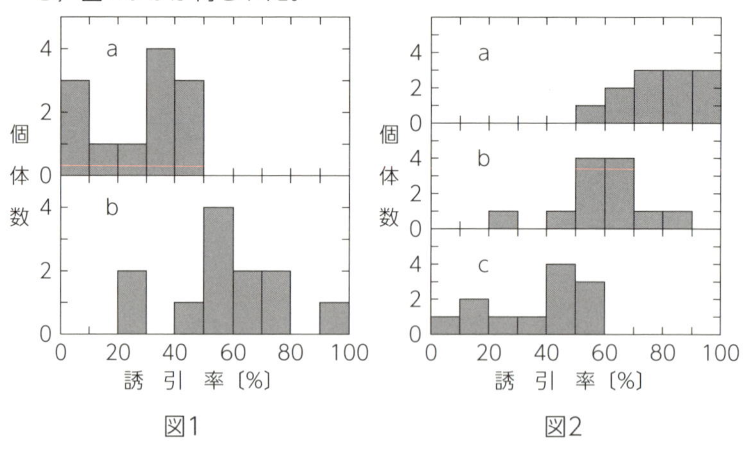

図1　　図2

実験３　実験２と同じ訓練を1日1回，3日間続け，1週間後に誘引率を測ると図2のａが得られた。その後，バニラの匂い源のそばに砂糖水を，ペパーミントの匂い源のそばに食塩水を置いて1回だけ味を経験させる「逆訓練」を行って，1日後に誘引率を測ると図2のｂが得られた。

この「逆訓練」を1日1回3日間続けたところ，図2のｃが得られた。

問　図1と図2に関する記述として最も適当なものを，次の①〜④のうちから一つ選べ。

① 図1のａでは，ペパーミントの匂い源を訪れたゴキブリはいない。
② 図1のｂでは，すべての個体がペパーミントの匂い源を訪れている。
③ 図2より，たった1回の味の経験では，半数以上の個体は誘引率を変化させないことがわかる。
④ 図2のｂでは，バニラよりペパーミントの匂い源をより長く訪れたゴキブリは半数以下である。

（センター試験　本試験・改）

これも読めば解ける問題ですので，読解の訓練をするための問題として掲載しました。

実験としては下の図のようなイメージになります。

測定したのは，匂い源を訪問していた時間のうちで，ペパーミントの匂い源に訪問していた時間の割合（誘引率）ですので，誘引率が大きいということはペパーミントの匂い源により長い時間滞在したということですね。図1のａから何がわかるんでしょうか？

みんな誘引率が50％以下！
ゴキブリはバニラの匂いのほうが好きなんだと思います。

読み取りとしては正しいよ！　じゃあ，ペパーミントの匂い源を訪れたゴキブリは何匹いるかな？

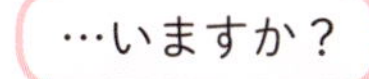

…いますか？

「ペパーミントの匂い源を訪れている時間のほうが短い」という情報がいつの間にか「ペパーミントの匂い源を訪れない」と情報変換されてしまうことがあるようです。**「多い or 少ない」は「100% or 0%」ではありません！**

誘引率10％であっても，10％の時間はペパーミントの匂い源を訪れているわけですよ。このことを理解できればこの問題は解けます♪　それでは，各選択肢を吟味してみましょう。

図1のａの誘引率10％以下の3匹を仮に誘引率0％だとしても，全12匹中9匹は絶対にペパーミントの匂い源を訪れているので，①は**誤り**です！　同様に考えると，図1のｂの場合，全個体が多かれ少なかれペパーミントの匂い源を訪れているので，②が**正しい**記述となります。

図2のａとｂを比較して…，図2のｂで誘引率が20～30％の1匹，40~50％の1匹，さらに50～60％の3匹，60～70％の2匹の合計7匹は，少なくとも図2のａの状態から誘引率を変えていますので，③も**誤り**となります。

さらに，図2のｂでは10匹がペパーミントの匂い源をより長く訪れており，④も**誤り**です。

例題13の解答　②

本当はバニラの匂いのほうが好きなんだけど…，
さっきペパーミントの匂い源に砂糖水があったしなぁ…，
次もペパーミントの匂い源に行ってみようかな～

例題 14

思　 

やや難　3分

免疫グロブリンというタンパク質は，下の図のような構造をもっており，可変部のアミノ酸配列が変化して多様な立体構造をもつことで，様々な抗原に対応した抗体としてはたらくことができる。

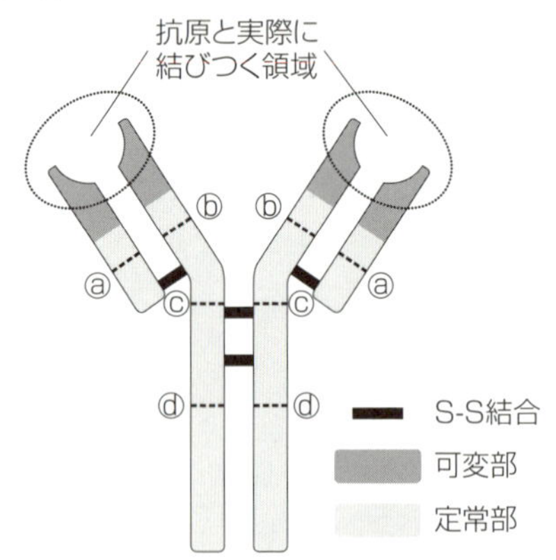

パパインとよばれるタンパク質分解酵素（ペプチド結合を切断する酵素）で処理すると，免疫グロブリンは３つの断片に分解されることが知ら

れている。このうち2つの断片は，互いに全く同一である。この2つの断片は，構造が安定していて，分解前の抗体と同じように抗原とよく結合する。残りの断片は，抗原とは全く結合しない。このとき，図の点線ⓐ～ⓓのうち，パパインによって切断されると考えられる免疫グロブリンの箇所はどれか。それらを過不足なく含むものを次の①～⑧のうちから一つ選べ。

① ⓐ　② ⓑ　③ ⓒ　④ ⓓ
⑤ ⓐ，ⓒ　⑥ ⓐ，ⓓ　⑦ ⓑ，ⓒ　⑧ ⓑ，ⓓ

（共通テスト　追試）

もしⓐで切れたら……，とシミュレーションしていきましょう！

もし，ⓐやⓑで切れるとしたら…，抗原と実際に結びつく領域（抗原結合部位）がバラバラになっていますので，抗原と結合できる断片は生じませんね。よって，パパインが切断する箇所はⓒかⓓとなりますので，選択肢③と④を吟味すれば OK となります。

ⓒで切れるとしたら，右の図のように3つの断片が生じます。可変部を含む2つの断片は，**H鎖**と**L鎖**が**S-S結合**で連結されており，抗原結合部位がチャンと維持されていますので，抗原に結合できます。そして，可変部を含まない断片は抗原に結合できませんので，与えられた情報と矛盾がありません。

念のため，ⓓで切れるとしたら，確かに3つの断片が生じます。可変部を含む大きな断片には抗原が結合でき，可変部を含まない小さい2つの断片には抗原が結合できません。よって，「**2つの断片は……抗原とよく結合する**」「**残りの断片は，抗原とは全く結合しない**」という情報に矛盾するので，不適当となります。

ポイント　**仮説を検証する場合，「もし～～が正しいとしたら…」と素直にシミュレーションしてみよう！**

例題14の解答　③

例題 15

光の届かない洞窟に生息している魚類のなかには，一部の発生過程が変異して，眼を形成しなくなった種もある。

問 多くの魚類では，眼胞となる能力をもつ細胞からなる領域Mは，図に示される位置に形成される。その後，領域Mの細胞の分化能力を抑制するタンパク質Xが脊索から神経板の正中線付近に分泌されることによって，眼胞が左右の小領域に形成され，眼が2つになる。しかし，眼を形成しなくなった種の一つでは，進化の過程でタンパク質Xの空間的な分布が変化したことがわかった。このことから考えられる，タンパク質Xの分布の変化とそのときにできる眼との関係の考察に関する下の文章中の ア ～ ウ に入る語句の組み合わせとして最も適当なものを，以下の①～⑥のうちから一つ選べ。

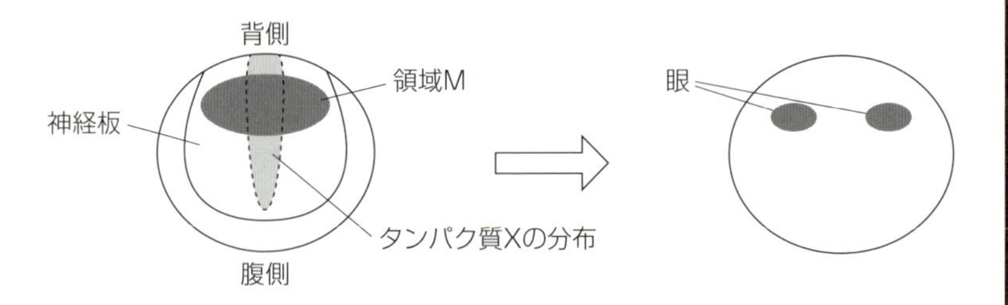

眼を形成しなくなった種では，タンパク質Xが分布する範囲が ア したと考えられる。逆に，タンパク質Xが分布する範囲が イ すると，眼が ウ できると予想される。

	ア	イ	ウ
①	著しく拡大	ほとんど消失	中央に1つ
②	著しく拡大	ほとんど消失	左右に2つ
③	著しく拡大	ほとんど消失	前後に2つ
④	ほとんど消失	著しく拡大	中央に1つ
⑤	ほとんど消失	著しく拡大	左右に2つ
⑥	ほとんど消失	著しく拡大	前後に2つ

(共通テスト　本試験)

素直に，「もしタンパク質Ｘが分布する範囲が〜〜したら……」とシミュレーションしていきましょう！

設問文中の**「領域Ｍの細胞の分化能力を抑制するタンパク質Ｘ」**という部分を読み落としていませんか？

ポイント **促進なのか？　抑制なのか？　を必ずチェックする！**

領域Ｍのうち，タンパク質Ｘが分布する正中線付近は眼胞になれないんですね。結果として，もともと中央に広く存在した領域Ｍのうち，眼胞になれる部分が左右に分かれてしまい，眼が２つ形成されるんです！

さて，問題を解いてみましょう。タンパク質Ｘが分布する範囲が拡大した場合，縮小した場合のどちらの場合で眼が形成されなくなるでしょうか？

眼胞が形成されなくなったことが原因って考えるのが素直だと思います。

そうすると，眼胞が形成される領域…，言い換えると「タンパク質Ｘが分布しない領域」がなくなってしまったと予想することができます。

逆に，タンパク質Ｘが分布する範囲がほとんど消失した場合，領域Ｍ全体が眼胞になれます。そうすると，（眼がイッパイできるという可能性なども否定はできませんが，）少なくとも中央に眼ができるだろうと予想することができますので，①が正解となります。②では，普通に２つの眼ができていますし，③のように前後に２つの眼ができる理由が説明できませんね。

例題15の解答　①

最後は共通テストで出題が増加していくであろう…　**「実験設計問題」**だ！　「〜〜を証明するためにはどのような実験を行えばよいでしょうか？」というタイプの問題の対策をしよう！

実験設計問題を攻略するためには，実験を読み取るタイプの問題（←センター試験の過去問など）を**丁寧に解く**ことが重要になります。丁寧に解くことが大事なんです。

「この**実験**は何のために行ったのかな？」，「問題中の『なお，〜〜〜であるものとする』という表現は何のために書かれているの？」，「実験のこの条件がないとどうしてダメなのかな？」というように，**実験について骨の髄までしゃぶ**

りつくすんです！

さらに，教科書に載っている探究活動も単に結果を覚えるのではなく，「何のための操作なのか？」，「なぜその順番で作業をするのか？」などまで検討しましょう！　ここでは実戦的な問題を用いて，実験設計問題の注意点やルールを教えていきます。

実験するのは好きだけど，実験問題は苦手……，がんばります!!

例題 16

ネズミの甲状腺を除去し，10日後に調べたところ，除去しなかったネズミに比べて代謝の低下がみられた。また，血液中にチロキシンは検出できなかった。除去手術後５日目から，一定量のチロキシンを食塩水に溶かして５日間注射したものでは，10日後でも代謝の低下は起こらなかった。この結果から，チロキシンは代謝を高めるようにはたらいていると推論した。

問　「チロキシンは代謝を促進する」という推論を証明するためには，他にも対照実験群を用意して比較観察する必要がある。最も必要と考えられる実験群を，次の①～④のうちから一つ選べ。

① 甲状腺を除去せず，チロキシンを注射しない群
② チロキシン注射に加えて，除去手術後５日目に甲状腺を移植する群
③ 除去手術後５日目から，この実験に用いた食塩水だけを注射する群
④ この実験に用いた食塩水と異なる種類の溶媒に溶かしたチロキシンを除去手術直後から注射する群

（センター試験　本試験）

どの群も必要に思えてしまいます……

設問文だけを読んで，本当～に「チロキシンは代謝を促進する」と断言できますか？　本当～～に，他の可能性はありませんか？　絶対に？　例えば…「注射した食塩水がすごいはたらきをもっていた」とか，「注射の針が怖くて代謝が活性化した」とか！

「揚げ足取り」みたいですね。ちょっと性格が悪い感じがします！

こういう**揚げ足取りみたいな仮説であっても，科学的に証明するためにはシッカリと潰しておかないといけない**んですよ！　科学というのはそういうもの

です！　そこで重要な実験が**対照実験**です。

対照実験というのは，**実験において最も重要な要因を除いて，それ以外は全く同じにして行う実験**のことで，これを行うことで余計な可能性をことごとく吟味したり，潰したりすることができます。

出題者は「チロキシンを食塩水に溶かして注射したら代謝は低下しなかった」という実験を根拠としています。この実験で最も重要な要因は…「チロキシンが体内に入ったこと」ですね。よって，チロキシンが体内に入っていないこと以外は全く同じ実験を行えば OK です。したがって，食塩水だけを注射して何も起こらないことを示せれば，「注射の針が…」なんていう仮説はことごとく否定することができます。

例題16の解答　③

②や④のように，元の実験にない新たな操作を追加する実験は，一見すると意味がありそうだけど，仮説を検証するための対照実験にはならないんだ！

例題 17

葉におけるデンプン合成には，光以外に，細胞の代謝と二酸化炭素がそれぞれ必要であることを，オオカナダモで確かめたい。そこで，次のページの処理Ⅰ～Ⅲについて，右の表の植物体 A ～ H を用いて，デンプン合成を調べる実験を考えた。このとき，調べるべき植物体の組み合わせとして最も適当なものを，あとの①～⑨のうちから一つ選べ。

	処理Ⅰ	処理Ⅱ	処理Ⅲ
植物体 A	×	×	×
植物体 B	×	×	○
植物体 C	×	○	×
植物体 D	×	○	○
植物体 E	○	×	×
植物体 F	○	×	○
植物体 G	○	○	×
植物体 H	○	○	○

○：処理を行う，×：処理を行わない

処理Ⅰ　温度を下げて細胞の代謝を低下させる。
処理Ⅱ　水中の二酸化炭素濃度を下げる。
処理Ⅲ　葉に当たる日光を遮断する。

① A，B，C　② A，B，E　③ A，C，E
④ A，D，F　⑤ A，D，G　⑥ A，F，G
⑦ D，F，H　⑧ D，G，H　⑨ F，G，H

（共通テスト　試行調査）

まず，実験の目的を確認しないと，どの実験をやったらいいのかわかりませんね。実験の目的は何だっけ？

デンプン合成に細胞の代謝と二酸化炭素が必要かどうかです。

甘～～いっ（>. <）！
「**光以外に**」を読み落としとるやん！　本問の実験の目的としては，「デンプン合成（＝光合成）に光が必要なことはもうわかっている！　その上で，細胞の代謝と二酸化炭素が必要なことを証明したい!!」でしょ。

じゃぁ，「日光を遮断する」なんていう実験はやる必要がないんですね！　そうすると，植物体B・D・F・Hは実験する必要がないので……　B・D・F・Hが入っている選択肢を消していくと，あれ？　あれれ～？　先生っ！　③しか残らないです!!

問題の解き方としては理想的です。OKですよ！　一応，正解の選択肢を吟味してみましょう。ここでポイントになるのは…「**条件が1つだけ違う実験どうしを比べることが大事**」という実験の大原則です。

例えば，植物体Aと植物体Gを比べてみましょうか。どうですか？　植物体Aは順調にデンプン合成をして，植物体Gはデンプン合成ができなかったとします。植物体Gがデンプン合成をできなかった原因は？

代謝が低下したことが原因なのか，二酸化炭素が少ないことが原因なのか判断できませんね！

では，植物体Aと植物体Cを比べましょう。植物体Cがデンプン合成をできなかったとすると…

二酸化炭素濃度が高いか低いかの違いしかありませんから，二酸化炭素不足が原因ですね！

対照実験もそうなんだけど，注目している1つの条件だけが異なる実験を比べることで，原因を調べることができるんだね。これは，実験を解釈するタイプの問題にも応用できる発想です！

例題17の解答 

実験設計問題はとっても大事なので，もう少しやりましょう！

例題 18

生物には，異なる種との交雑を妨げる様々なしくみがある。

ある近縁な植物種 A・B が同じ場所に生育し，いずれも種子で繁殖しているとする。この場所で，これらの2種間の雑種個体が全く見られない場合に，そのしくみを調べる研究計画として**適当でないもの**を，次の①～⑥のうちから二つ選べ。

① 種 A・B のそれぞれについて，開花時期を調べる。
② 種 A・B のそれぞれについて，おしべとめしべの本数を調べる。
③ 種 A・B のそれぞれについて，花粉を運ぶ動物の種類を調べる。
④ 種 A・B のそれぞれについて，1個体が形成する種子の数を調べる。
⑤ 種 A・B をかけ合わせて，種子の形成率を調べる。
⑥ 種 A・B をかけ合わせて種子が形成された場合，種子の発芽率を調べる。

（共通テスト　試行調査）

「なんとなくいい感じ♪」というような判断はダメです。**「この実験はどのような可能性を評価するために行っているのか？」**というように，**実験の目的を意識しながら吟味**しましょう。

例えば，種 A が春に，種 B が秋に開花するのならば，ナンボ近縁種で同じ場所に生育していても種間交雑は起こりませんね。つまり，開花時期を調べれば『**開花時期のズレ**』が原因かどうかを評価できます。よって，①は意味のある実験です。

次に②ですが，おしべとめしべの本数を調べることで何かわかりますか？めしべの本数が多いから雑種ができやすいとかできにくいとかないですよね。

特に意味がない実験です。

次は③です。種 A と B の花粉の送粉者が同じ動物であれば，種 A の花粉が種 B に付いてしまうことがありますよね。しかし，送粉者が異なれば，種 A の花粉が種 B のめしべに運ばれることがありません。もちろん，逆もありません。よって，③の研究により，**「送粉者の違い」** が原因かどうかを評価できます（下図）。

そして④ですが，1個体がつくる種子の数が多くても少なくても種間雑種の起こりやすさは関係がなく，意味のない研究です。

①や③はそもそも他種の花粉が受粉しないためのしくみを検討していましたね。一方，⑤では，受粉が起こるとして…受精して種子がつくれるかどうかを調べます。受粉したとしても種子ができなければ種間雑種は生じませんね。

⑤の研究は **「受粉はできるが種子形成ができない」** ことが原因かどうかを評価できますね。

さらに⑥です！　受粉できて種子も形成されるけれど，その種子が発芽できなければ雑種個体は生じませんよね。⑥は **「種子は形成されるが雑種個体は発芽しない」** ことが原因かどうかを評価できますね。

ポイント　実験設計問題は「実験の目的」を意識しよう。

例題18の解答　②・④

例題 19

光合成について学んだヨウコさんは，植物が葉以外の部分でも光合成をするのか知りたくなった。根は土の中に存在するので光合成をしないはずだと考えて調べてみると，幹を支える支柱根を地上に伸ばすヒルギのなかまでは，根が緑色になって光合成をしているという記事を見つけた。

問　ヨウコさんは，緑色になった根が実際に光合成をするかどうか自分で確かめたいと思い，次の実験を計画した。

最初に，息を吹き込んだ試験管に根を入れて，ゴム栓でふたをしてしばらく光を当てる。次に，試験管に石灰水を入れてすぐにふたをしてよく振り，石灰水が濁らなければ，光合成をしていると結論できると考えた。

しかし，この計画を友達のミドリさんに話したところ，たとえ石灰水が濁らなくても，それだけでは本当に光合成によるものかどうかわからないと指摘されたので，追加実験を計画した。このとき追加すべき実験として**適当でないもの**を次の①～⑤のうちから一つ選べ。

①　根を入れないで同じ実験をする。
②　光を当てないで同じ実験をする。
③　石灰水のかわりにオーキシン溶液を入れて同じ実験をする。
④　石灰水に息を吹き入れて石灰水が濁ることを確認する。
⑤　根のかわりに光合成をすることが確実な葉を入れて同じ実験をする。

（共通テスト　本試験）

解説に入る前にリード文中に出てくる「支柱根」というのは，右の図のように地上に出ていて，植物のからだを支える役割を担っている根のことです。

日本だと…，ヤエヤマヒルギが支柱根をもっています。若い頃に遊びに行った西表島のヤエヤマヒルギの森はすごかった……。

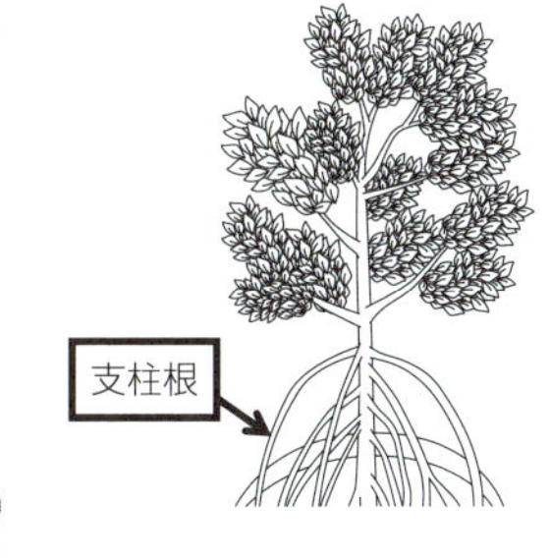

先生，解説を始めてください！

すいません，解説をします。ヨウコさんは次のように考えたんですね。

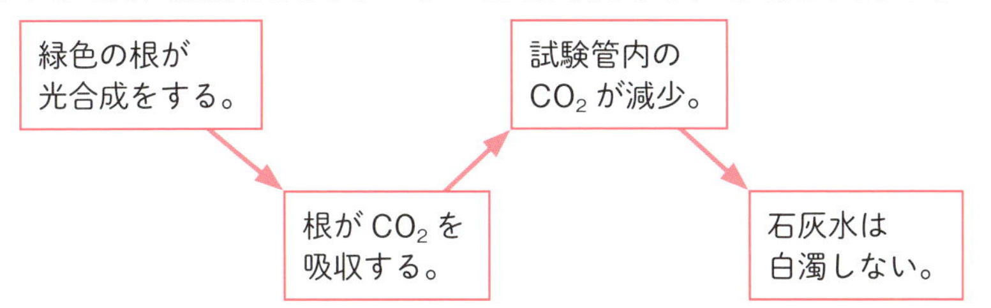

論理はチャンと通っていますよね。でも，ミドリさんはその実験では不十分と指摘をしているんだから，光合成していないにも関わらず石灰水が白濁しない場合があると考えているんだね。

第10章　「考察力」をアップする20問

それぞれの実験がどのような可能性を評価するために計画されているのかを考えながら，選択肢を吟味していこう。

①はどうだろう。息を吹き込んだ試験管にそもそも石灰水を白濁させるのに十分な CO_2 が含まれていなかったかもしれないよね。よって，①を行うことではじめ試験管内にはちゃんと CO_2 があったことを示さないといけないね。また，光合成とは関係なく緑色の根が CO_2 を吸ってしまう可能性がなくはない！　よって，光をあてない実験で石灰水が白濁することを確かめれば，CO_2 がなくなった原因が光合成であることを示せます。よって，②も追加する価値のある実験といえます。

さぁ，問題（？）の選択肢，③だよ！

突然，オーキシン溶液を使っているね。石灰水の白濁の有無を調べる実験に対する追加実験で，石灰水を使わない実験をしても「石灰水の白濁の原因」を推定することはできないよね。③はまったく無意味な実験です。

④の実験は，①と同様に息を吹き込んだ試験管にそもそも石灰水を白濁させるのに十分な CO_2 が含まれていなかった可能性，用いた石灰水の濃度が低すぎて白濁が見えなかった可能性などを排除する目的として，一応やる価値がある実験です。

また，「試料の光合成により石灰水が白濁しなくなる」という論理が正しいことを確認するために，⑤のような実験で示しておくことも意味があるでしょう。

③の実験が，カナリあからさまに無意味な実験なので，他の選択肢を深く吟味しなくても選べてしまう問題でした。

例題19の解答　③

例題 20

思　やや難　3分

ホタルのルシフェラーゼは，ATP の存在下でルシフェリンを分解することにより発光させる酵素である。このルシフェラーゼを大腸菌に合成させることにした。そこで，ホタルのルシフェラーゼ遺伝子の発現を行うことのできるプラスミドを導入した大腸菌をつくり，寒天培地上で培養した。

問　この大腸菌におけるルシフェラーゼの合成を検出することにした。まず，寒天培地上の大腸菌のコロニーをつまようじの先でかきとり，少量の溶解液に入れて溶かし，ルシフェリン溶液を加えたところ，微弱な発光が確認できた。合成されたルシフェラーゼの検出をより明確にするための手法として**適当でないもの**を，次の①～⑤のうちから一つ選べ。

① できるだけ大きいコロニーを使用する。
② 反応時に濃度の高いルシフェリン溶液を使用する。
③ 反応時にホタルから抽出したルシフェラーゼを加える。
④ 反応時に ATP 溶液を加える。
⑤ 発光を確認するときに部屋を暗くする。

（共通テスト　本試験）

発光が弱いと検出しにくいですもんね。
もっとチャンと発光するようにしたらいいんですね。

うんうん，方向性は間違っていないよ！　でも，どの選択肢も発光を強くするような手法だよね。

あれれ!?　本当ですね……。困った。

実験の目的は何だったっけ？

チャンと発光させることですよね？

違う違う！　**「大腸菌がつくったルシフェラーゼがあるかどうか」**を調べたいんだよ!!

③の手法を行うと，ルシフェラーゼを加えているので強く発光するけど，大腸菌がつくったルシフェラーゼによって発光しているのかどうかがわからなくなってしまいます。だから適当ではない手法なんです。

③以外の手法は，大腸菌がつくったルシフェラーゼによる発光を見やすくするための手法なので適当と言えますね。

例題20の解答　

さくいん

本書の重要語句を
中心に集めています。

か行

さ行

た行

な行

は行

ま行

や行

ら行

わ行

伊藤 和修（いとう ひとむ）
駿台予備学校生物科専任講師。
派手なシャツを身にまとい，小道具（ときに大道具）を用いて行われる授業のモットーは「楽しく正しく学ぶ」。毎年「先生の授業のおかげで生物が好きになった」という学生の声が多く寄せられる。また，高等学校教員を対象としたセミナーなども多くこなしている。
著書は『大学入学共通テスト　生物基礎の点数が面白いほどとれる本』（KADOKAWA），『改訂版　日本一詳しい　大学入試完全網羅　生物基礎・生物のすべて』（共著 KADOKAWA），『体系生物』（教学社），『生物の良問問題集［生物基礎・生物］』（旺文社），『生物基本徹底48』（共著 駿台文庫）など多数。

大学入学共通テスト
生物の点数が面白いほどとれる本

2021年7月9日　初版　　第1刷発行

著者／伊藤 和修

発行者／青柳 昌行

発行／株式会社KADOKAWA
〒102-8177　東京都千代田区富士見2-13-3
電話　0570-002-301（ナビダイヤル）

印刷所／図書印刷株式会社

●お問い合わせ
https://www.kadokawa.co.jp/（「お問い合わせ」へお進みください）
※内容によっては、お答えできない場合があります。
※サポートは日本国内のみとさせていただきます。
※Japanese text only

定価はカバーに表示してあります。

ISBN 978-4-04-604210-1　C7045